21世纪高等学校规划教材 | 计算机应用

Oracle数据库应用教程

何茜 主编
何茜 郭军军 李奇 吴代文 编著

清华大学出版社
北京

内容简介

本书是作者在多年的数据库开发实践与教学经验的基础上，依据软件专业的职业岗位能力需求和学生的认知规律精心组织编写的。全书通过一个真实的项目——"教务管理信息系统"的开发介绍Oracle数据库系统的管理和开发技术，主要内容包括数据库系统的设计、Oracle入门、数据库操作、数据表操作、存储过程、游标、事务、触发器、数据库安全操作、数据库应用程序开发。

本书内容丰富，系统性强，知识体系新颖，理论与实践结合，具有先进性和实用性。

本书既可作为高职高专软件技术专业、网络技术专业、信息管理专业和电子商务专业数据库课程的教材，也可供大型关系数据库初学者参考使用。

图书在版编目(CIP)数据

Oracle数据库应用教程/何茜主编. --北京：清华大学出版社，2012.10
21世纪高等学校规划教材·计算机应用
ISBN 978-7-302-27241-0

Ⅰ. ①O… Ⅱ. ①何… Ⅲ. ①关系数据库－数据库管理系统，Oracle－高等学校－教材
Ⅳ. ①TP311.138

中国版本图书馆CIP数据核字(2011)第225572号

责任编辑：闫红梅 薛 阳
封面设计：傅瑞学
责任校对：时翠兰
责任印制：宋 林

出版发行：清华大学出版社
网　　址：http://www.tup.com.cn，http://www.wqbook.com
地　　址：北京清华大学学研大厦A座　　**邮　　编**：100084
社 总 机：010-62770175　　**邮　　购**：010-62786544
投稿与读者服务：010-62776969，c-service@tup.tsinghua.edu.cn
质 量 反 馈：010-62772015，zhiliang@tup.tsinghua.edu.cn
课 件 下 载：http://www.tup.com.cn,010-62795954
印 装 者：北京鑫海金澳胶印有限公司
经　　销：全国新华书店
开　　本：185mm×260mm　　**印 张**：17　　**字　　数**：414千字
版　　次：2012年10月第1版　　**印　　次**：2012年10月第1次印刷
印　　数：1～3000
定　　价：29.00元

产品编号：044311-01

编审委员会成员

（按地区排序）

出版说明

随着我国改革开放的进一步深化，高等教育也得到了快速发展，各地高校紧密结合地方经济建设发展需要，科学运用市场调节机制，加大了使用信息科学等现代科学技术提升、改造传统学科专业的投入力度，通过教育改革合理调整和配置了教育资源，优化了传统学科专业，积极为地方经济建设输送人才，为我国经济社会的快速、健康和可持续发展以及高等教育自身的改革发展做出了巨大贡献。但是，高等教育质量还需要进一步提高以适应经济社会发展的需要，不少高校的专业设置和结构不尽合理，教师队伍整体素质亟待提高，人才培养模式、教学内容和方法需要进一步转变，学生的实践能力和创新精神亟待加强。

教育部一直十分重视高等教育质量工作。2007年1月，教育部下发了《关于实施高等学校本科教学质量与教学改革工程的意见》，计划实施"高等学校本科教学质量与教学改革工程(简称'质量工程')"，通过专业结构调整、课程教材建设、实践教学改革、教学团队建设等多项内容，进一步深化高等学校教学改革，提高人才培养的能力和水平，更好地满足经济社会发展对高素质人才的需要。在贯彻和落实教育部"质量工程"的过程中，各地高校发挥师资力量强、办学经验丰富、教学资源充裕等优势，对其特色专业及特色课程(群)加以规划、整理和总结，更新教学内容、改革课程体系，建设了一大批内容新、体系新、方法新、手段新的特色课程。在此基础上，经教育部相关教学指导委员会专家的指导和建议，清华大学出版社在多个领域精选各高校的特色课程，分别规划出版系列教材，以配合"质量工程"的实施，满足各高校教学质量和教学改革的需要。

为了深入贯彻落实教育部《关于加强高等学校本科教学工作，提高教学质量的若干意见》精神，紧密配合教育部已经启动的"高等学校教学质量与教学改革工程精品课程建设工作"，在有关专家、教授的倡议和有关部门的大力支持下，我们组织并成立了"清华大学出版社教材编审委员会"(以下简称"编委会")，旨在配合教育部制定精品课程教材的出版规划，讨论并实施精品课程教材的编写与出版工作。"编委会"成员皆来自全国各类高等学校教学与科研第一线的骨干教师，其中许多教师为各校相关院、系主管教学的院长或系主任。

按照教育部的要求，"编委会"一致认为，精品课程的建设工作从开始就要坚持高标准、严要求，处于一个比较高的起点上；精品课程教材应该能够反映各高校教学改革与课程建设的需要，要有特色风格、有创新性(新体系、新内容、新手段、新思路，教材的内容体系有较高的科学创新、技术创新和理念创新的含量)、先进性(对原有的学科体系有实质性的改革和发展，顺应并符合21世纪教学发展的规律，代表并引领课程发展的趋势和方向)、示范性(教材所体现的课程体系具有较广泛的辐射性和示范性)和一定的前瞻性。教材由个人申报或各校推荐(通过所在高校的"编委会"成员推荐)，经"编委会"认真评审，最后由清华大学出版社审定出版。

目前，针对计算机类和电子信息类相关专业成立了两个“编委会”，即“清华大学出版社计算机教材编审委员会”和“清华大学出版社电子信息教材编审委员会”。推出的特色精品教材包括：

(1) 21世纪高等学校规划教材·计算机应用——高等学校各类专业，特别是非计算机专业的计算机应用类教材。

(2) 21世纪高等学校规划教材·计算机科学与技术——高等学校计算机相关专业的教材。

(3) 21世纪高等学校规划教材·电子信息——高等学校电子信息相关专业的教材。

(4) 21世纪高等学校规划教材·软件工程——高等学校软件工程相关专业的教材。

(5) 21世纪高等学校规划教材·信息管理与信息系统。

(6) 21世纪高等学校规划教材·财经管理与应用。

(7) 21世纪高等学校规划教材·电子商务。

(8) 21世纪高等学校规划教材·物联网。

清华大学出版社经过三十多年的努力，在教材尤其是计算机和电子信息类专业教材出版方面树立了权威品牌，为我国的高等教育事业做出了重要贡献。清华版教材形成了技术准确、内容严谨的独特风格，这种风格将延续并反映在特色精品教材的建设中。

清华大学出版社教材编审委员会
联系人：魏江江
E-mail:weijj@tup.tsinghua.edu.cn

前言

21 世纪是信息化的时代，作为管理信息的主要手段——数据库技术得到了广泛的应用。从 20 世纪 50 年代开始，数据库技术已经逐渐成为计算机领域中最重要的技术之一，是软件学科中一个独立的分支。数据库技术的出现使得计算机可以应用在工业、农业、商业、科研、教育等各个部门，使人们的工作方式和生活方式有了巨大的转变。

Oracle 是一款具有面向对象功能的关系型数据库管理系统，是目前使用最广泛的数据库管理系统之一。无论是从技术水平方面，还是从市场领域方面，Oracle 都稳稳雄居数据库市场的霸主地位。本书从数据库应用开发的角度出发，系统地介绍了数据库应用和开发所需要的全部知识。以培养数据库应用型人才为目标，提炼、整合了 Oracle 中最基本、最核心的技术作为教学内容。

在内容编排上，全书以完成一个小型的教务管理信息系统为主线，从数据库的设计到数据库的管理、数据库应用，分为 11 章。第 1、2 章主要介绍数据库系统基础知识、Oracle 数据库系统的体系结构和常用工具的使用。第 3～5 章描述数据库中的对象及其基本操作，包括表、视图、索引、序列、同义词等。第 6～9 章详细讨论程序设计语言 PL/SQL、数据库高级程序开发技术（函数和过程、触发器等）。第 10 章介绍数据库的安全性管理及数据库的备份和恢复。第 11 章介绍常用的数据库访问技术，具体讲解在.NET 平台和 Java 平台上开发 Oracle 数据库应用程序的步骤、方法，为深入学习数据库开发做准备。每一章都以一个个工作任务为出发点，首先引入任务实施的背景，其次围绕任务的执行介绍相关的知识点。以任务驱动学生学习思考，培养学生发现问题、分析问题、解决问题的能力。

本书共 11 章，其中第 1 章由渭南师范学院吴代文老师编写，第 11 章由陕西邮电职业技术学院郭军军老师编写，第 7 章由李奇老师编写，其余各章由陕西邮电职业技术学院何茜老师编写。由于作者水平、时间、精力有限，难免存在不妥和错误之处，敬请批评指正，在此深表感谢。编者电子邮箱：heqianxueying@yahoo.com.cn。

编　者

2012 年 3 月

目录

第1章 数据库设计

在信息时代，我们每时每刻都在和各种信息打交道，今天的现代化社会离不开先进的信息存储和处理技术。数据库是信息存储和处理的基础，是信息和信息管理数字化的必然产物。从某种意义上讲，数据库的建设规模、数据信息量的大小和使用频率已成为衡量一个国家信息化程度的重要标志。

Oracle 公司开发的 Oracle 数据库已成为世界上最流行的数据库平台，特别是在高端数据库、以 Internet 为平台的企业级应用和电子商务应用等领域更是处于领先地位，因此掌握好 Oracle 数据库知识已经成为对广大 IT 人员的一项基本要求。

从今天起，我们就要开启一段 Oracle 的学习之旅，通过一个“教务管理信息系统”的开发学习数据库的设计和实现。

【学习目标】

(1) 掌握数据库的基本概念。

(2) 掌握数据库设计的基本步骤、方法。

(3) 掌握概念模型设计、逻辑结构设计的基本原则。

【工作任务】

(1) 区分数据库系统中的常见名词。

(2) 设计“教务管理信息系统”的概念模型。

(3) 设计“教务管理信息系统”的逻辑模型。

1.1 数据库设计的准备工作

【任务 1】 “教务管理信息系统”设计准备。

【任务引入】

教务管理信息系统是学校管理信息系统建设的重要组成部分，是提高教学管理质量和效率的关键环节。教学教务信息处理的电脑化、网络化也是实现学校管理现代化和信息化的重要内容。本课程设计模拟一个小型教务管理信息系统，其功能主要是处理学生和教师的相关信息、进行成绩的管理等。

【任务实施】

步骤 1：区分数据库系统中的常见名词。

【相关知识】

1. 数据(Data)

数据是描述事物的符号,数据的种类有很多,可以是数字,也可以是文字、图像、图形、声音等,这些数据都可以转化为计算机可以识别的标识符号,并且以数字化后的二进制形式存入计算机。

2. 信息(Information)

信息是经过整理、筛选、去伪存真得到的有用数据,数据与信息是不一样的。可以这样认为:数据是信息的符号表示或载体,信息则是数据的内涵,是对数据的语义解释。

问题:看看下面两段文字描述,哪段是数据,哪段是信息呢?

第一段:李娜,28,1982,03。

第二段:李娜今年28岁,出生于1982年3月。

3. 数据库(DataBase,DB)

从字面意思来说就是存放数据的仓库。具体而言就是长期存放在计算机内的有组织的、可共享的数据集合。数据库中的数据按一定的数据模型组织、描述和存储,具有较小的冗余度、较高的数据独立性和易扩充性。

4. 数据库管理系统(DataBase Management System,DBMS)

是数据库建立、使用、维护和配置的软件系统,用户在数据库系统中的一切操作都是由数据库管理系统来实现的。数据库管理系统不仅能够实现对数据的快速检索和维护,还为数据的安全性、完整性、并发控制和数据恢复提供了保证。当今应用最普遍的是关系型数据库管理系统。目前,市场上流行的几种大型数据库,如Oracle,DB2,Sybase,MS SQL Server等都是关系型数据库管理系统。

5. 数据库系统(DataBase System,DBS)

数据库系统是指在计算机系统中引入数据库后,由多个部分共同组成的系统,主要包括数据库(及相关硬件)、软件和用户。

- 数据库是数据库系统管理的对象。
- 硬件是数据库系统的物理支撑,包括CPU、外存以及I/O设备等。
- 软件包括系统软件和应用软件,系统软件包括操作系统和数据库管理系统,数据库管理系统是数据库系统中最重要的核心软件,应用软件是在数据库管理系统的支持下使用某一种具体的应用开发工具(VB,VC,Java等)根据用户的实际需求开发的应用程序。
- 用户包括应用程序员、最终用户和数据库管理员(DataBase Administrator,DBA)。应用程序员为那些最终用户(即非计算机专业人员)负责设计和编制应用程序,使得最终用户可以通过应用程序提供的用户接口界面以及菜单和图形界面等交互操作的方式使用数据库。数据库管理员全面负责数据库系统的管理、维护和正常使用,保证数据库始终处于最佳工作状态。对于大型数据库系统，要求配置专门的数据库管理员，职责包括：参与数据库设计的整个过程；定义数据库的安全性和完整性；决定数据库的存储和读取策略；监督控制数据库的使用、运行和及时地处理程序运行中出现的问题，改进数据库系统和重组数据库，提高数据库性能。

数据库系统的构成可以用图 1-1 表示，数据库系统在整个计算机系统中的地位如图 1-2 所示。

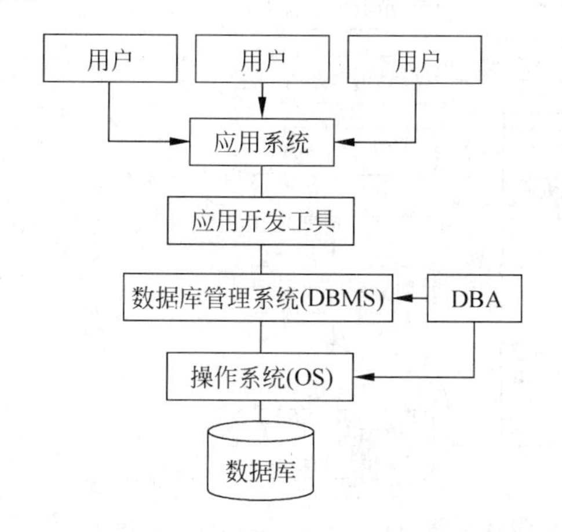

图 1-1 数据库系统构成

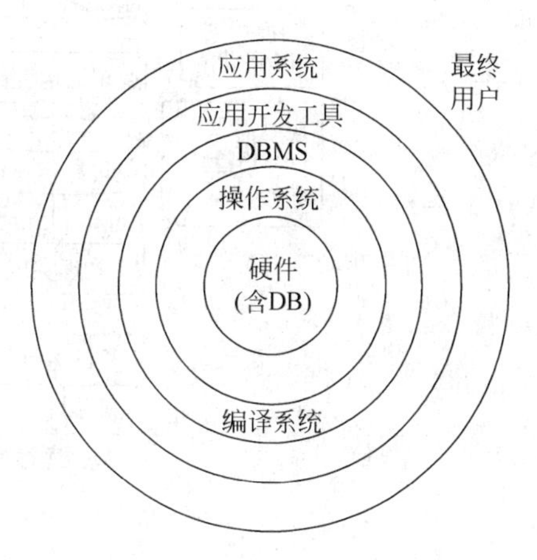

图 1-2 数据库系统的地位

数据库和数据库管理系统实现了信息的存储和管理，还需要开发面向特定应用的数据库应用系统，以完成更复杂的信息处理任务。典型的数据库应用有 C/S(Client/Server)和 B/S(Browser/Server)两种模式。C/S 模式由客户端和服务器端构成，客户端是一个运行在客户机上的数据库应用程序，服务器端是一个后台的数据库服务器，客户端通过网络访问数据库服务器。B/S 模式是基于 Internet 的一个应用模式，需要一个 Web 服务器。客户端分布在 Internet 上，使用通用的网页浏览器，不需要对客户端进行专门的开发。应用程序驻留在 Web 服务器或以存储过程的形式存放在数据库服务器上，服务器端是一个后台数据库服务器。

例如一个有代表性的信息检索网站，通常都是一个典型的基于大型数据库的 Web 应用。很多这样的网站都采用 Oracle 的数据库服务器，以获得优越的性能。

B/S 结构的数据库系统相比 C/S 结构的数据库系统，具有以下优点：

(1) 简化系统的管理。由于客户端不用安装程序，当系统改动或升级时，只需在服务器端设置，客户端不需做任何设置，因此降低了系统的维护费用和工作量。

(2) 操作简单。前端客户程序采用浏览器为载体，操作上与浏览器风格相同，用户会使用浏览器，就可以非常快地学会应用软件的操作。

(3) 系统扩展性强，易于 Internet 的信息交互。

步骤 2：明确数据库设计的步骤、方法。

【相关知识】

数据库设计任务是针对一个给定的应用环境，建立数据库及其应用系统，使之能有效地收集、存储、操作和管理数据，满足用户的各种需求。

人们不断探索研究，提出了各种数据库的规范设计方法，其中比较著名的是新奥尔良法。按照规范设计方法，考虑数据库及其应用系统开发的全过程，将数据库的设计分为 6 个阶段：需求分析阶段、概念设计阶段、逻辑设计阶段、物理设计阶段、实施阶段、运行和维护阶段，如图 1-3 所示。其中前 4 个阶段可称为“分析和设计阶段”，后两个阶段称为“实施和运行阶段”。

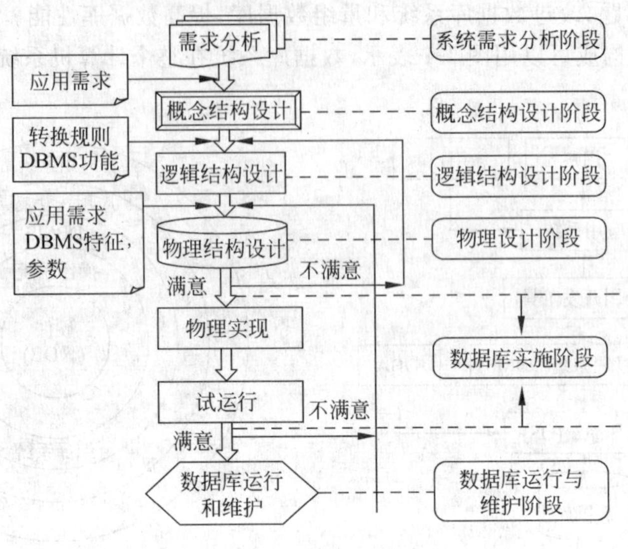

图 1-3 数据库设计步骤

(1) 需求分析就是了解和分析用户的需求，需求分析是设计数据库的起点，也是最重要的一步。需求分析的结果将影响到各个阶段的设计以及最后结果的合理性与实用性。需求分析做得不好，可能会导致整个数据库设计返工。

(2) 概念结构设计是指对用户的需求进行综合、归纳和抽象，形成一个独立于 DBMS 的概念模型。它是整个数据库设计的关键，不依赖于具体的计算机系统和数据库管理系统。

(3) 逻辑结构设计的任务是将概念模型转化成特定的 DBMS 支持的数据库的逻辑结构。物理设计是以具体的 DBMS(如 Oracle)为环境，根据逻辑结构来设计数据库中的物理结构。

(4) 数据库的实施与维护是在具体的 DBMS(如 Oracle)环境中，创建数据库中的各种数据对象。最后，在使用的过程中对数据进行维护。

阅读：数据管理技术的产生和发展。

数据管理是指对数据进行分类、组织、编码、存储、检索和维护的管理活动的总称。即数据在计算机内的一系列活动的总和。随着计算机技术特别是在计算机硬件、软件与网络技术发展的前提下，人们的数据处理要求不断提高，同时数据管理技术也随之不断改进。数据管理技术已经经历了人工管理、文件系统以及数据库系统 3 个阶段。

人工管理阶段(20 世纪 40 年代中～50 年代中)：在计算机发展的初期阶段，计算机硬件本身还不具备像磁盘这样的可直接存取的存储设备，因此也无法实现对大量数据的保存，也没有用来管理数据的相应软件，数据不保存在计算机上，用完就删除。

文件系统阶段(20 世纪 50 年代末～60 年代中)：随着计算机软硬件技术的发展，如直接存储设备的产生，操作系统、高级语言的出现，计算机不仅用于科学计算，也开始大量用于信息管理。数据以文件的形式长期独立地保存在磁盘上，且可以由多个程序反复使用。

数据库系统阶段(20世纪60年代末～现在)：随着信息时代的到来，人们要处理的信息量急剧增加，对数据的处理要求也越来越复杂，文件系统的功能已经不能适应新的需求，而数据库技术也正是在这种需求的推动下逐步产生的。

1.2 "教务管理信息系统"需求分析

【任务2】 "教务管理信息系统"数据库需求分析说明。

【任务引入】

需求分析就是分析用户的需求，需求分析是数据库设计的起点。需求分析的结果是否准确地反映了用户的实际需求将直接影响到后面各个阶段的设计，并影响到设计结果是否合理与实用。如果这一步出现错误，那么后面各步的设计结果都会前功尽弃，因此，必须高度重视系统的需求分析。

【任务实施】

"教务管理信息系统"中涉及对系部、专业、班级、学生、课程和教师的管理。要求该系统能够管理学生的选课情况、教师的授课情况以及学生、课程、教师等的基本信息。具体情况如下。

1. 基本数据的录入、查询、删除和修改功能

在本系统中提供系部、专业、学生、教师、课程、班级、教学计划各项信息的录入、查询、删除和修改功能。

- 系部信息主要包括系部代码，系部名称，系主任等信息。
- 根据系部设置专业，包括专业代码，专业名称等信息。
- 根据专业设置班级，包括班级代码、班级名称等信息。
- 学生信息主要包括学号、姓名、性别、出生日期等信息。
- 教师信息主要包括教师编号，姓名，性别，出生日期，职称等信息。
- 根据教学计划开设课程，包括课程号，课程名，备注等信息。
- 教学计划信息主要包括专业代码，专业学级，课程号，开课学期，学分，学时等信息。

2. 数据的高级查询功能

- 查询所有学生的信息和学生人数的总和。
- 根据教师编号和课程编号查询选修学生的相关成绩信息。
- 查询每门课程的平均分。
- 查找哪些学生未取得学分。

注意：这里只是将简单的需求告诉各位同学，事实上需求分析是一个相当复杂的工作，因为用户往往对计算机应用不太了解，难以准确地表达自己的需求，另一方面，数据库设计人员又缺乏用户的专业知识，和用户之间存在沟通障碍，只有通过不断地与用户进行深入的交流，才能准确地确定用户的需求。

1.3 概念结构设计

【任务3】 设计"教务管理信息系统"概念模型。

【任务引入】

分析了用户的需求,第二步就是将用户的需求抽象为数据库的概念结构,它是整个数据库设计的关键。概念结构不依赖于具体的计算机系统和DBMS。表达概念结构设计结果的工具就称为概念模型。

【任务实施】

步骤1:确定"教务管理信息系统"中的实体、属性和联系以及联系的类型。

(1) 确定实体:系部、专业、班级、学生、教学计划、课程、教师。

(2) 确定实体的属性:(其中,带双下划线的属性或属性集为实体的主键)。

学生(学号,姓名,性别,出生日期)

教师(教师编号,姓名,性别,出生日期,职称)

班级(班级代码,班级名称)

专业(专业代码,专业名称)

系部(系部代码,系部名称,系主任)

课程(课程号,课程名,备注)

教学计划(专业代码,专业学级,课程号,开课学期,学分,学时)

(3) 确定实体之间联系的类型:一个系部可以开设多个专业,一个专业可以设置多个班级,每个班级有多个学生,每个专业的每个年级对应一个教学计划,学生每学期可选择多门课程学习,每门课程又可以有多个教师来教授。由此可以得出,系部和专业之间是 $1:m$ 联系;专业和教学计划之间是 $1:m$ 联系;专业和班级之间是 $1:m$ 联系;班级和学生之间是 $1:m$ 联系;学生和课程之间是 $m:n$ 联系;教师和课程之间是 $m:n$ 联系;系部和教师之间是 $1:m$ 联系。

【相关知识】

(1) 实体:客观存在并且可相互区别的事物称为实体(例如,一个学生、一个老师、一门课程、一个班级等)。

(2) 属性:实体所具有的某一特性称为属性。一个实体可以由若干个属性来刻画,每个属性有一个值域(例如,学生实体可以用学号、姓名、性别、年龄等属性来描述,而性别的值域是"男"和"女",学号的值域为由6位数字组成的集合等)。

(3) 实体集:具有相同属性的实体的集合,称为实体集(例如,所有学生、所有老师等)。

注意: 在数据库系统的开发过程中,我们往往研究的是一个群体,而不是某个个体,所以我们的研究对象往往是"实体集"。

(4) 主键:唯一标识实体的属性或最小的属性集称为主键,也可以称为主码、主关键字(例如,学号就是学生实体集中用来区分某个学生实体的主键)。在这里,最小的属性集是指在由若干个属性组成的集合中去掉任何一个属性都不能用来标识实体的属性集。例如,在学生实体集中属性集合(学号,姓名)也可以区分标识实体,但是因为这个集合不是最小的,所以不能把(学号,姓名)属性集称为主键。

(5) 联系的类型：联系是发生在实体集内实体与实体之间具有特定含义的对应关系。两个实体集之间的联系包括三种：一对一(1∶1)，一对多(1∶m)，多对多(m∶n)。

➢ 一对一联系(1∶1)：如果实体集 A 中的每一个实体只与实体集 B 中的一个实体相对应,但实体集 B 中的每一个实体只与实体集 A 中的一个实体相对应,则称实体集 A 与实体集 B 是一对一联系。例如,一个学校只有一名校长；一名校长也只能管理一个学校,那么学校和校长之间的联系就是一对一的联系。

➢ 一对多联系(1∶m)：如果实体集 A 中的每一个实体,在实体集 B 中都有多个实体与之对应,而实体集 B 中的每一个实体,在实体集 A 中只有一个实体与之对应,则称实体集 A 与实体集 B 是一对多联系。例如,一个班级可以有多名学生；一个学生只能属于一个班级,那么班级和学生之间的联系就是一对多的联系。

➢ 多对多联系(m∶n)：如果实体集 A 中的每一个实体,在实体集 B 中都有多个实体与之对应,而实体集 B 中的每一个实体,在实体集 A 中也有多个实体与之对应,则称实体集 A 与实体集 B 是多对多联系。例如,一名学生可以选修多门课程；一门课程也可以同时被多名学生选修,那么学生和课程之间的联系就是多对多的联系。

步骤 2：“教务管理信息系统”的概念模型表示。

(1) 设计局部 E-R 模型。如图 1-4 和图 1-5 所示。

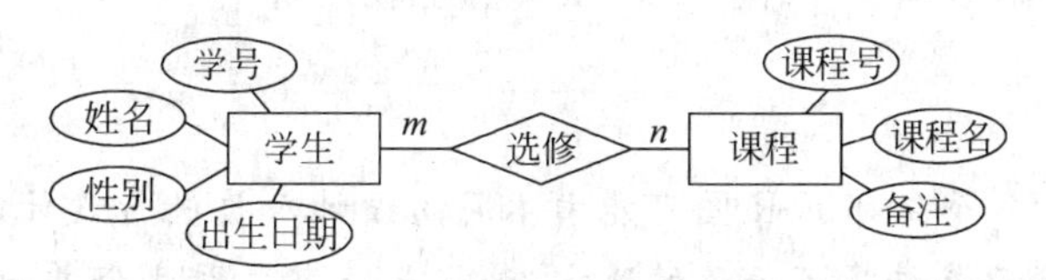

图 1-4　学生-课程 E-R 模型

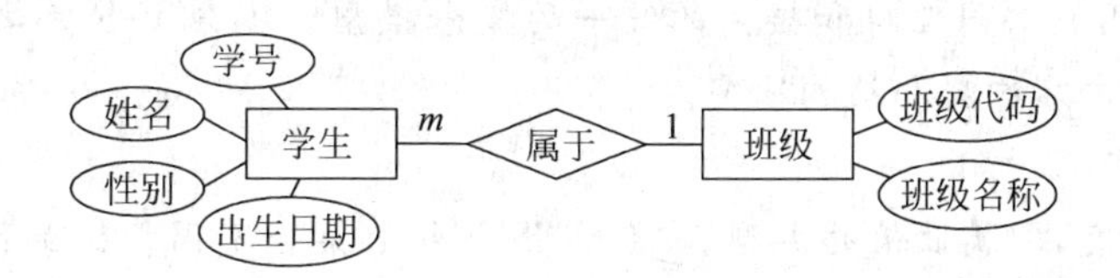

图 1-5　学生-班级 E-R 模型

(2) 设计全局 E-R 模型：各个局部模型建立好后,还需要对它们进行合并,集成为一个整体的概念模型结构,即总 E-R 图。集成时一般采用逐步累积的方法,即首先集成两个局部 E-R 模型,以后每一次将一个新的局部模型集成进来。如图 1-6 所示,合并学生-课程-班级模型。

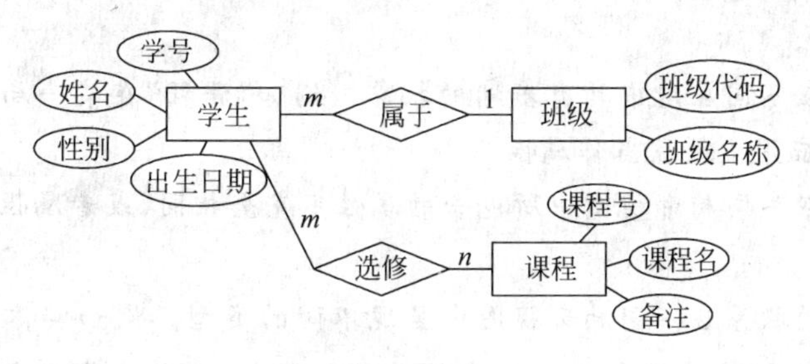

图 1-6　合并模型

【相关知识】

概念模型的表示方法很多，最常用的是实体-联系模型。即E-R(Entity-Relationship)模型，是P. P. Chen于1976年首先提出的。E-R模型图是直观地表示概念模型的工具，在软件工程和数据库设计过程中使用很普遍，是描述数据模型很方便的方法。在E-R图中，使用的符号如下。

- 矩形框表示实体，并在框内写上实体名。
- 椭圆框表示属性，并用无向边把实体与其属性连接起来。
- 菱形框表示联系，菱形框内写明联系名，并用无向边分别与有关实体连接起来，同时在无向边旁标上联系的类型(1∶1，1∶m或m∶n)。

E-R模型支持一对一、一对多和多对多的联系。两个实体集之间三种联系表示如图1-7所示。

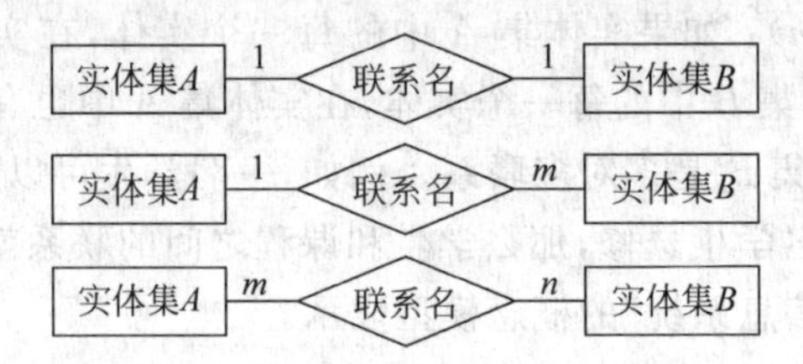

图1-7 E-R模型的表示方法

阅读：由于各个局部E-R图可能由不同的设计人员进行设计，所以各个分E-R图之间必定会存在许多不一致的地方，这就是冲突。因此合并分E-R图时不能简单地将各个分E-R图画在一起，而要着力消除各个分E-R图中不一致的地方，以形成一个能为全系统中所有用户共同理解和接受的统一的概念模型。各分E-R图之间的冲突主要有三类：属性冲突、命名冲突和结构冲突。

(1) 属性冲突。

① 属性域冲突，即属性值的类型、取值范围或取值集合不同。例如：属性"学号"有的定义为字符型，有的为数值型。

② 属性取值单位冲突。例如：属性"身高"有的以米为单位，有的以厘米为单位。

(2) 命名冲突。

① 同名异义，不同意义对象相同名称。

② 异名同义(一义多名)，同意义对象不相同名称。例如："教学计划"和"工作计划"。

(3) 结构冲突。

① 同一对象在不同应用中具有不同的抽象。例如"课程"在某一局部应用中被当作实体，而在另一局部应用中则被当作属性。

② 同一实体在不同局部视图中所包含的属性不完全相同，或者属性的排列次序不完全相同。

③ 实体之间的联系在不同局部视图中呈现不同的类型。例如实体E_1与E_2在局部应用A中是多对多联系，而在局部应用B中是一对多联系；又如在局部应用X中E_1与E_2发

生联系,而在局部应用 Y 中 E_1,E_2,E_3 三者之间有联系。

(3) 全局 E-R 模型的优化:局部 E-R 模型经过合并后生成的是初步的 E-R 图。之所以称为初步的 E-R 图,是因为其中可能存在冗余的数据和冗余的实体间的联系。所谓冗余数据就是指可由基本数据导出的数据。冗余的联系是指可由其他联系导出的联系。因此,得到初步 E-R 图后,还应当尽可能地消除冗余。

做一做:请同学们自己动手画一画"教务管理信息系统"的全局 E-R 模型。

1.4 逻辑结构设计

【任务 4】 设计"教务管理信息系统"逻辑模型。

【任务引入】

概念结构是独立于任何计算机系统和 DBMS 的模型,逻辑结构设计就是将概念模型转化为特定的 DBMS 系统支持的数据模型。目前,最常用的数据模型有 4 种,如下所示。

(1) 层次模型:是数据库系统中最早使用的一种模型,用树形结构来表示实体与实体间的联系。基本特征是:

① 有且只有一个结点无父结点,该结点称为根结点;

② 其他结点有且只有一个父结点。

层次模型对具有一对多层次关系的描述非常自然、直观、容易理解。

(2) 网状模型:用网状结构来表示实体和实体间联系的模型。基本特征是:

① 允许有一个以上的结点没有父结点;

② 结点可以有多于一个的父结点。

(3) 关系模型:用二维表结构来表示实体和实体间联系的模型。关系模型是建立在集合代数的基础上的。以二维表格描述简单、易懂,用户只需要执行简单的查询语句就可以对数据库进行操作。20 世纪 80 年代以来,新开发的数据库管理系统几乎都是基于关系模型的,如 SQL Server,DB2,Oracle 等。

(4) 面向对象模型:随着信息技术的发展,出现了越来越多的复杂类型的数据,面向对象模型就应运而生了,它不但继承了关系模型的许多优良的性能,还能处理多媒体数据,并支持面向对象的程序设计,是未来数据库的发展方向。

关系模型是目前最普遍的一种数据模型,Oracle 数据库管理系统就是基于关系模型建立的。所以将"教务管理信息系统"的概念结构转化为逻辑结构实际上就是将 E-R 模型图转化为关系模型。

【任务实施】

步骤 1:将"教务管理信息系统"的 E-R 模型图转化为关系模型。

(1) 一个实体转换为一个关系模式。其中,带双下划线的属性或属性集为关系的主键。

➢ 学生(学号,姓名,性别,出生日期)

➢ 教师(教师编号,姓名,性别,出生日期,职称)

➢ 班级(班级代码,班级名称)

➢ 专业(专业代码,专业名称)
➢ 系部(系部代码,系部名称,系主任)
➢ 课程(课程号,课程名,备注)
➢ 教学计划(专业代码,专业学级,课程号,开课学期,学分,学时)

(2) 一个联系可以转换为一个独立的关系模式,关系的属性包括与该联系相连的各实体的主键以及联系本身的属性。

➢ 学生-班级(学号,班级代码)
➢ 班级-专业(班级代码,专业代码)
➢ 专业-系部(专业代码,系部代码)
➢ 专业-教学计划(专业代码,专业学级,课程号)
➢ 系部-老师(系部代码,教师编号)
➢ 学生-课程(学号,课程号,教师编号,专业代码,专业学级,成绩)
➢ 教师-课程(教师编号,课程号,专业代码,专业学级,学期,学年)

【相关知识】

什么是关系数据模型呢?关系模型如表1-1所示。

表1-1 关系模型

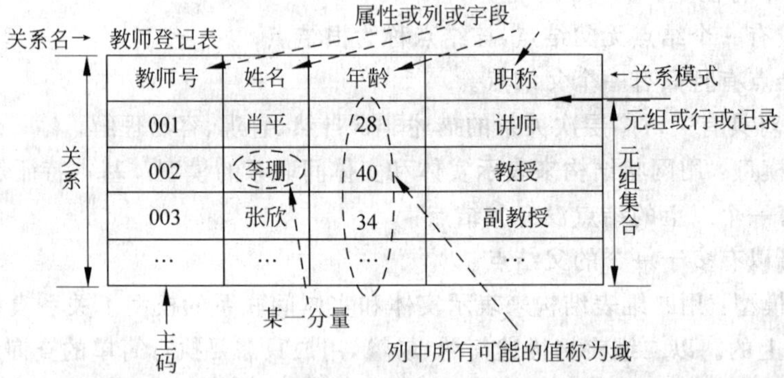

关系名→ 教师登记表

教师号	姓名	年龄	职称
001	肖平	28	讲师
002	李珊	40	教授
003	张欣	34	副教授
…	…	…	…

属性或列或字段
←关系模式
元组或行或记录
元组集合
关系
某一分量
主码
列中所有可能的值称为域

➢ 关系(Relation):一个关系就是一张二维表,每张表都有一个表名,称为关系名。
➢ 元组(Tuple):表中的每一行称为一个元组或记录。一个元组可表示一个实体或实体之间的联系。
➢ 属性(Attribute):表中的每一个列称为关系的一个属性或字段,即元组的一个数据项。属性有属性名、属性类型、属性值域和属性值之分。属性名在一个关系表中是唯一的,属性的取值范围称为属性域。例如,大学生的年龄是14岁至35岁;人的性别只有“男”和“女”两个值等。元组中的一个属性值就称为分量。
➢ 主码(Primary Key):或称为主关键字,表中的一个属性或几个属性的最小组合、其值能唯一地标识表中一个元组。例如,学生的学号,系的编号或系的名字。主关键字属性不能取空值。
➢ 外部关键字(Foreign Key):在一个关系中含有与另一个关系的主关键字相对应的属性或属性组合称为该关系的外部关键字。例如,在学生表中含有的属性班级代码,是班级表中的主关键字属性,那么班级代码就是学生表中的外部关键字。

➢ 关系模式：对一个关系的结构描述。每个描述包括关系名、属性等。关系模式的描述格式为关系名(属性1，属性2，……，属性 n)。例如，上面的关系可以描述为教师(教师号，姓名，年龄，职称)。

➢ 基本的关系必须具备以下6条性质：
- 表中的分量必须是不可分割的最小的数据项，即表中不允许有小表。
- 列是同质的，即每一列中的分量必须是同一类型的数据，来自同一个域。不同的列中的分量可以出自相同的一个域。
- 不同的属性必须有不同的属性名。属性的次序对关系没有影响，即关系中列的次序可以交换。
- 关系中的任意两个元组不能完全相同。
- 关系中元组的顺序无关，即关系中元组的顺序可以交换。

步骤2：关系模式的合并。经过合并后，我们最终得到了9个关系模式。

➢ 学生(学号，姓名，性别，出生日期，班级代码)
➢ 教师(教师编号，姓名，性别，出生日期，职称，系部代码)
➢ 班级(班级代码，班级名称，专业代码)
➢ 专业(专业代码，专业名称，系部代码)
➢ 系部(系部代码，系部名称，系主任)
➢ 课程(课程号，课程名，备注)
➢ 教学计划(专业代码，专业学级，课程号，开课学期，学分，学时)
➢ 学生-课程(学号，课程号，教师编号，专业代码，专业学级，成绩)
➢ 教师-课程(教师编号，课程号，专业代码，专业学级，学期，学年)

【相关知识】

一个1∶1联系与任意一端对应的关系模式合并。一个1∶n联系也可以与n端对应的关系模式合并。如下所示

联系：学生-班级(学号，班级代码)

多端实体：学生(学号，姓名，性别，出生日期)

合并：学生(学号，姓名，性别，出生日期，入学时间，班级代码)

做一做：现在大家试着将之前画的"教务管理信息系统"概念模型转换为关系模型吧，看看合并后的关系模式有几个？想一想，合并关系模式有什么好处呢？

在完成逻辑结构设计后，下面的物理结构设计就是以Oracle数据库作为环境，根据逻辑设计所产生的关系模式设计表结构，接着在实施与维护阶段，创建数据库和数据表，组织数据入库，根据需要创建其他数据库对象。最后，在使用过程中对数据库进行维护。

阅读：关系规范化。数据库设计最基本的问题是怎样建立一个合理的数据库模式，使数据库系统无论是在数据存储方面，还是在数据操作方面都具有较好的性能。

一个不合理的关系模式可能存在以下问题：数据冗余度大，就是相同数据在数据库中多次重复存放。数据冗余不仅会浪费存储空间，而且可能造成数据的不一致；插入异常，是指当在不规范的数据表中插入数据时，由于实体完整性约束要求主码不能为空，而使有用数

据无法插入的情况；删除异常，当不规范的数据表中某条需要删除的元组中包含有一部分有用数据时，就会出现删除困难。那么，什么样的模型是合理的？什么样的模型是不合理的？应该通过什么标准去鉴别和采取什么方法来改进呢？

为使数据库设计合理可靠、简单实用，E. F. Codd在1971年提出了关系数据库设计理论，即规范化理论。它是根据现实世界存在的数据依赖而进行的关系模式的规范化处理，从而得到一个合理的数据库设计效果。E. F. Codd及后来的研究者为数据结构定义了5种规范化模式（Normal Form），简称范式。范式表示的是关系模式的规范化程度，也即满足某种约束条件的关系模式，根据满足的约束条件的不同来确定范式。

第一范式：如果一个表的每一个字段都是不可再分的，则称表满足"第一范式"。

第二范式：表是第一范式，而且它的每一非主键字段完全依赖于主键，则表满足"第二范式"。

第三范式：若表是第二范式，而且它的每一非主键字段不传递依赖于主键，则表满足"第三范式"。传递依赖的含义是指经由其他字段传递而依赖于主键的字段。3NF的实际含义是要求非主键字段之间不应该有从属关系。

通过关系的规范化能够逐步消除数据冗余和操作异常，从而提高数据的共享度，提高插入、删除、修改数据的安全性、一致性、单一性和灵活性。但规范化程度越高，查询时越需要进行多个关系之间的连接操作，从而增加了一些查询的复杂性。对于一般应用来说，通常是规范化到第三范式就可以了。

小结

本章是"教务管理信息系统"的设计章节，在这一章中介绍了数据库系统设计的步骤、方法，以及各个阶段的工作。主要从以下几个方面描述了数据库设计的过程和方法：

① 需求分析；

② 建立概念模型；

③ 建立数据模型；

④ 数据库的物理结构的设计；

⑤ 实施与维护数据库。

数据模型是数据库系统的核心和基础。概念模型也称信息模型，E-R模型是这类模型的典型代表，E-R方法简单、清晰，应用十分广泛。数据模型包括层次模型、网状模型、关系模型和面向对象模型。

数据库的设计在数据库应用系统的开发中占有很重要的地位。只有设计出合理的数据库，才能为建立在数据库上的应用提供方便的服务。不过数据库的设计过程从来都不会有真正的结束，因为随着用户需求和具体应用的变化和扩大，数据库的结构也可能会随之变化。

思考与练习

【选择题】

1.（　）是位于用户与操作系统之间的一层数据管理软件。数据库在建立、使用和维护时由其统一管理、统一控制。

A. DBMS　　B. DB　　C. DBS　　D. DBA

2. 文字、图形、图像、声音、学生的档案记录、货物的运输情况等，这些都是(　　)。

A. DATA　　B. DBS　　C. DB　　D. 其他

3. 一台机器可以加工多种零件，每一种零件可以在多台机器上加工，机器和零件之间为(　　)的联系。

A. 一对一　　B. 一对多　　C. 多对多　　D. 多对一

4. DB，DBMS 和 DBS 三者间的关系是(　　)。

A. DB 包括 DBMS 和 DBS　　B. DBS 包括 DB 和 DBMS

C. DBMS 包括 DBS 和 DB　　D. DBS 与 DB,DBMS 无关

5. 将 E-R 模型转换成关系模型，属于数据库的(　　)。

A. 需求分析　　B. 概念设计　　C. 逻辑设计　　D. 物理设计

6. 英文缩写 DBA 代表(　　)。

A. 数据库管理员　　B. 数据库管理系统

C. 数据定义语言　　D. 数据操纵语言

【填空题】

1. 数据管理经历了________阶段、________阶段到________阶段的变迁。

2. 在 E-R 图中，用________表示实体，用________表示联系，用________表示属性。

3. 关系的名称和它的________称为关系的模式。

4. 数据库设计分为以下 6 个设计阶段：需求分析阶段、________、________、数据库物理设计阶段、数据库实施阶段、数据库运行和维护阶段。

第2章 Oracle入门

【学习目标】

(1) 掌握 Oracle 10g 的安装和卸载的方法。

(2) 学会使用 Oracle 常用工具:企业管理器、iSQL * Plus 和 SQL * Plus。

(3) 掌握创建数据库和表空间的方法,了解 Oracle 的体系结构。

(4) 掌握 Oracle 中的基本用户管理。

【工作任务】

(1) 在 Windows 环境下安装和卸载 Oracle 10g。

(2) 练习使用 Oracle 常用工具:企业管理器、iSQL * Plus 和 SQL * Plus。

(3) 创建和操作数据库以及表空间。

(4) SQL * Plus 参数设置。

(5) 创建用户并为之授权。

2.1 Oracle 10g 的安装和卸载

【任务1】 在 Windows 环境下安装和卸载 Oracle 10g。

【任务引入】

Oracle 是最早的商品化关系数据库管理系统,在安装 Oracle 数据库管理系统之前,最好确保用户的计算机系统内没有安装 Oracle 系统,如果已经安装了 Oracle 系统,我们可以先执行一系列的卸载操作,以清理原有版本的 Oracle 痕迹。

【任务1-1】 安装 Oracle 10g 数据库服务器。

【任务实施】

步骤1:在 Windows 环境下,将 Oracle 10g 安装盘放入光盘驱动器,安装程序会自动运行,显示如图 2-1 所示的窗口。

【相关知识】

用户可以直接从 Oracle 公司的官方网站上免费下载 Oracle 10g 数据库系统软件的安装程序和使用文档,网址是 http://www.oracle.com。安装 Oracle 10g 对计算机的软硬件资源也有一定的要求。

(1) 安装的软件环境需求如下。

- 数据库系统架构:32 位的数据库必须安装在 32 位的操作系统上,64 位的数据库必须安装在 64 位的操作系统上。

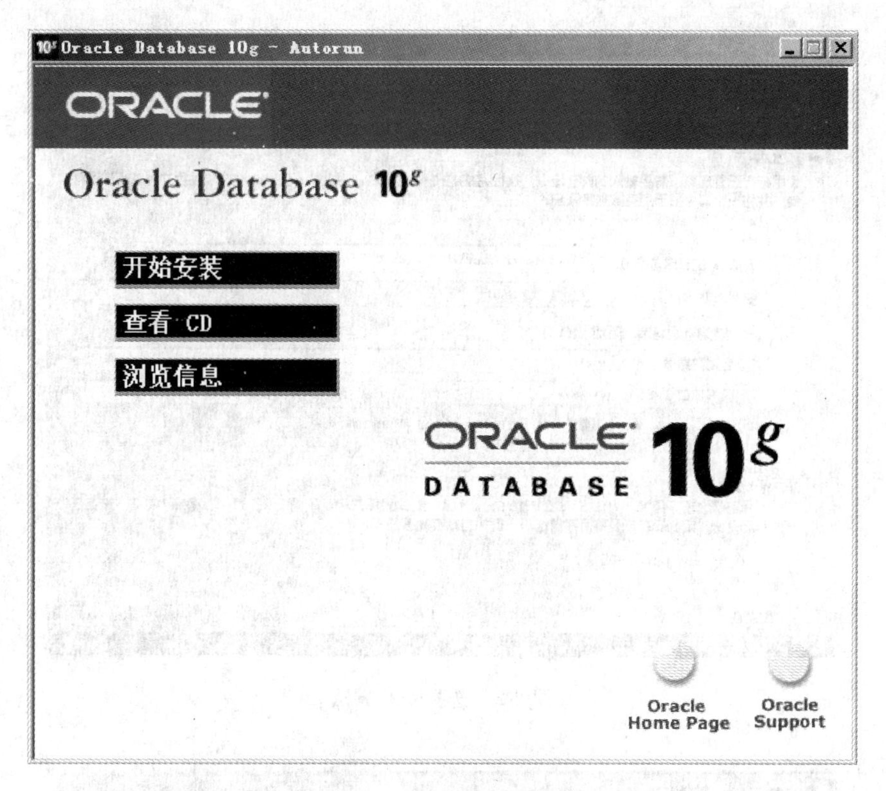

图 2-1 光盘自动安装界面

- 操作系统：Windows NT Server 4.0，Windows 2000 Service pack 1，Windows 2003 Server，Windows XP Profession，UNIX 或 Linux。
- 支持的浏览器：微软的 IE 5.5 加装 Service Pack 1 以上；微软的 IE 6.0 加装 Service Pack 2 以上；Netscape Navigator 的 4.78，4.79，7.0.1 和 7.1.0。

(2) 安装的硬件环境需求如下。

- CPU：200MHz 以上，建议使用 2.4GHz 以上；
- RAM：256MB 以上，建议使用 512MB 以上；
- Video 卡：256 色以上，建议使用百万色以上；
- 虚拟内存：2 倍的 RAM；
- 硬盘空间：建议安装 Oracle 目录的盘容量在 2GB 以上。

步骤 2：单击“开始安装”，启动安装向导，进入“选择安装方法”界面，如图 2-2 所示。

步骤 3：可以选择“基本安装”或“高级安装”，我们选“基本安装”，同时选中创建启动数据库，输入创建的全局数据库(能唯一标识一个数据库的名称，Oracle 10g 之前的版本要求全局数据库名为“数据库名＋数据库域名”，Oracle 10g 对此没有要求)的名称(例如“orcl”)和口令。如图 2-3 所示。

注意：Oracle 10g Release 2 规定，口令不能为“CHANGE_ON_INSTALL”，“MANAGER”，“DBSNMP”，“SYS-MAN”。这些口令分别为“SYS”，“SYSTEM”，“SYSMAN”，“DBSNMP”4 个数据库用户的默认口令。

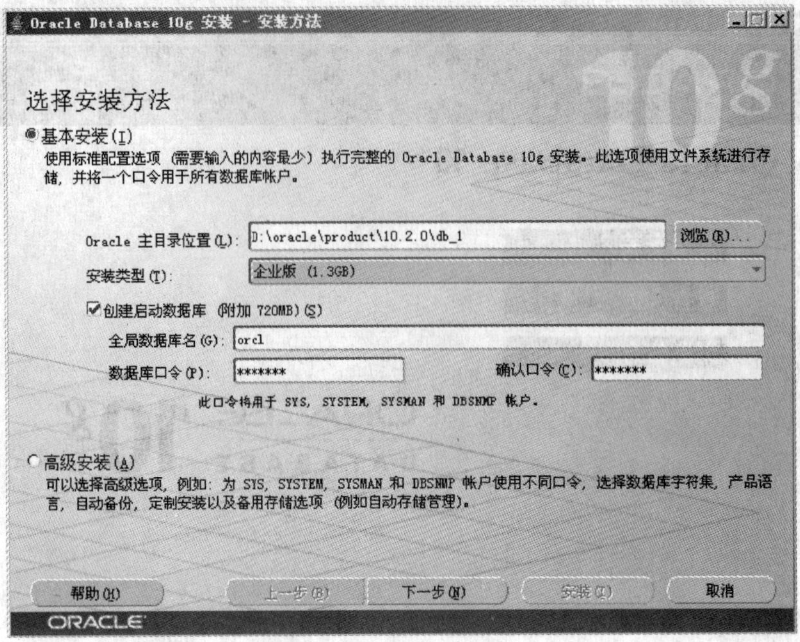

Oracle Database 10g 安装 - 安装方法

选择安装方法

◉ 基本安装(I)

使用标准配置选项（需要输入的内容最少）执行完整的 Oracle Database 10g 安装。此选项使用文件系统进行存储，并将一个口令用于所有数据库帐户。

Oracle 主目录位置(L): D:\oracle\product\10.2.0\db_1 浏览(R)...

安装类型(T): 企业版 (1.3GB)

☑ 创建启动数据库（附加 720MB）(S)

全局数据库名(G): orcl

数据库口令(P): ******* 确认口令(C): *******

此口令将用于 SYS, SYSTEM, SYSMAN 和 DBSNMP 帐户。

○ 高级安装(A)

可以选择高级选项，例如：为 SYS, SYSTEM, SYSMAN 和 DBSNMP 帐户使用不同口令，选择数据库字符集，产品语言，自动备份，定制安装以及备用存储选项（例如自动存储管理）。

帮助(H) 上一步(B) 下一步(N) 安装(I) 取消

ORACLE

图 2-2 选择安装方法

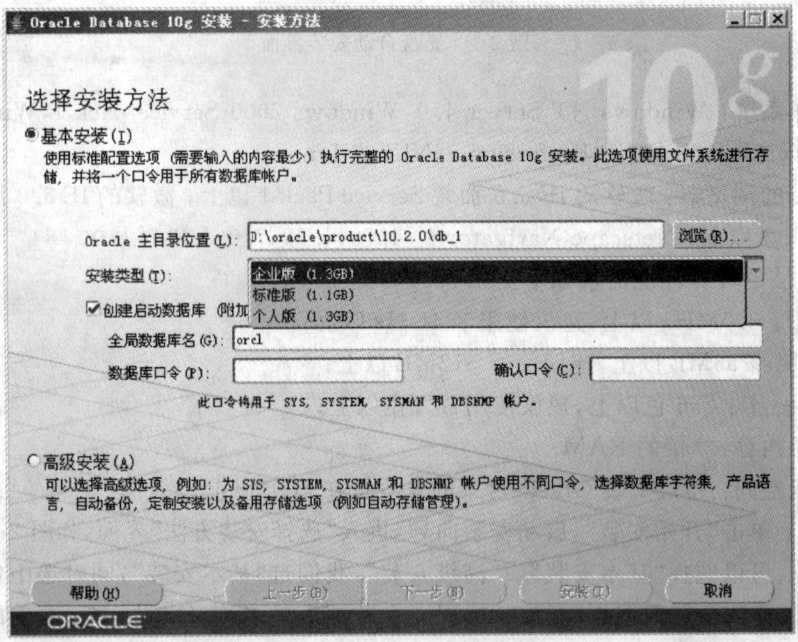

Oracle Database 10g 安装 - 安装方法

选择安装方法

◉ 基本安装(I)

使用标准配置选项（需要输入的内容最少）执行完整的 Oracle Database 10g 安装。此选项使用文件系统进行存储，并将一个口令用于所有数据库帐户。

Oracle 主目录位置(L): D:\oracle\product\10.2.0\db_1 浏览(R)...

安装类型(T): 企业版 (1.3GB) / 标准版 (1.1GB) / 个人版 (1.3GB)

☑ 创建启动数据库（附加

全局数据库名(G): orcl

数据库口令(P): 确认口令(C):

此口令将用于 SYS, SYSTEM, SYSMAN 和 DBSNMP 帐户。

○ 高级安装(A)

可以选择高级选项，例如：为 SYS, SYSTEM, SYSMAN 和 DBSNMP 帐户使用不同口令，选择数据库字符集，产品语言，自动备份，定制安装以及备用存储选项（例如自动存储管理）。

帮助(H) 上一步(B) 下一步(N) 安装(I) 取消

ORACLE

图 2-3 选择安装类型

步骤 4：选择“安装类型”。Oracle 10g Release 2 的安装类型可为企业版、标准版和个人版，可根据需要进行选择，默认为企业版，单击“下一步”按钮，开始准备安装。如图 2-4 所示。接着安装程序自动进行“产品特定的先决条件检查”，如图 2-5 所示。

图 2-4 准备安装

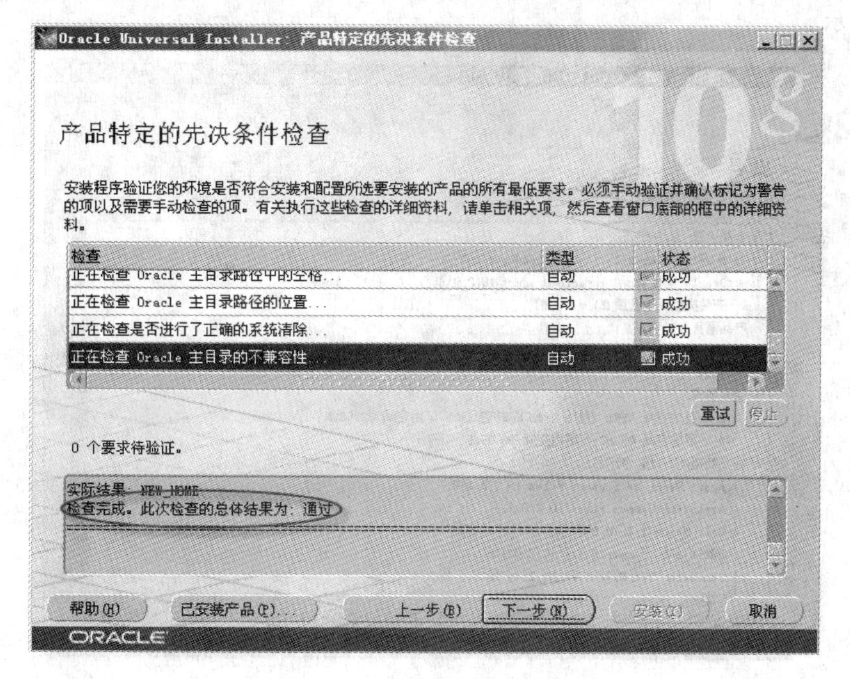

图 2-5 产品特定的先决条件检查

【相关知识】

Oracle 10g 数据库核心产品包括以下几种。

- Oracle 数据库 10g 标准版 1(Oracle Database 10g Standard Edition One)：从针对小型商务的单服务器环境到大型的分布式部门环境，Oracle Database 10g Standard Edition One 包含了构建关键商务的应用程序所必需的全部工具。Standard Edition One 仅许可在具有最多不超过两个微处理器的服务器上使用。
- Oracle 数据库 10g 标准版(Oracle Database 10g Standard Edition)：具有 Standard Edition One 所未有的易用性和性能，并且真正利用集群来提供对更大型的计算机和服务集群的支持。
- Oracle 数据库 10g 企业版(Oracle Database 10g Enterprise Edition)：为关键任务的应用程序(如大业务量的在线事务处理(OLTP)环境、查询密集的数据仓库和要求苛刻的互联网应用程序)提供了高效、可靠、安全的数据管理。

➢ Oracle 数据库 10g 个人版(Oracle Database 10g Personal Edition):通过将 Oracle Database 10g 的功能引入到个人工作站中,Oracle 提供了世界上最流行的数据库功能,并且该数据库具有桌面产品通常具有的易用性和简单性。

一般的部门级别的应用,比如一个部门的考勤管理,标准版足够用,只有大型的企业级应用,比如一个大型制造企业的 ERP 系统,需要数据分布式的存储和计算,才选择企业版,个人版本一般供个人学习用。

步骤 5:安装程序自动对当前系统进行检查,检查其是否符合安装要求,只有最终出现"检查完成。此次检查的总体结果为:通过"(见图 2-5),才能继续安装,否则检查相应的项,逐一改正,直到"总体结果为:通过"。单击"下一步"按钮,继续安装,显示"概要"对话框,如图 2-6 所示。

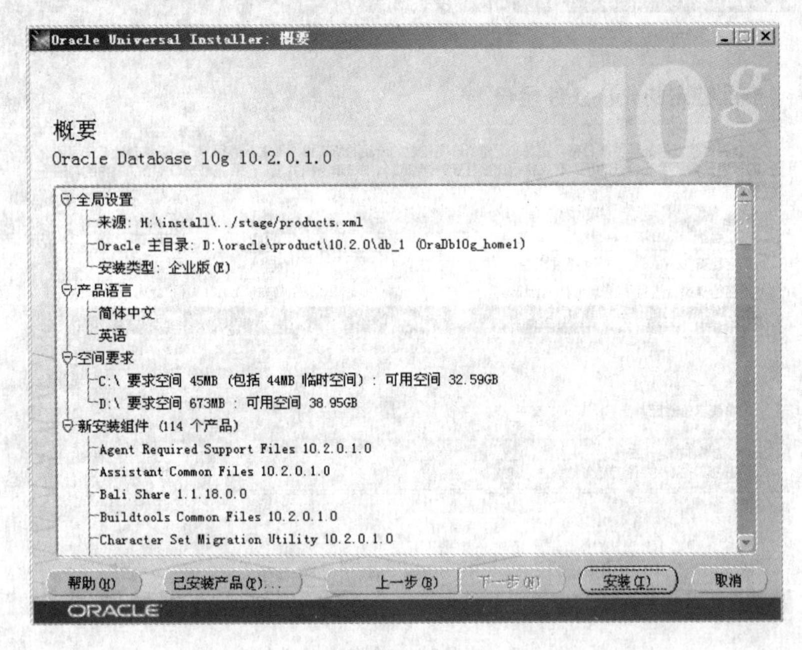

图 2-6 安装概要

步骤 6:单击"安装"按钮,Oracle Universal Installer 将安装 Oracle 系统。在安装过程中,用户可以看到 Oracle 创建数据,以及对一些服务进行配置,如图 2-7～图 2-9 所示。

步骤 7:安装完成后,安装向导将弹出如图 2-10 所示的窗口,显示已经安装的数据库信息。

步骤 8:单击图 2-10 中的"口令管理",弹出如图 2-11"口令管理"窗口(也可以不单击"口令管理",直接单击"确定"进入到图 2-12 的安装结束界面,这样的话 SYS,SYSTEM,DBSNMP,SYSMAN 用户的口令都是在图 2-2 中设置的,且 SCOTT 用户默认是被锁定的)。

步骤 9:拖动滚动条找到 SCOTT 用户,单击 SCOTT 用户"是否锁定账户"列上的蓝钩,解除对 SCOTT 用户的锁定,为 SYS 和 SYSTEM 用户设置口令后单击"确定",安装程序将返回到图 2-10 的窗口。

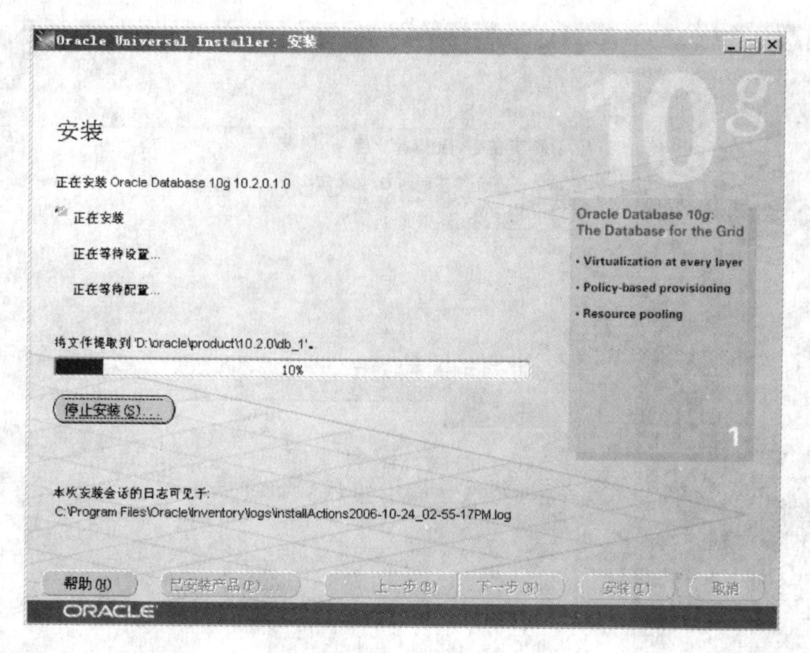

图 2-7 安装过程

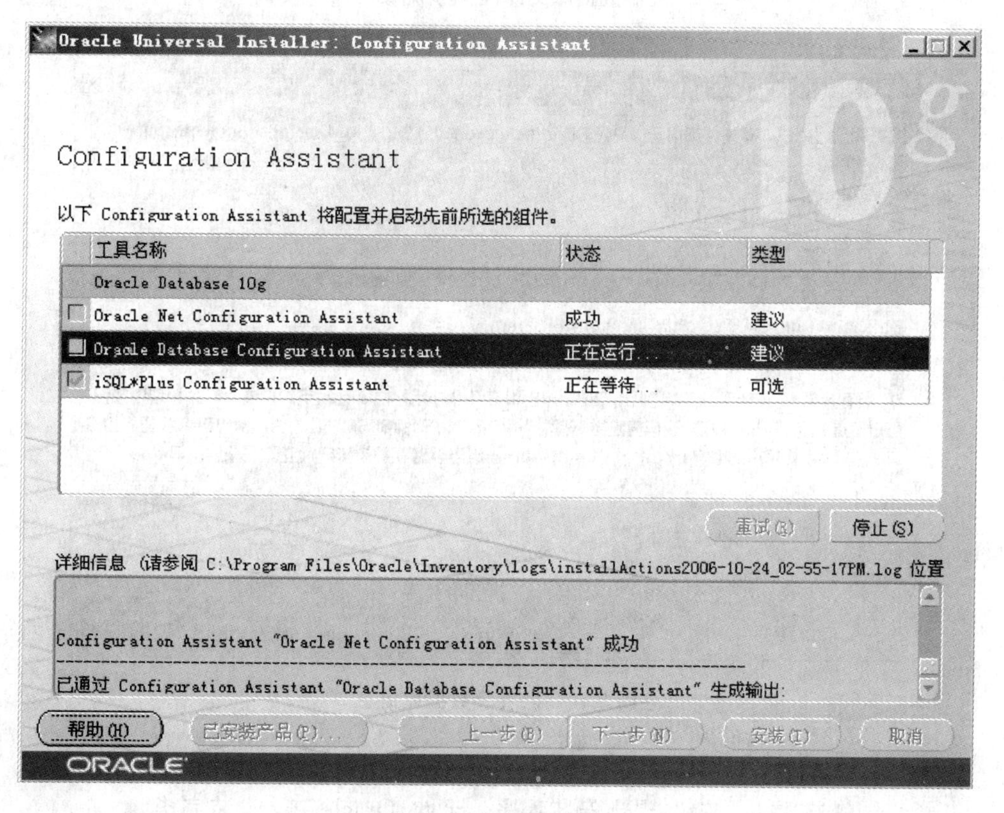

图 2-8 配置特定服务

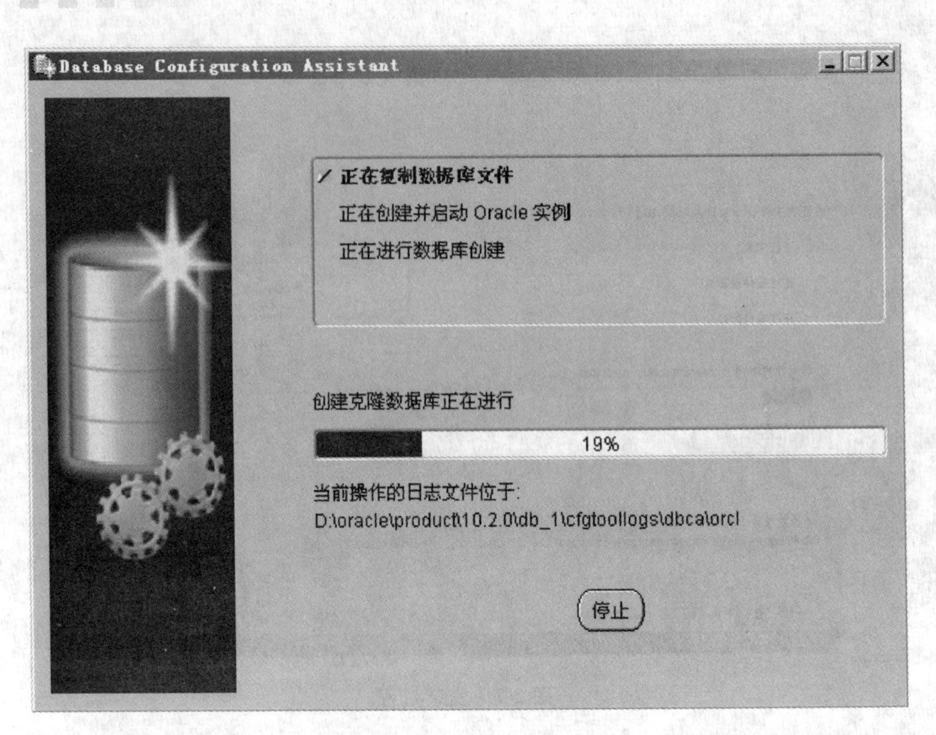

图 2-9 复制数据库文件、创建并启动 Oracle 实例

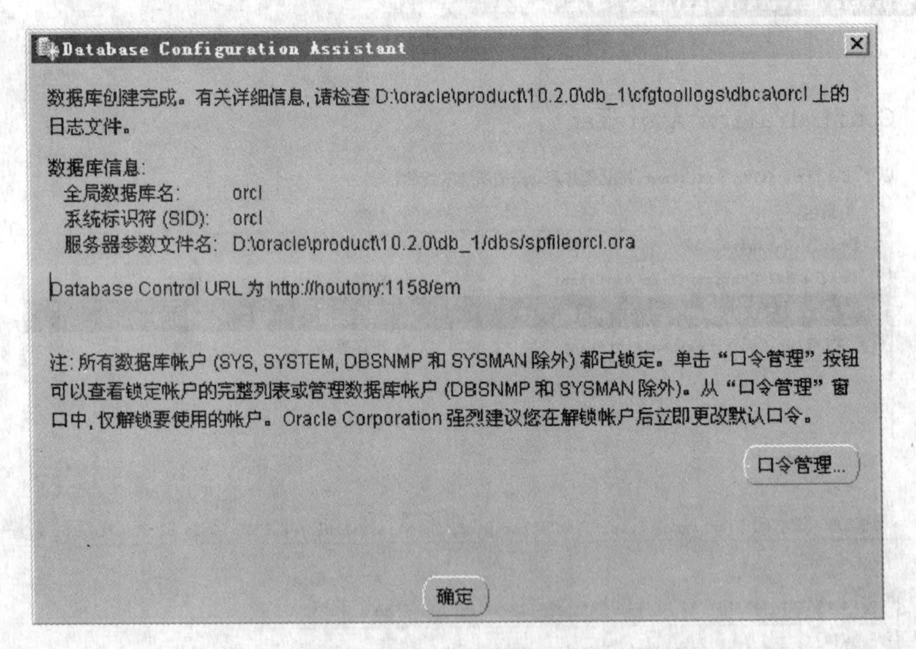

图 2-10 已安装数据库信息

步骤 10：单击图 2-10 中的“确定”按钮，进入“安装结束”窗口，如图 2-12 所示。

步骤 11：单击“退出”按钮，退出安装程序。至此，Oracle 10g 安装完毕。

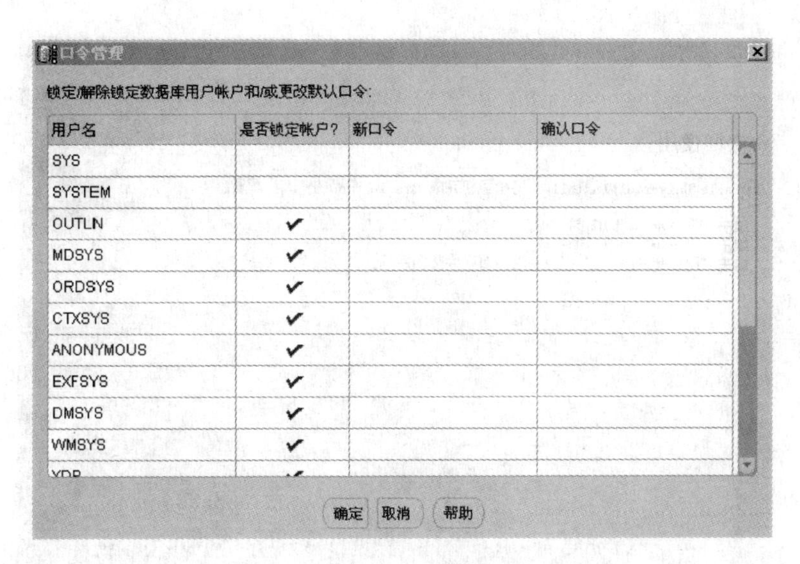

图 2-11 口令管理

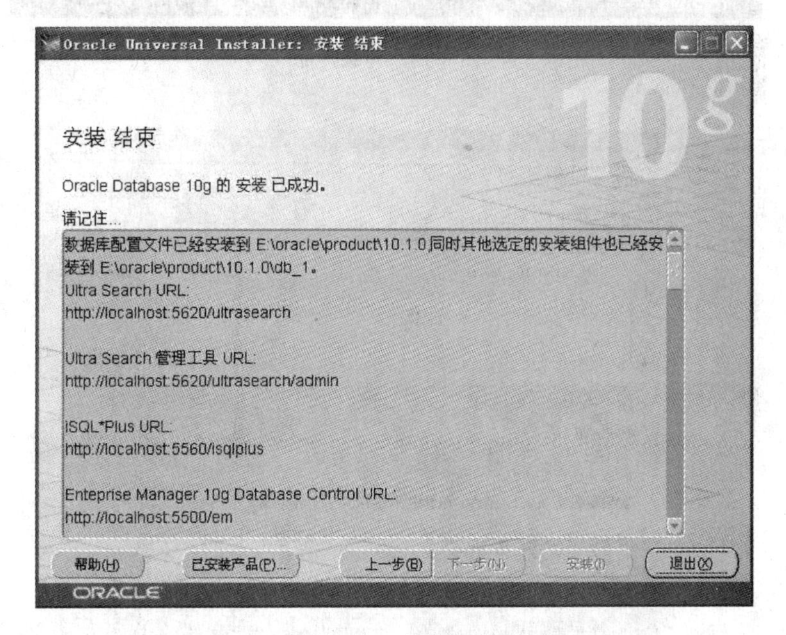

图 2-12 安装结束

步骤 12：下面开始演示如何卸载 Oracle 10g。在 Windows 的“开始”菜单中依次选择“开始”→“程序”→Oracle-OraDb10g_home1→Oracle Installation Products→UniversalInstaller，将显示如图 2-13 所示的窗口。

步骤 13：单击“卸载产品”按钮，出现如图 2-14 所示的窗口。

步骤 14：展开节点，选定要卸载的项目，然后单击“删除”按钮，出现如图 2-15 所示的“确认”窗口，显示选定的卸载项目。

步骤 15：如果单击“是”按钮，程序执行完毕即卸载选定的项目。

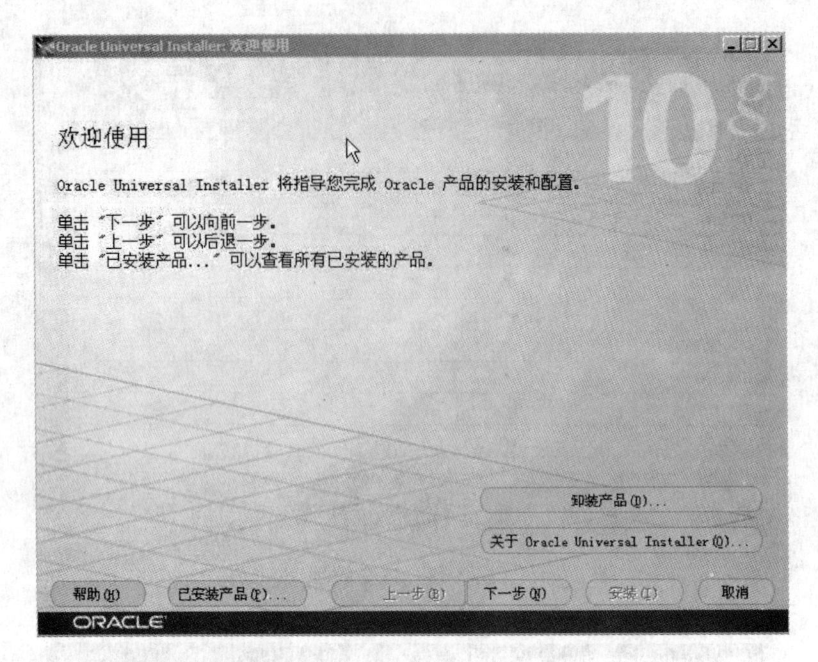

图 2-13　卸载产品

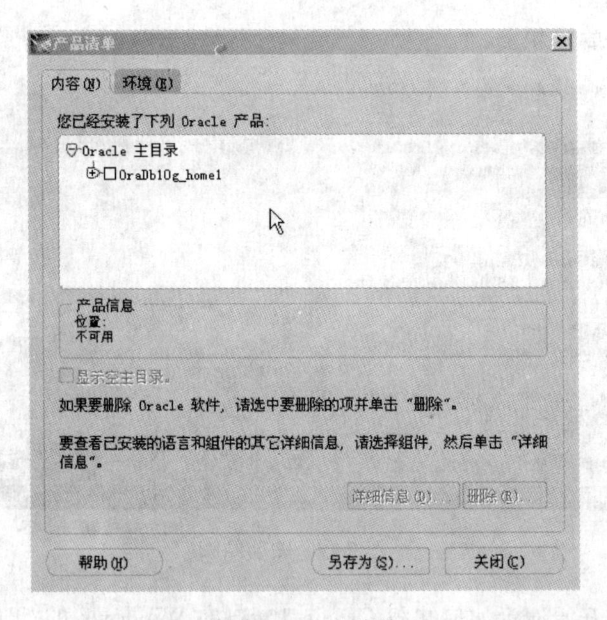

图 2-14　产品清单

步骤 16：启动 Oracle 服务，要使用 Oracle 数据库管理系统，必须首先启动相应的服务。在 Windows 的"开始"菜单中依次选择"设置"→"控制面板"，在打开的窗口中选择"管理工具"，在双击打开后的窗口中选择"服务"，双击后出现"服务"窗口，查看其中以"Oracle"开头的服务，如图 2-16 所示。

如图 2-16 中的以下几项服务 OracleServiceORCL，OracleOraDb10g_home1TNSListener，OracleOraDb10g_home1ISQL * Plus 和 OracleDBConsoleorcl 的状态不是"已启动"，则选中

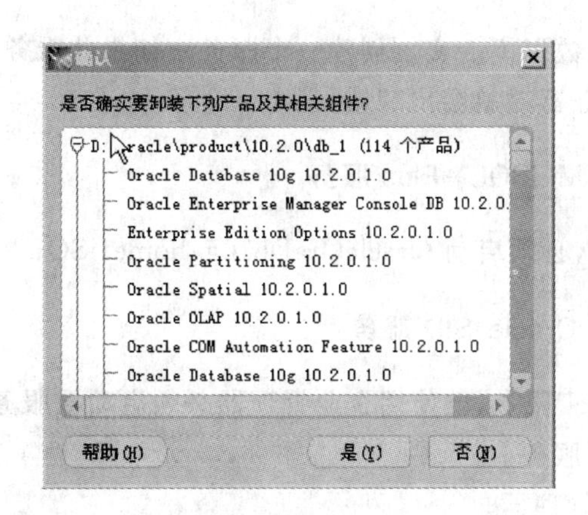

图 2-15 卸载确认

名称	描述	状态	启动类型	登录为
OracleDBConsoleorcl			手动	本地系统
OracleJobSchedulerORCL			禁用	本地系统
OracleOraDb10g_home1iSQL*Plus	iSQL*Plus Appl...		手动	本地系统
OracleOraDb10g_home1TNSListener		已启动	手动	本地系统
OracleServiceORCL		已启动	手动	本地系统

图 2-16 Oracle 服务

该项服务,在右击后出现的菜单中选择“启动”,以启动该项服务;在某项服务的右键菜单中选择“属性”,可打开“属性”窗口,在其“常规”选项中可以设置该项服务的“启动类型”为“自动”、“手动”或“禁用”;完成后关闭窗口退出。

【相关知识】

Oracle 服务可以手动启动,也可配置在计算机启动时自动启动,无须用户干预,从而简化数据库的启动过程。但是当服务启动后,机器的运行速度也会变慢。Oracle 服务的名称通常是一个包含全局数据库名称和 OracleHOME 名的字符串。常用的 Oracle 服务有以下几种。

1. OracleHOME_NAMETNSListener 服务

OracleOraDb10g_home1TNSListener 服务是 Oracle 的监听程序。要连接到数据库服务器,客户端必须先连接到驻留在数据库服务器上的监听进程。监听器接收从客户端发出的请求,然后将请求传递给数据库服务器。一旦建立了连接,客户端和数据库服务器就可以直接通信了。监听器监听并接受来自客户端的连接请求。若监听器未启动,客户端将无法连接到数据库服务器。

2. OracleServiceSID 服务

OracleServiceORCL 服务,实例是为名为 SID(系统标识符)的数据库实例创建的,Oracle 实例由一个系统标识符 SID 唯一地标识,以区别于此计算机上的其他任何实例。SID 是 Oracle 安装期间输入的数据库服务名字(如 OracleServiceORCL)。每次新创建一个数据库，系统会自动为该数据库的实例创建一个服务。如果此服务未启动，数据库客户端应用程序连接到数据库服务器时就会出现错误。

3. OracleHOME_NAMEiSQL * Plus 服务

要使用 iSQL * Plus，必须启动 OracleOraDb10g_home1iSQL * Plus 服务。

4. OracleDBConsoleOracle_SID 服务

OracleDBConsoleorcl 服务，要使用企业管理器必须启动该服务。每次新创建一个数据库，也会新创建一个此项服务。

步骤 17：启动企业管理器。

Oracle 企业管理器(Oracle Enterprise Manager)，简称 OEM，从 Oracle 10g 开始，可以用浏览器的方式来访问企业管理器。它是 Oracle 的集成管理平台，能够管理整个 Oracle 环境，让用户可以通过可视化的方式完成管理数据库对象、监视服务器的实时性能、对数据库进行备份和恢复、完成作业系统等一系列的功能。

打开浏览器，在地址栏中输入图 2-12 中以 em 结尾的 URL 地址，如“http://localhost:5500/em”(或者也可以通过查找安装信息来获得该地址，访问:\oracle\product\10.1.0\db_1\install 中名为 readme 的记事本文档)，出现如图 2-17 所示的登录界面(如果是第一次登录企业管理器，会出现“Oracle Database 10g 许可授予信息”的网页，单击网页右下角的“我接受”按钮，即可进入到图 2-17 所示的界面)。输入用户名和口令，例如“SYS”和“sys”，选择连接身份为“SYSDBA”，单击“登录”，进入 Oracle 企业管理器的主界面，如图 2-18 所示。

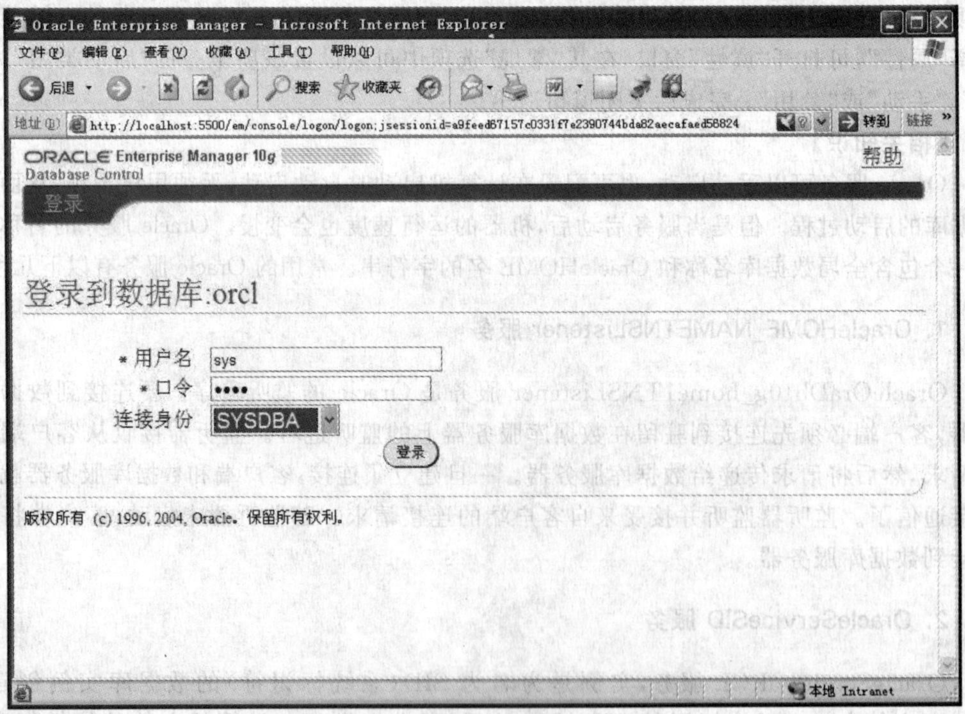

图 2-17　企业管理器登录

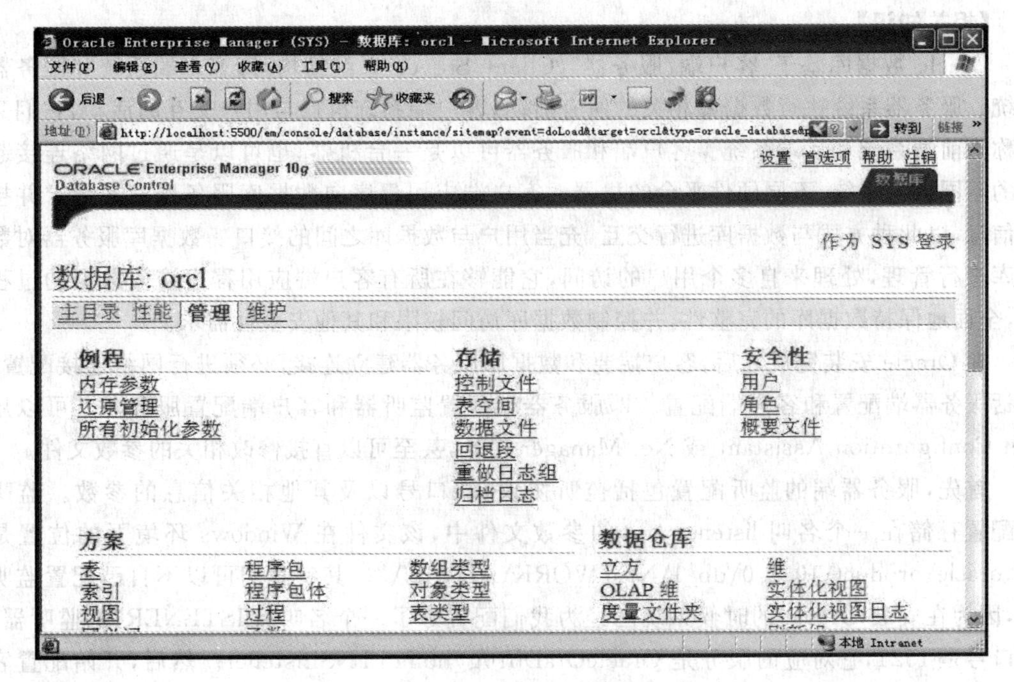

图 2-18 企业管理器管理界面

在 Oracle 10g 安装完成后，开始时只有 SYS 和 SYSTEM 用户才能登录到 OEM，且 SYS 用户只能以 SYSDBA 或 SYSOPER 身份，SYSTEM 用户只能以 NORMAL 身份，其他用户必须经过相应的授权后才能登录。

【任务 1-2】 用 Net Configuration Assistant 配置客户端服务名。

【任务实施】

步骤 1：在 Oracle 安装完成之后，客户端要和数据库服务器建立连接，必须进行网络连接配置。在 Windows 的“开始”菜单中依次选择“开始”→“程序”→OracleOraDb10g_home1→“配置和移植工具”→Net Configuration Assistant，会出现如图 2-19 所示的窗口。

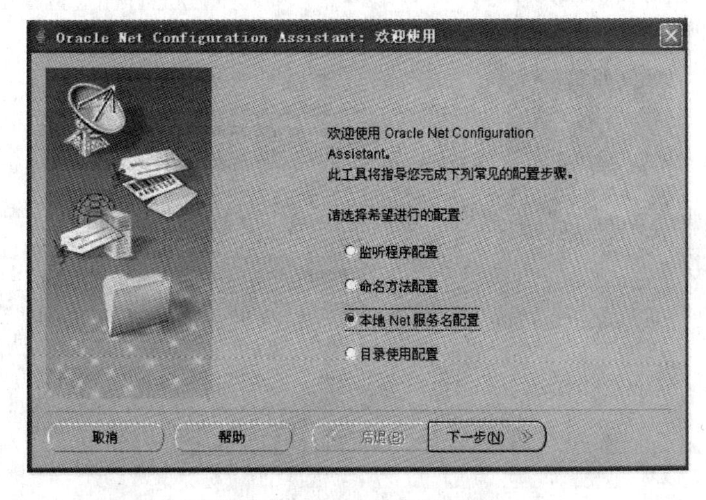

图 2-19 “欢迎使用”对话框

【相关知识】

Oracle 数据库基于“客户端/服务器”(Client/Server)系统结构，即客户端系统和服务器系统。服务器系统执行数据库相关的所有活动，客户端系统执行与用户交互的活动，它们又被称为前端系统和后端系统。客户端和服务器可以是一台机器，也可以是通过网络连接起来的不同操作系统、不同硬件平台的机器。客户端应用程序向数据库服务器发送请求并接收信息，以此种方式与数据库进行交互，充当用户与数据库之间的接口。数据库服务器对数据库进行管理，处理来自多个用户的访问，它能够在所有客户端应用程序访问数据的过程中，全面地保持数据库的完整性，并控制数据库访问权限和其他安全性需求。

在 Oracle 安装完成之后，客户端要和数据库服务器建立连接，必须进行网络连接配置，包括服务器端配置和客户端配置。即服务器端配置监听器和客户端配置服务名。可以用 Net Configuration Assistant 或 Net Manager 工具，甚至可以直接修改相关的参数文件。

首先，服务器端的监听配置包括监听协议、端口号以及其他相关信息的参数。监听器配置存储在一个名叫 listener. ora 的参数文件中，该文件在 Windows 环境下的位置是“:\oracle\product\10. 2. 0\db_1\NETWORK\ADMIN\”。其实我们可以不自己配置监听器，因为在安装 Oracle 的时候系统已经为我们配置好了一个名叫“LISTENER”的监听器，端口号是 1521，它对应的服务是 OracleOraDb10g_home1TNSListener。然后，开始配置客户端服务名。配置服务名的目的是让客户端通过服务名来与远程或本地的监听器建立连接。客户端用它向服务器发送连接请求。要在一台没有安装数据库服务器的机器上连接 Oracle 服务器，必须单独安装 Oracle 客户端软件，在服务器上则自动包含了客户端软件。

安装 Oracle 时用户指定了一个全局数据库名，即 SID 名称。Oracle 用此 SID 名称在服务器端自动创建了一个服务名，如图 2-21 中的“ORCL”(因此，当服务器和客户端在一台机器上时，可以不配置服务名而直接使用系统自动创建的服务名)。在客户端创建服务名时，需要指定服务器端服务名、网络协议、主机名和监听器端口等。这些配置信息都存储在 tnsnames. ora 文件中，保存位置与 listener. ora 相同。

步骤 2：在窗口中选择“本地 Net 服务名配置”，单击“下一步”按钮，进入 Net 服务名配置，出现如图 2-20 所示的窗口。

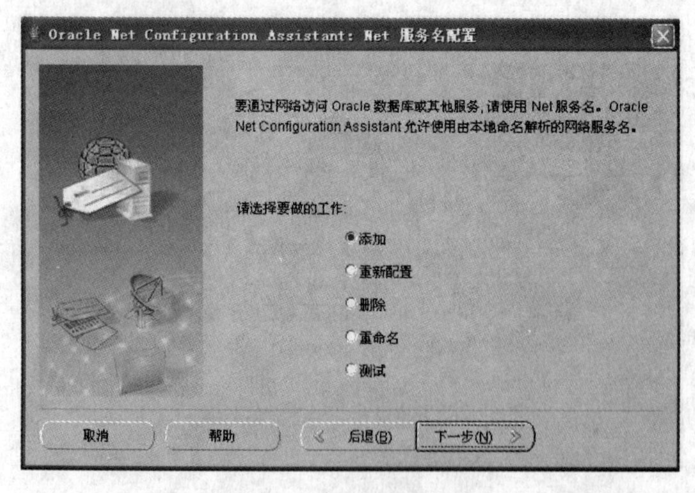

图 2-20 服务名配置

步骤3：选中“添加”单选按钮，单击“下一步”，出现如图2-21所示的窗口。

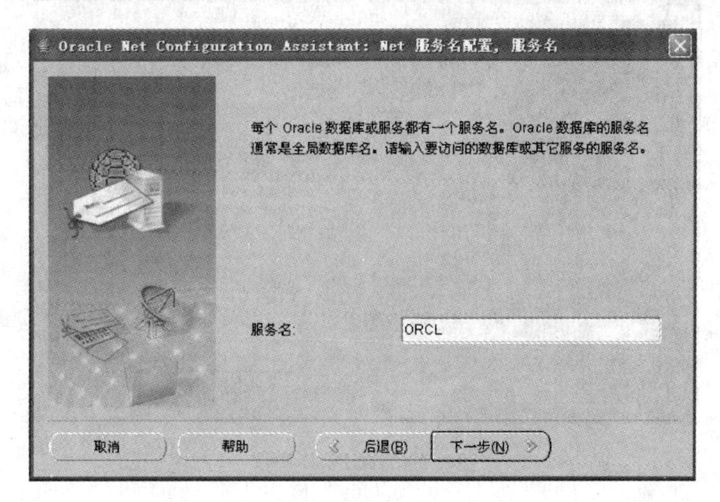

图2-21 服务名

步骤4：在服务名文本框中输入远程数据库的服务名，如“ORCL”，单击“下一步”按钮，出现“请选择协议”窗口，如图2-22所示。

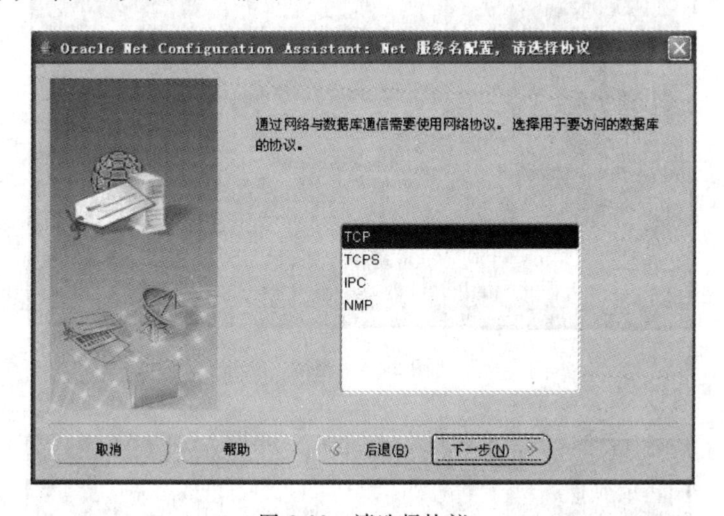

图2-22 请选择协议

步骤5：选择“TCP”并单击“下一步”按钮，出现“TCP/IP协议”窗口，如图2-23所示。

步骤6：在文本框中输入数据库服务器的主机名“user-17a171dfe1”或服务器的IP地址，选择“使用标准端口号1521”，单击“下一步”按钮，出现如图2-24所示的“测试”窗口。

步骤7：选择“是，进行测试”，单击“下一步”按钮，出现如图2-25所示的窗口，提示“测试成功”。如果提示“测试未成功”，请单击“更改登录”，改变SYSTEM用户的登录口令为安装时设置的口令。

步骤8：在图2-25所示的窗口中单击“下一步”按钮，出现如图2-26所示的窗口。

步骤9：输入要创建的本地服务名，如“Myserver”，单击“下一步”按钮，出现如图2-27所示的窗口。

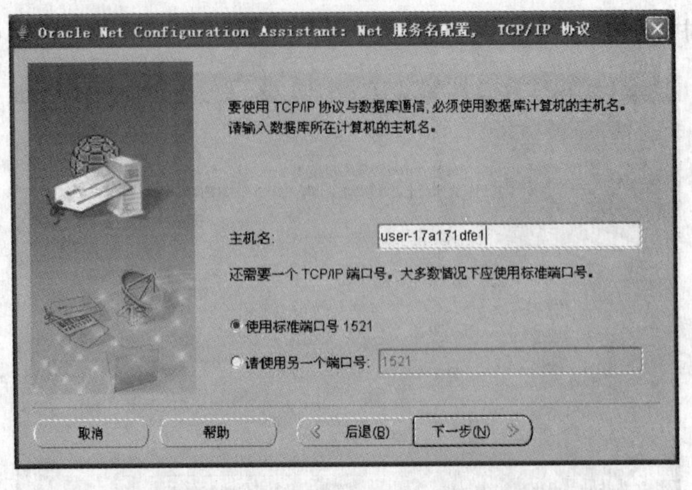

图 2-23 TCP/IP 协议

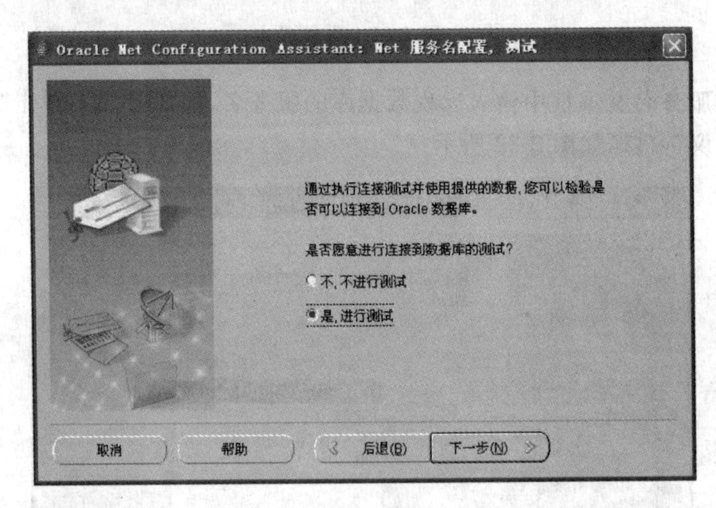

图 2-24 测试

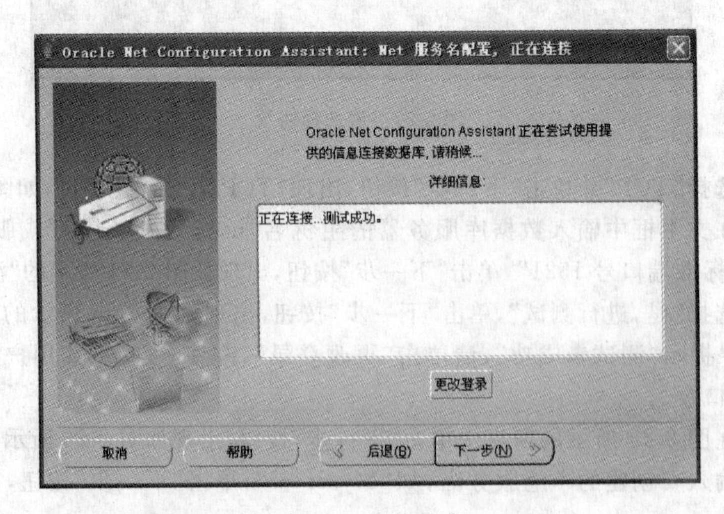

图 2-25 测试成功

图 2-26 Net 服务名

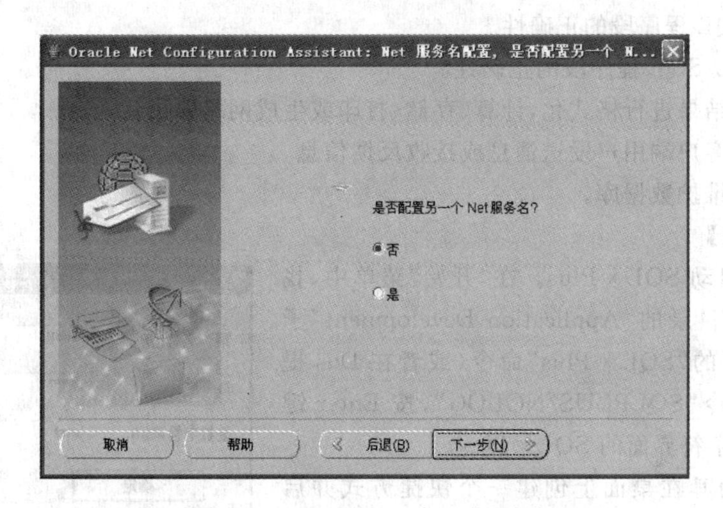

图 2-27 是否配置另一个 Net 服务名

步骤 10：选择“否”，单击“下一步”按钮，出现如图 2-28 所示的窗口，提示“Net 服务名配置完毕!”。单击“下一步”按钮，在出现的窗口中单击“完成”，结束本地服务名的配置。

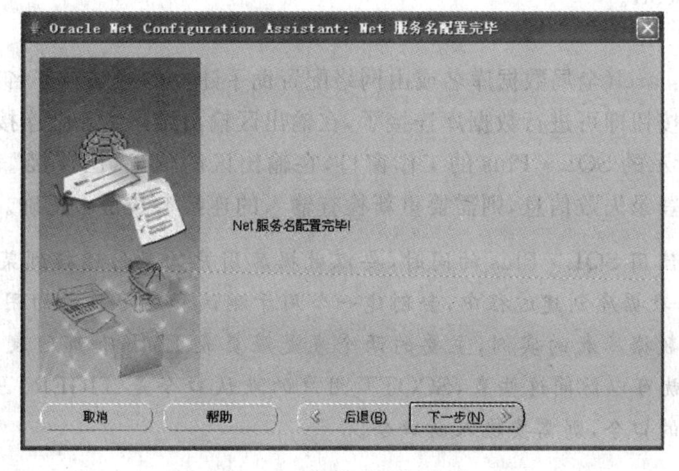

图 2-28 服务名配置完成

2.2 SQL * Plus 登录

【任务 2】 使用 SQL * Plus，以 SCOTT 用户登录。

【任务引入】

SQL * Plus 是 Oracle 提供的访问数据库服务器的客户端软件，是 Oracle 的核心产品。SQL * Plus 中的 SQL 是指 Structured Query Language，即结构化查询语言，而 Plus 是指 Oracle 将标准 SQL 语言进行扩展，它提供了另外一些 Oracle 服务器能够接受和处理的命令。开发者和 DBA 可以通过 SQL * Plus 直接访问 Oracle 数据库，包括数据提取、数据库结构的修改和数据库对象的管理，它所用的命令和函数都是基于 SQL 语言。

SQL * Plus 完成的主要工作如下。

➢ 输入、编辑、存取和运行 SQL 命令。
➢ 测试 SQL 程序段的正确性。
➢ 调试 PL/SQL 程序段的正确性。
➢ 对查询结果进行格式化，计算、存储、打印或生成网络输出。
➢ 向其他客户端用户发送消息或接收反馈信息。
➢ 管理和维护数据库。

【任务实施】

步骤 1：启动 SQL * Plus。在“开始”菜单中，找到 Oracle 菜单目录的“Application Development”子菜单，找到其下的“SQL * Plus”命令（或者在 Dos 提示符下输入命令“SQLPLUS/NOLOG”，按 Enter 键后也可进入到字符界面的 SQL * Plus）。

步骤 2：为其在桌面上创建一个快捷方式并启动，出现如图 2-29 所示的登录界面。

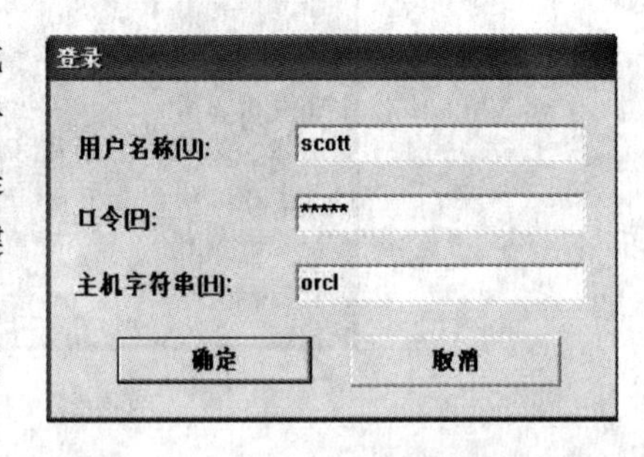

图 2-29 SQL * Plus 的登录对话框

步骤 3：在登录对话框中选择直接连接到数据库，并输入其他必要的参数。

用户名为：scott。

口令为：TIGER。

主机字符串：orcl（全局数据库名或由网络配置助手建立的网络服务名）。

单击“确定”按钮即可进行数据库连接了，在输出区输出结果为：已连接。连接成功后，出现如图 2-30 所示的 SQL * Plus 的工作窗口，在输出区的信息“已连接”表示数据库连接成功。如果显示登录失败信息，则需要重新检查输入的连接参数是否正确。

在登录和使用 SQL * Plus 的同时，要以数据库用户的身份连接到某个数据库实例。在 Oracle 数据库创建过程中，会创建一个用于测试和练习目的的用户——SCOTT。其中保存了一些数据库表的实例，主要的两个表是雇员表 EMP 和部门表 DEPT。通过登录 SCOTT 用户就可以访问这些表，SCOTT 用户的默认口令是 TIGER。如果在安装过程中修改了该用户的口令，则需要输入新口令。

【相关知识】

Oracle 数据库的很多对象，都是属于某个模式(Schema)的，模式对应于某个用户，如SCOTT 模式对应 SCOTT 用户。我们一般对模式和用户不做区分。数据库的表是模式对象中的一种，是最常见和最基本的数据库模式对象。一般情况下，如果没有特殊的权限(权限指的是用户执行特定类型的 SQL 命令或访问其他对象的权利。如连接数据库、创建表、执行过程等都是一些权限)，用户只能访问和操作属于自己的模式对象。比如以 SCOTT 用户登录，就只能访问属于 SCOTT 模式的表。所以通过以不同的用户身份连接，可以访问属于不同用户模式的表。

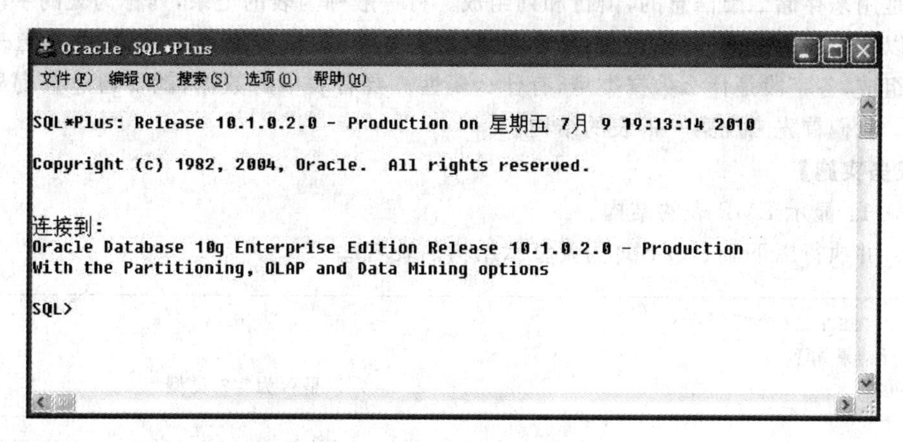

图 2-30 SQL * Plus 的工作窗口

注意：如果用户忘记了自己是以什么用户身份连接的，可以用以下的命令显示当前用户：SHOW USER；或者使用 SELECT USER FROM dual 命令也可以取得用户名。可以看到执行结果是：USER 为"SCOTT"。

步骤 4：输入和执行 CONNECT 命令重新连接数据库。SQL * Plus 可以同时运行多个副本，连接相同或不同的用户，同时进行不同的操作。如果需要重新连接另外一个用户，可以重新启动 SQL * Plus 工具，则重新出现登录对话框，在该对话框中输入新的用户名、口令和其他参数进行连接即可。也可以以 CONNECT 命令方式进行重新连接，这种方法更为便捷。在 SQL 提示符下输入新命令。

```
SQL > CONNECT SCOTT/TIGER @ORCL ;
```

按 Enter 键执行该命令。

显示结果为：已连接。

说明：SCOTT 为用户名，TIGER 为口令，usename 用户名和 password 口令之间用“/”分隔。“@”后面的字符串 connect_identifier 称为网络服务名或称为连接字符串。以上方法的口令是显式的，容易被其他人窃取。CONNECT 命令连接数据库的格式为：

```
CONNECT usename/password @ connect_identifier
```

步骤 5：要关闭或退出 SQL * Plus，可以在 SQL 提示符下直接输入 EXIT 或 QUIT 命令并执行或单击“文件”菜单下的“退出”即可。

2.3 认识表

【任务3】 操作 SCOTT 用户下的 EMP 表。

【任务引入】

SCOTT 用户拥有若干个表，其中主要有两个表。一个 EMP 表，该表存储某公司雇员的信息，还有一个 DEPT 表，用于存储公司的部门信息。

表是用来存储二维信息的，由行和列组成。行一般称为表的记录，列称为表的字段。一张表可以看做由两个部分构成：表结构和表数据。要了解一个表的结构，就要知道表由哪些字段组成，各字段是什么数据类型，有什么属性。要看表中的数据，就要通过查询显示表的记录。我们首先来观察一下表的结构。

【任务实施】

步骤 1：显示 EMP 表的结构。

输入并执行以下命令(EMP 为要显示结构的表名)。

```
SQL > DESCRIBE EMP;
执行结果如下：
名称                                              是否为空? 类型
------------------------------------------------- -------- ----------------
EMPNO                                             NOT NULL NUMBER(4)
ENAME                                                      VARCHAR2(10)
JOB                                                        VARCHAR2(9)
MGR                                                        NUMBER(4)
HIREDATE                                                   DATE
SAL                                                        NUMBER(7,2)
COMM                                                       NUMBER(7,2)
DEPTNO                                                     NUMBER(2)
```

说明：从结果中可以看出，以上命令显示了表 EMP 有 8 个字段，或者说有 8 个列，各字段的名称和含义解释如下。

- EMPNO 是雇员编号，数值型，长度为 4 个字节，不能为空。
- ENAME 是雇员姓名，字符型，长度为 10 个字节，可以为空。
- JOB 是雇员职务，字符型，长度为 9 个字节，可以为空。
- MGR 是雇员经理的编号，数值型，长度为 4 个字节，可以为空。
- HIREDATE 是雇员雇佣日期，日期型，可以为空。
- SAL 是雇员工资，数值型，长度为 7 个字节，小数位有 2 位，可以为空。
- COMM 是雇员津贴，数值型，长度为 7 个字节，小数位有 2 位，可以为空。
- DEPTNO 是雇员所在的部门编号，数值型，长度为 2 个字节的整数，可以为空。

以上字段用到了 3 种数据类型：数值型、字符型和日期型，都是常用的数据类型。列表显示了字段名、字段是否可以为空、字段的数据类型和宽度。在是否为空域中的“NOT NULL”代表该字段的内容不能为空，即在插入新记录时必须填写；没有则代表可以为空。括号中是字段的宽度。日期型数据是固定宽度，无须指明。

【相关知识】

➢ CHAR：固定长度的字符串，没有存储字符的位置，用空格填充。

➢ VARCHAR2：可变长度的字符串，自动去掉前后的空格。

➢ NUMBER(*M*, *N*)：数字型，*M* 是位数总长度，*N* 是小数的长度。

➢ DATE：日期类型，包括日期和时间在内。

步骤 2：显示 EMP 表的内容。

输入并执行以下命令：

```
SQL > SELECT * FROM EMP;
执行结果如下:
EMPNO ENAME     JOB        MGR   HIREDATE      SAL        COMM       DEPTNO
---  --------  -------    -----  ------------  ---------  ------------  ----
7369  SMITH     CLERK      7902   17-12 月-80    1560                   20
7499  ALLEN     SALESMAN   7698   20-2 月 -81    1936       300          30
7521  WARD      SALESMAN   7698   20-2 月 -81    1830       500          30
7566  JONES     MANAGER    7839   02-4 月 -81    2975                    20
7654  MARTIN    SALESMAN   7698   28-9 月 -81    1830       1400         30
7698  BLAKE     MANAGER    7839   01-5 月 -81    2850                    30
7782  CLARK     MANAGER    7839   09-6 月 -81    2850                    10
7839  KING      PRESIDENT         17-11 月-81    5000                    10
7844  TURNER    SALESMAN   7698   08-9 月 -81    1997       0            30
7876  ADAMS     CLERK      7788   23-5 月 -87    1948                    20
7900  JAMES     CLERK      7698   03-12 月-81    1852                    30
7788  SCOTT     ANALYST    7566   19-4 月 -87    3000                    20
7902  FORD      ANALYST    7566   03-12 月-81    3000                    20
7934  MILLER    CLERK      7782   23-1 月 -82    1903                    10
已选择 14 行。
```

说明：通过显示结果观察表的内容，虚线以上部分(第一行)称为表头，是 EMP 表的字段名列表。该表共有 8 个字段，显示为 8 列。虚线以下部分是该表的记录，共有 14 行，代表 14 个雇员的信息。如雇员 7369 的名字是 SMITH，职务为 CLERK 等。

【相关知识】

SELECT * FROM 表名；用来查询表中的所有内容，是 SQL 中的查询语句，也是 SQL 语句中的重点内容。我们在后面再详细地介绍这个语句。

通过上面两个步骤，可以得出以下结论：要创建一张表，首先要创建表的字段(列)结构。有了正确的结构，就可以向表中输入数据。而一旦确定了表的结构，实际上也就确定了字段的值域范围。今天我们通过观察 SCOTT 用户下的 EMP 表对表的构成有了一定的了解，希望大家能够对“表”这个对象有一定的认识。今后，我们还要自己创建“教务管理信息系统”中的表。

2.4 SQL * Plus 环境设置

【任务 4】 SQL * Plus 环境设置命令练习。

【任务引入】

通常需要对输出的显示环境进行设置,这样可以达到更理想的输出效果。显示输出结果是分页的,默认的页面大小是 14 行×80 列。

【任务实施】

步骤 1:设置输出页面的大小。输入并执行以下命令,观察显示结果。

```
SQL> SELECT * FROM EMP;
     EMPNO ENAME        JOB            MGR HIREDATE                SAL        COMM
  ------- ----------- ------ -------- ------------- ---------- ---------
     DEPTNO
  -------
      7369 SMITH        CLERK          7902 17-12 月-80             800
       20
      7499 ALLEN        SALESMAN       7698 20-2 月 -81             1600       300
       30
      7521 WARD         SALESMAN       7698 22-2 月 -81             1250       500
       30
     EMPNO ENAME        JOB            MGR HIREDATE                SAL        COMM
  ------- ----------- ------ -------- ------------- ---------- ---------
     DEPTNO
  -------
      7566 JONES        MANAGER        7839 02-4 月 -81             2975
       20
      7654 MARTIN       SALESMAN       7698 28-9 月 -81             1250       1400
       30......
已选择 14 行。
SQL> SET PAGESIZE 100;
SQL> SET LINESIZE 120 ; 或 SQL> SET PAGESIZE 100 LINESIZE 120;
SQL> SELECT * FROM EMP;
EMPNO ENAME    JOB      MGR HIREDATE        SAL      COMM      DEPTNO
---------- ----------- -------- -------- ------------ ---------- ------
7369 SMITH     CLERK    7902 17-12 月-80             1560                   20
7499 ALLEN     SALESMAN 7698 20-2 月 -81             1936      300          30
7521 WARD      SALESMAN 7698 20-2 月 -81             1830      500          30
7566 JONES     MANAGER  7839 02-4 月 -81             2975                   20
7654 MARTIN    SALESMAN 7698 28-9 月 -81             1830      1400         30
......已选择 14 行。
```

说明:命令 SET PAGESIZE 100 将页高设置为 100 行,命令 SET LINESIZE 120 将页宽设置为 120 个字符。通过页面的重新设置,消除了显示的折行现象。SELECT 语句用来对数据库的表进行查询,通过数据表中内容的显示让大家看到页面设置的变化。

【相关知识】

在 SQL * Plus 环境下,可以使用一系列的设置命令来对环境进行设置。如果不进行设置,系统会使用默认值。通过 SHOW ALL 命令可以查看 SQL * Plus 的环境参数。设置命令的格式为:

```
SET parameter [ON|OFF|value]
```

步骤 2：使用 SPOOL 命令记录操作内容。通过进行适当的设置，可以把操作内容或结果记录到文本文件中。输入并执行以下命令。

```
SQL> SPOOL C:\TEST;
SQL> SELECT * FROM EMP;
SQL> SELECT * FROM DEPT;
SQL> SPOOL OFF;
```

说明：以上步骤将输入的命令和输出的结果记录到 C 盘根目录下的 TEST. LST 文件中，用记事本打开 C:\TEST. LST 并查看内容。内容如下所示。SPOOL OFF 命令用来关闭记录过程。

```
SQL> SELECT * FROM EMP;
EMPNO ENAME      JOB        MGR HIREDATE         SAL      COMM       DEPTNO
------ --------- --------- --------- ----------- ------- -------
-------
7369 SMITH       CLERK      7902 17-12 月-80              1560                 20
7499 ALLEN       SALESMAN   7698 20-2 月 -81              1936       300       30
7521 WARD        SALESMAN   7698 20-2 月 -81              1830       500       30
7566 JONES       MANAGER    7839 02-4 月 -81              2975                 20
7654 MARTIN      SALESMAN   7698 28-9 月 -81              1830       1400      30
7698 BLAKE       MANAGER    7839 01-5 月 -81              2850                 30
7782 CLARK       MANAGER    7839 09-6 月 -81              2850                 10
7839 KING        PRESIDENT       17-11 月-81              5000                 10
7844 TURNER      SALESMAN   7698 08-9 月 -81              1997       0         30
7876 ADAMS       CLERK      7788 23-5 月 -87              1948                 20
7900 JAMES       CLERK      7698 03-12 月-81              1852                 30
7788 SCOTT       ANALYST    7566 19-4 月 -87              3000                 20
7902 FORD        ANALYST    7566 03-12 月-81              3000                 20
7934 MILLER      CLERK      7782 23-1 月 -82              1903                 10
已选择 14 行。
SQL> SELECT * FROM DEPT;
    DEPTNO DNAME            LOC
--------- ------------- -----------
        10 ACCOUNTING       NEW YORK
        20 RESEARCH         DALLAS
        30 SALES             CHICAGO
        40 OPERATIONS       BOSTON
SQL> SPOOL OFF;
```

步骤 3：保存输入区内容。用户可以将 SQL 提示符下所输入的命令保存在文本文件中，并在需要时调入命令并执行。输入并执行以下命令。

```
SQL> SELECT * FROM DEPT;
SQL> SAVE dept. SQL;
SQL> GET dept. SQL;
SQL>@dept. SQL; 或 START dept. SQL;
```

做一做：还有如下环境设置命令，在这里不做详细介绍，大家下去可以自己试一试。

Set Heading On/Off：打开/关闭查询结果表头的显示，默认为ON。

Set Feedback On/Off：打开/关闭查询结果中返回行数的显示，默认为ON。

Set Echo On/Off：打开/关闭命令的回显，默认为ON。

Set Time On/Off：打开/关闭时间显示，默认为OFF。

2.5 数据库操作

【任务5】 创建数据库和表空间。

【任务引入】

Oracle数据库可以看做一种数据容器，包含了表、索引、视图、存储过程、函数、触发器、包等对象，并对其进行统一管理。数据库用户只有建立和指定数据库的连接，才可以管理该数据库中的数据库对象和数据。在安装Oracle数据库时，系统会根据安装步骤中输入的数据库标识默认安装数据库，安装完成后，默认启动数据库，数据库用户可以直接使用。作为系统管理员，我们也可以创建数据库，修改数据库和启动以及关闭数据库。

【任务5-1】 使用DBCA(Database Configuration Assistant)创建数据库。

【任务实施】

步骤1：在Windows的"开始"菜单中依次选择"程序"→Oracle-OraDb10g_home1→"配置和移植工具"→Database Configuration Assistant，将弹出如图2-31所示的窗口(或直接在Dos中执行命令dbca，也可进入到该窗口)。

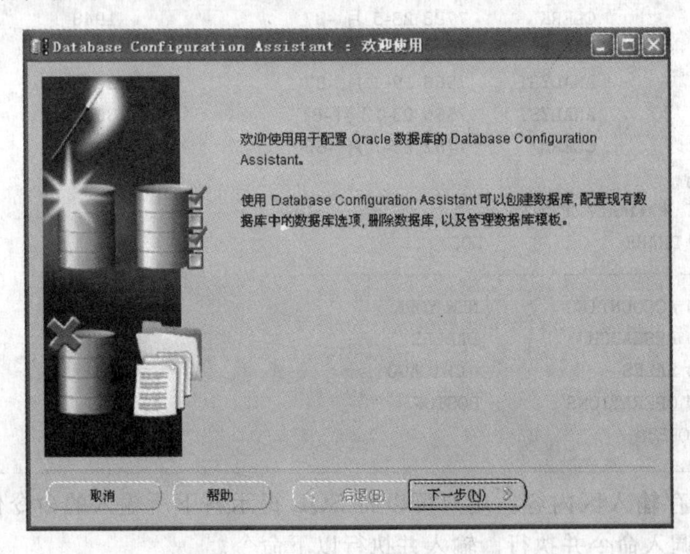

图2-31 DBCA欢迎使用界面

步骤2：单击"下一步"按钮，打开"步骤1(共13步)：操作"对话框，以选择操作类型，如图2-32所示。Oracle 10g的DBCA提供了4种操作类型。以协助DBA进行不同类型的数据库管理工作。

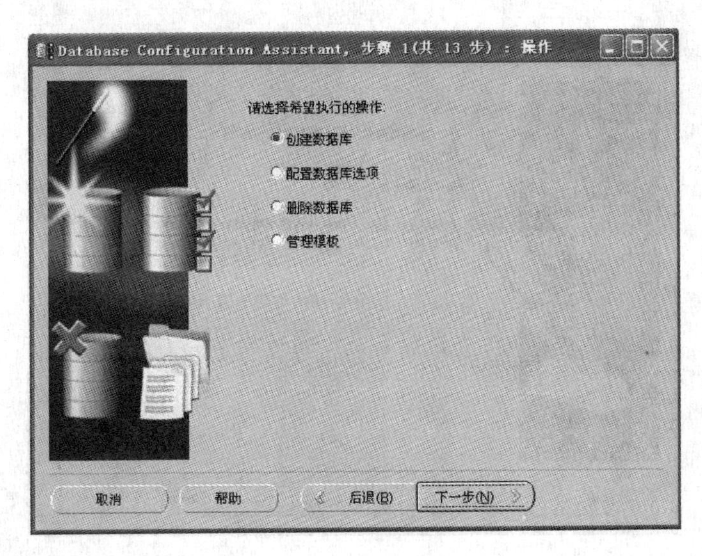

图 2-32 选择操作类型

步骤 3：选择“创建数据库”，单击“下一步”按钮，出现如图 2-33 所示的“数据库模板”窗口。

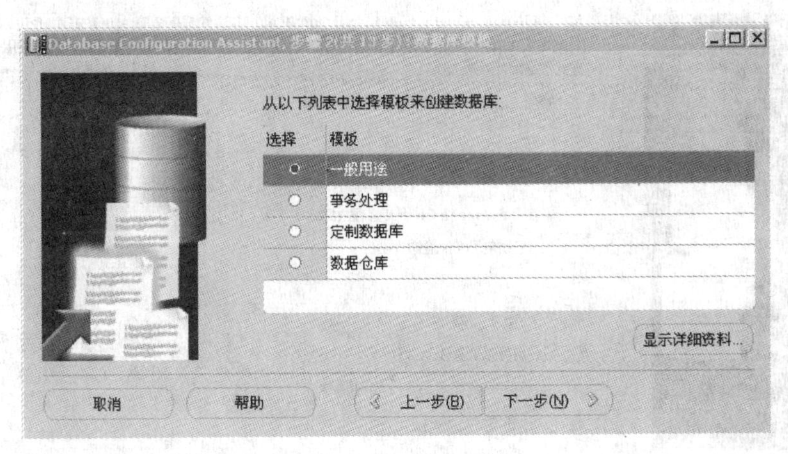

图 2-33 选择数据库模板

步骤 4：选择“一般用途”的数据库模板，单击“下一步”按钮，出现如图 2-34 所示的“数据库标识”窗口。

步骤 5：输入全局数据库名如 SPTC，在 SID 文本框中自动出现的名称与全局数据库名相同，也可以更改 SID 名称使其不同，单击“下一步”按钮，出现如图 2-35 所示的“管理选项”窗口。

步骤 6：选择“使用 Enterprise Manager 配置数据库”，单击“下一步”按钮，出现如图 2-36 所示的“数据库身份证明”窗口。可以选择“所有账户使用同一管理口令”，也可以为不同的账户使用不同的口令，保证口令和确认口令一致。

步骤 7：单击“下一步”按钮，出现如图 2-37 所示的“网络配置”窗口。

步骤 8：选择“将此数据库注册到所有监听程序”后可以单击“下一步”按钮进行数据库其

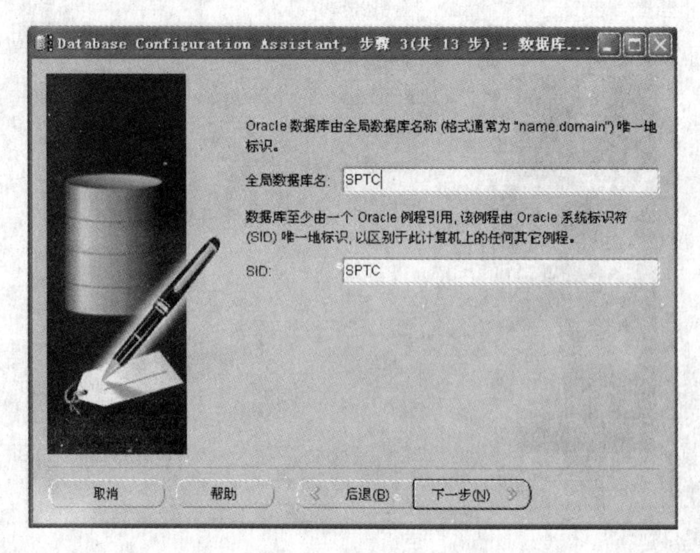

图 2-34 创建数据库标识

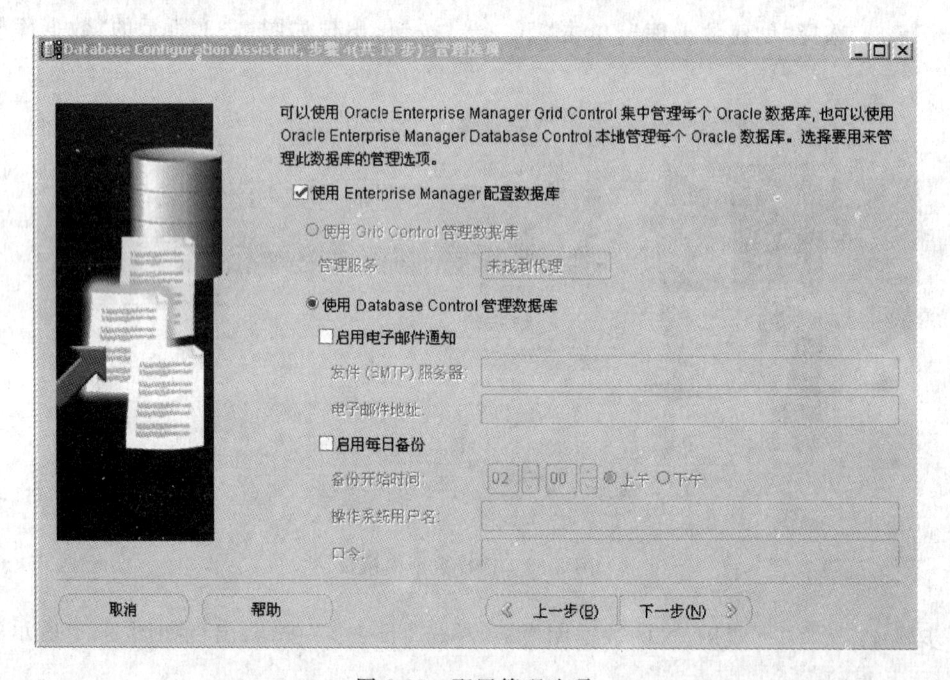

图 2-35 配置管理选项

他选项的配置，也可以单击“完成”按钮，那么数据库其他参数的配置将保持默认设置。在这里我们单击“完成”按钮，出现如图 2-38 所示的窗口，让用户确认要创建的数据库的详细资料。

步骤 9：单击“确定”按钮，出现如图 2-39 所示的窗口，开始创建数据库。

步骤 10：数据库创建完成后，向用户提示数据库创建完成的信息，完成数据库的创建。数据库创建后，还可以通过 DBCA 的操作界面方式进行修改或者删除。无论是创建、修改或删除数据库，执行操作的用户必须是系统管理员或者被授权创建、修改或删除数据库的用户。

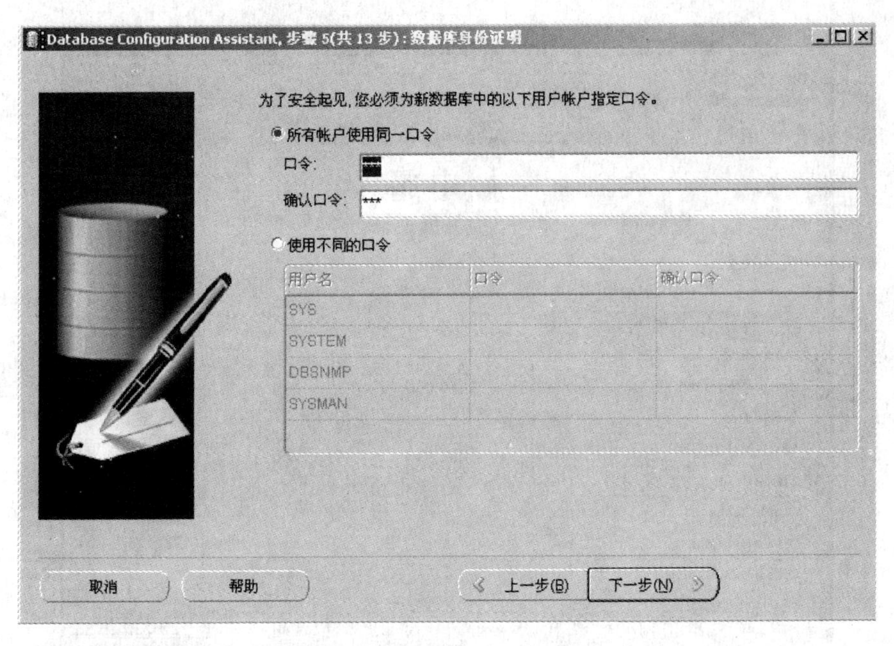

图 2-36 管理数据库身份证明

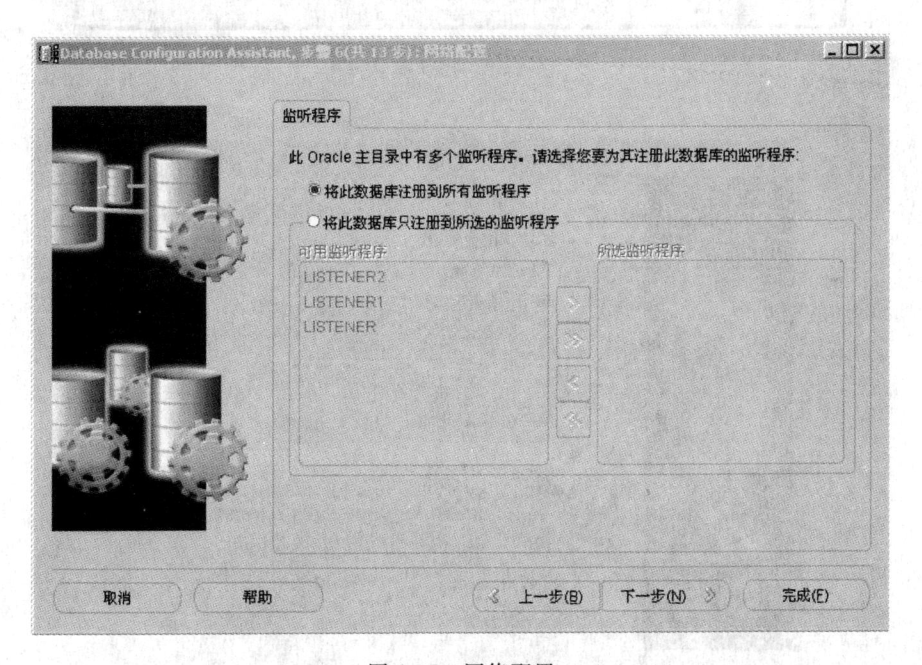

图 2-37 网络配置

【相关知识】

Oracle 服务器由 Oracle 数据库和 Oracle 实例组成。Oracle 数据库是一个数据的集合,它在物理上由一系列的文件组成,在逻辑上由一系列的逻辑组件构成。Oracle 实例是后台进程与内存结构的集合。

Oracle 数据库实例(Oracle 10g Instance)是指数据库拥有自己的系统全局区和相关数

确认

将要执行以下操作:
将创建名为 "SPTC" 的数据库。
数据库详细资料:

一般用途

使用此数据库模板,以便创建针对一般用途进行优化的预配置的数据库。

公共选项

选项	已选
Oracle JVM	true
Oracle Intermedia	true
Oracle Text	true
Oracle XML 数据库	true
Oracle OLAP	true
Oracle Spatial	true
Oracle Data Mining	true
Oracle Ultra Search	true
Oracle Label Security	false

另存为 HTML 文件...

确定 取消 帮助

图 2-38 操作确认

图 2-39 创建数据库

据文件的 Oracle 服务器进程集。每个打开的 Oracle 数据库均有一个相关的 Oracle 实例支撑。简而言之,数据库实例是指数据库服务器的内存与相关处理程序。如图 2-40 所示。

Oracle 数据库从结构上可以分为逻辑结构和物理结构两类。Oracle 数据库的逻辑结构从数据库内部考虑 Oracle 数据库的组成,包括表空间、表、段、分区、数据块等;物理结构

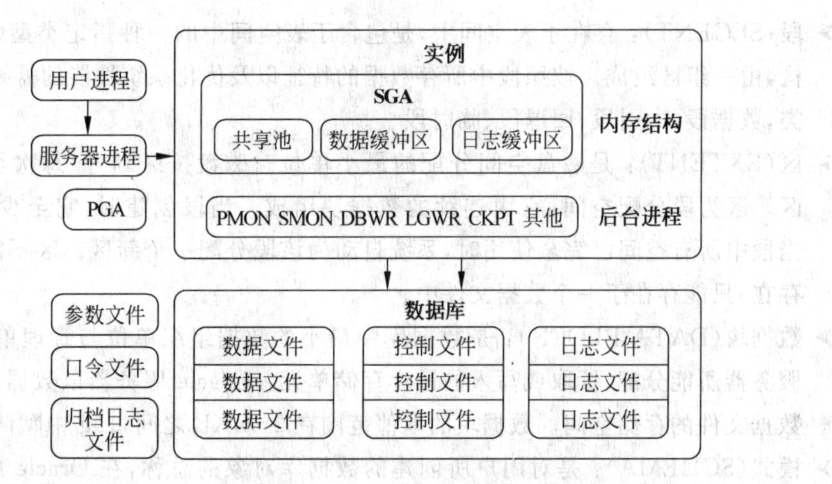

图 2-40 Oracle 服务器构成

从操作系统的角度考虑 Oracle 数据库的组成，包括数据文件、重做日志文件和控制文件等各种文件。

(1) Oracle 数据库的物理文件主要有三类：数据文件、控制文件和日志文件。

➢ 数据文件：是用于存储数据库数据的文件，如表、索引数据等都存储在数据文件中。每个 Oracle 数据库都有一个或多个数据文件(10g 中默认有 5 个)，一个数据文件只能与一个数据库相关联。

➢ 控制文件：是记录数据库物理结构的二进制文件，Oracle 数据库根据它来查找物理文件的位置，它包含维护和验证数据库完整性的必要信息。每个 Oracle 数据库都有一个或多个控制文件(10g 中默认有 3 个)。

➢ 日志文件：又被称为联机日志文件或重做日志文件，用于记录对数据库进行的修改信息，对数据库所做的全部修改都被记录到日志中。每个 Oracle 数据库都有一个或多个日志文件(10g 中默认有 3 个)。日志文件主要用于在数据库出现故障时实施数据恢复。

(2) 逻辑组件。从逻辑的角度来分析，Oracle 数据库的逻辑结构主要包括表空间、段、区、数据块和模式等。它们的组成关系如图 2-41 所示。

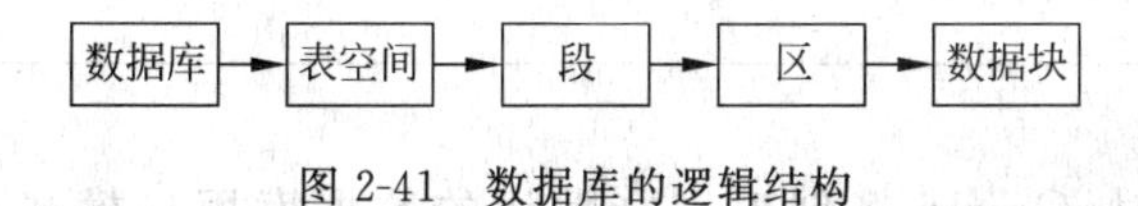

图 2-41 数据库的逻辑结构

➢ 表空间(TABLESPACE)：数据库可以划分为一个或多个逻辑单位，该逻辑单位被称为表空间，它是数所库中最大的逻辑单位。每个表空间由一个或多个数据文件组成，一个数据文件只能与一个表空间关联，这是逻辑上和物理上的统一。数据库管理员可以创建若干个表空间，创建表空间时可以指定数据文件及其要分配的磁盘空间的大小。在每个数据库中都有一个名为 SYSTEM 的表空间，即系统表空间，它在创建数据库或安装数据库时自动创建的，用于存储系统的数据字典表、系统程序单元、过程、函数、包和触发器等，也可以用于存储用户表、索引等对象。

- 段(SEGENT)：存在于表空间中，是包含于表空间中的一种指定类型的逻辑存储结构，由一组区组成。按照段中所存数据的特征以及优化系统性能的需要，将段分为4类，数据段、索引段、回退段、临时段。
- 区(EXTENT)：是磁盘空间分配的最小单位。磁盘按区划分，每次至少分配一个区。区为段分配空间，它由连续的数据块组成。当段创建时，它至少包含一个区。当段中所有空间已完全使用时，系统自动为该段分配一个新区。区不能跨数据文件存在，只能存在于一个数据文件中。
- 数据块(DATA BLOCK)：是数据库中最小的数据组织单位与管理单位，是Oracle服务器所能分配、读取或写入的最小存储单元。Oracle服务器以数据块为单位管理数据文件的存储空间。数据块的取值范围在2～4KB之间，10g中默认大小是8KB。
- 模式(SCHEMA)：是对用户所创建的数据库对象的总称，在Oracle中任何数据库对象都属于一个特定用户，一个用户及其所拥有的对象称为模式。一个用户与相同名称的模式相关联，因此，模式又称为用户模式。

实际上，一个数据库服务器上可以有多个数据库，一个数据库可以有多个表空间。在Oracle数据库中，可以将表空间看做是一个容纳数据库对象的容器，其中被划分为一个个独立的段，在数据库中创建的所有对象都必须保存在指定的表空间中。一个表空间可以有多个表(或其他类型数据对象，如索引等)，一个表可以有多个段，一个段可以有多个区，一个区可以有多个数据块，而一个数据块对应硬盘上的一个或多个物理块。数据块是数据库进行操作的最小单位。

【任务5-2】 数据库的启动和关闭。

【任务实施】

步骤1：启动数据库。输入并执行以下命令。

```
SQL> CONNECT SYS/ CHANGE_ON_INSTALL AS SYSDBA;
已连接。
SQL> STARTUP;
ORACLE 例程已经启动。
数据库装载完毕。
数据库已经打开。
```

【相关知识】

在安装数据库时，Oracle将创建一些默认的数据库用户模式，如SYS，SYSTEM，SYSMAN，DBSNMP和SCOTT等。之前我们已经使用过SCOTT用户，在这里我们简单介绍一下SYS和SYSTEM用户。SYS和SYSTEM用户都是Oracle系统用户，它们使用SYSTEM表空间存储模式对象。SYS用户是Oracle中的一个超级用户。SYS用户主要用来维护系统信息和管理实例，SYS用户只能以SYSOPER或SYSDBA角色登录。SYSTEM用户是Oracle默认的系统管理员，它拥有DBA权限。该用户拥有Oracle管理工具使用的内部表和视图。通常通过SYSTEM用户管理Oracle数据库的用户、权限和存储等。

启动和关闭数据库时，用户必须拥有DBA权限或者以SYSOPER和SYSDBA身份连接到数据库。当实例启动时，数据库完成从装载到打开状态的改变。启动实例的语法格式如下：

```
STARTUP [FORCE] [NOMOUNT|MOUNT|OPEN] [Oracle_sid] [PFILE = name] [RESTRICT]
```

其中：

- FORCE 表示在启动实例之前先关闭实例。
- RESTRICT 为限制方式，允许具有 RESTRICTED SESSION 系统权限的用户访问，一般在维护数据库运行方式下使用；PFILE 包含启动参数，如不指定参数，则从 INIT<Oracle. sid>. ORA 文件中获取参数。
- STARTUP NOMOUNT 启动实例，但不装载数据库，用于建立和维护数据库。代码为 SQL>STARTUP NOMOUNT；该模式用于重新创建控制文件，对控制文件进行恢复或从头重新创建数据库。因为此状态下没有打开数据库，所以不允许用户访问。该状态也称为“不装载”。
- STARTUP MOUNT 启动实例，装载数据库，但不打开数据库。MOUNT 的意思是只为 DBA 操作安装数据库。代码为 SQL>STARTUP MOUNT；该模式用于更改数据库的归档模式或执行恢复操作，还用于数据文件恢复。因为此状态下没有打开数据库，所以不允许用户访问。
- STARTUP OPEN 或 STARTUP 启动实例，装载和打开数据库。以这种方式启动的数据库允许任何有效的用户连接到数据库。代码为 SQL>STARTUP；该模式是默认的启动模式，它允许任何有效用户连接到数据库，并执行典型的数据访问操作。

步骤 2：关闭数据库。输入并执行以下命令。

```
SQL > CONNECT SYS/ CHANGE_ON_INSTALL AS SYSDBA;
已连接。
SQL > SHUTDOWN NORMAL;
ORACLE 例程已经关闭。
```

【相关知识】

当关闭实例时，数据库被关闭并卸载。在主机系统关闭之前，必须正常、顺利地关闭数据库，否则会有数据丢失等错误发生。关闭实例的语法格式如下：

```
SHUTDOWN [NORMAL|IMMEDIATE|TRANSACTIONAL|ABORT]
```

- 正常(NORMAL)关闭方式：正常关闭数据库，数据库服务器必须等待所有用户从 Oracle 中正常退出，且所有事务提交或回退之后才可关闭实例。下次启动数据库时不需要进行任何恢复操作。这种方式的代码为 SQL>SHUTDOWN NORMAL。
- 立即(IMMEDIATE)关闭方式：立即关闭数据库，系统将连接到数据库的所有用户没有提交的事务全部回退，中断连接，然后关闭数据库。下次启动数据库时不需要进行任何恢复操作。这种方式的代码为 SQL>SHUTDOWN IMMEDIATE。
- 事务(TRANSACTIONAL)关闭方式：以事务方式关闭数据库，数据库服务器必须等待所有客户运行的事务终结、提交或回退且不允许有新事务。如果用户没有执行提交或回退命令，则必须等待。下次启动数据库时不需要进行任何恢复操作。这种方式的代码为 SQL>SHUTDOWN TRANSACTIONAL。

➢ 终止(ABORT)关闭方式：直接关闭数据库，系统立即将数据库实例关闭，对连接到数据库的所有用户不作任何检查，对于数据完整性不作检查，所以这种方式是最快的关机方式。下次启动数据库时需要进行数据库恢复。这种方式的代码为 SQL>SHUTDOWN ABORT。

【任务 5-3】 创建表空间。

【任务实施】

输入并执行以下命令。

```
SQL > CONNECT SYS/ CHANGE_ON_INSTALL AS SYSDBA;
已连接。
SQL > CREATE TABLESPACE SPTCTBS01
DATAFILE 'e:\oracle\product\10.1.0\oradata\orcl\ SPTCTBS01.dbf' SIZE 50M;
表空间已创建。
```

【相关知识】

创建表空间必须拥有 CREATE TABLESPACE 系统权限。CREATE TABLESPACE、CREATE TEMPORARY TABLESPACE 和 CREATE UNDO TABLESPACE 分别用于创建永久表空间、临时表空间和撤销表空间。语法格式如下。

```
CREATE TABLESPACE tablespace_name
DATAFILE file_name1 [,file_name2]…
[AUTOEXTEND ON[NEXT n MAXSIZE UNLIMITED|n] |OFF]
[DEFAULT STORAGE(存储配置参数)]
[AUTOEXTEND ON[NEXT n MAXSIZE UNLIMITED|n] |OFF] ]
[EXTENT MANAGEMENT LOCAL [AUTOLLOCATE|UNIFORM [SIZE n]]]
[LOGGING|NOLOGGING]
[ONLINE|OFFLINE]
```

其中一些参数的含义如下。

➢ DATAFILE 参数：用于指定数据文件。一个表空间可以指定一个或多个数据文件，当指定多个数据文件时，每两个数据文件之间用“,”号分隔。SIZE 参数用于指定数据文件的长度。

➢ AUTOEXTEND 参数：用于指定数据文件是否采用自动扩展方式增加表空间的物理存储空间。ON 表示采用自动扩展，同时用 NEXT 参数指定每次扩展物理存储空间的大小，用 MAXSIZE 参数指定数据文件的最大长度，UNLIMITED 表示无限制；OFF 参数表示不采用自动扩展方式。

➢ EXTENT MANAGEMENT LOCAL 参数：用于指定新建表空间为本地管理方式的表空间。AUTOLLOCATE 和 UNIFORM 参数用于指定本地管理表空间中区的分配管理方式。其中，AUTOLLOCATE 为默认值，表示区分配自动管理；UNIFORM 表示新建表空间中所有区都具有统一的大小，默认值为 1MB。

➢ LOGGING 参数：用于指定该表空间中所有的 DDL 操作和直接插入记录操作，它们都应当被记录在重做日志中。这是默认的设置。如果使用了 NOLOGGING 参数，则上述操作都不会被记录在重做日志中，可以提高操作的执行速度，但无法进行数据库的自动恢复。

- ONLINE 参数：用于指定表空间在创建之后立即处于联机状态。这是默认的设置。参数 OFFLINE 表示脱机状态。

2.6 基本用户管理

【任务6】 创建新用户 SPTCADM，并赋予给其相应的权限。

【任务引入】

Oracle 是一个多用户数据库管理系统，为了向某人提供数据库访问，管理员必须为其建立一个用户账号，并授予其访问权限。用户要使用 Oracle 数据库系统，必须启动一个应用程序，使用用户名和口令登录，以便建立与 Oracle 的连接。在建立了连接后，用户会话就开始了，断开连接后，会话终止，不同的用户具有不同的操作数据库的权限。从今天起，我们就通过自己创建的新用户开始使用 Oracle。

【任务实施】

步骤 1：用 SYSTEM 账户登录。输入并执行以下命令。

```
SQL> CONNECT SYSTEM/MANAGER AS SYSDBA;
```

执行结果：已连接。

步骤 2：创建新用户 SPTCADM，口令为 SPTCADM，口令需要以字母开头。输入并执行以下命令。

```
SQL> CREATE USER SPTCADM IDENTIFIED BY SPTCADM DEFAULT TABLESPACE SPTCTBS01;
```

执行结果：用户已创建。

步骤 3：授予连接数据库权限、创建表权限、创建存储过程和表空间使用权限。输入并执行以下命令。

```
SQL> GRANT CONNECT TO SPTCADM;
SQL> GRANT CREATE TABLE TO SPTCADM;
SQL> GRANT CREATE PROCEDURE TO SPTCADM;
SQL> GRANT UNLIMITED TABLESPACE TO SPTCADM;
```

执行结果：授权成功(其他权限在必要时再添加)。

步骤 4：使用新用户登录。输入并执行以下命令。

```
SQL> CONNECT SPTCADM/SPTCADM ;
```

输出结果：已连接。

说明：关于用户管理在后面有专门的章节来介绍，这里只作简单的介绍。目的是通过创建的新用户开始使用 Oracle。以后没有特别说明，所有的操作均在 SPTCADM 用户下完成。

阅读：Oracle 的发展历程。

Oracle 公司，中文翻译成甲骨文公司，是全球最大的信息管理软件及服务供应商。该公司成立于 1977 年，总部位于美国加州的红木海岸城。目前，Oracle 产品覆盖了大、中、小型机等几十种机型，Oracle 数据库已成为世界上使用最广泛的数据库系统之一，Oracle 公司已成为这一领域的领军者与标准制定者。经过 30 多年的不懈发展，Oracle 数据库已经可以应用于从支持成千上万用户的分布式联机事务处理系统到拥有数万亿字节的用于决策支持数据仓库的广泛领域。Oracle 公司推出的 Oracle 数据库系统始终占据着数据库市场龙头的地位。在号称第三代互联网技术——“网格计算”技术蓬勃兴起之时，Oracle 公司推出了最新的支持网格环境的数据库解决方案——Oracle 10g，其中的 g 代表网格(grid)。Oracle 10g 数据库是第一个为企业级网格计算而设计的数据库。Oracle 10g 在 Oracle 9i 的基础上，提供了针对网格计算更多的特性，如更大的规模、可管理性、高可用性及业务智能等。下面简单介绍了 Oracle 的发展变迁。

1977 年 6 月，Larry Ellison 与 Bob Miner 和 Ed Oates 在硅谷共同创办了一家名为“软件开发实验室”(Software Development Laboratories，SDL)的计算机公司(即 Oracle 公司的前身)。

1979 年，SDL 更名为关系软件有限公司(Relational Software，Inc.，RSI)。RSI 在 1979 年的夏季发布了可用于 DEC 公司的 PDP-11 计算机上的商用 Oracle 产品，这个数据库产品整合了比较完整的 SQL 功能，其中包括子查询、连接及其他特性。

1983 年 3 月 RSI 发布了 Oracle 第 3 版。从那时起，Oracle 产品有了一个关键的特性——可移植性。Oracle 第 3 版还推出了 SQL 语句和事务处理的“原子性”。即 SQL 语句要么全部成功，要么全部失败，事务处理要么全部提交，要么全部回滚。Oracle 第 3 版还引入了非阻塞查询，使用存储在“before image file”中的数据来查询和回滚事务，从而避免了读锁定(read lock)问题(虽然通过使用表级锁定限制了它的吞吐量)。为了突出公司的核心产品，RSI 也随之更名为 Oracle。Oracle(字典里的解释有“神谕，预言”之意)是一切智慧的源泉。

1984 年 10 月，Oracle 发布了第 4 版产品。产品的稳定性总算得到了一定的增强，达到了“工业强度”。这一版增加了读一致性(Read Consistency)，这是数据库的一个关键特性，可以确保用户在查询期间看到一致的数据。

1985 年 Oracle 发布了 5.0 版。这也是首批可以在 Client/Server 模式下运行的 RDBMS 产品。

1988 年 Oracle 发布了 Oracle 6 版本。引入了行级锁(row-level locking)这个重要的特性，也就是说，执行写入的事务处理只锁定受影响的行，而不是整个表。这个版本引入了还算不上完善的 PL/SQL(Procedural Language extension to SQL)语言。第 6 版还引入了联机热备份功能，使数据库能够在使用过程中创建联机的备份，这极大地增强了可用性。

1992年6月Oracle发布了Oracle 7版本。第7版的推出增加了许多新的性能特性:分布式事务处理功能、增强的管理功能、用于应用程序开发的新工具以及安全性方法。Oracle 7还包含了一些新功能,如存储过程、触发过程和引用完整性等,并使得数据库真正地具有可编程能力。

1997年6月Oracle第8版发布。Oracle 8支持面向对象的开发及新的多媒体应用,这个版本也为支持Internet、网络计算等奠定了基础。同时这一版本开始具有同时处理大量用户和海量数据的特性。这个版本也算可圈可点了。

1998年9月Oracle公司正式发布Oracle 8i。"i"代表Internet,这一版本中添加了大量为支持Internet而设计的特性。这一版本为数据库用户提供了全方位的Java支持。Oracle 8i成为第一个完全整合了本地Java运行时环境的数据库,用Java就可以编写Oracle的存储过程。Oracle 8i添加了SQLJ(一种开放式标准,用于将SQL数据库语句嵌入客户机或服务器Java代码)和Oracle interMedia(用于管理多媒体内容)以及XML等特性。

2001年6月召开的Oracle Open World大会中,Oracle发布了Oracle 9i。

2003年9月,推出Oracle 10g,Oracle应用服务器10g(Oracle Application Server 10g)将作为甲骨文公司下一代应用基础架构软件集成套件。这一版的最大的特性就是加入了网格计算的功能。

2007年11月Oracle 11g正式发布。

小结

本章首先介绍了Oracle数据库服务器的安装与卸载,其次介绍了Oracle查询工具SQL * Plus的配置和使用,同时对Oracle数据库的体系结构做了简单的介绍,包括数据库系统的组成,数据库的创建和操作等。最后通过一个简单的任务说明了创建Oracle用户并登录数据库的过程。

思考与练习

【选择题】

1. Oracle自带的SQL语言环境称为(　　)。

   A. SQL　　B. PL/SQL　　C. SQL * Plus　　D. TOAD

2. 显示登录的用户名,可以用的命令是(　　)。

   A. DESCRIB user　　B. SELECT user

   C. SHOW user　　D. REM user

3. 可变长度的字符串类型,用以下的哪个关键字表示(　　)。

   A. CHAR　　B. VARCHAR2　　C. BOOLEAN　　D. NUMBER

4. SHUTDOWN的(　　)选项会等待用户完成他们没有提交的事务。

   A. SHUTDOWN IMMEDIATE　　B. SHUTDOWN TRANSACTIONAL

   C. SHUTDOWN NORMAL　　D. SHUTDOWN ABORT

5. Oracle 数据库由一个或多个称为(　　)的逻辑存储单元组成。

A. 表　　B. 表空间　　C. 行　　D. 单元

【思考题】

1. SQL * PLUS 工具的作用是什么？怎么设置 SQL * PLUS 的环境参数？常用的参数有哪些？

2. 简述 Oracle 数据库系统的体系结构。

第3章 SQL语句——表的基本操作

【学习目标】

(1) 了解 Oracle 中的数据类型。

(2) 掌握 SQL 中数据定义、数据操纵语言。

(3) 掌握查询语句的语法和功能。

(4) 掌握常用运算符和常用函数的使用方法。

【工作任务】

(1) 使用 Oracle 数据库中的 DDL 语句创建和修改数据库中的表对象。

(2) 使用 Oracle 数据库中的 DML 语句来操纵表数据。

(3) 使用 Oracle 数据库中的 SELECT 语句查询表数据。

(4) 使用 SQL 中的各种函数和运算符实现数据间的相互运算。

表是数据库的最基本和最重要的模式对象。数据库通过表来存储数据信息,其他数据库对象的创建和应用都是围绕表进行的。

3.1 表结构的创建、修改、删除

【任务1】 表结构的创建、修改、删除。

3.1.1 表结构的创建

【任务1-1】 创建“教务管理信息系统”中的数据表结构(以创建表3-1“学生”表为例)。

表3-1 “学生”表

学号	姓名	性别	出生日期	班级代码
090101001001	王文涛	男	04-6月-85	090101001
090102002001	付越成	男	04-5月-85	090102002
090302001001	张梅洁	女	03-12月-85	090302001

【任务引入】

表是数据库的最基本和最重要的模式对象,要进行数据的存储和管理,首先要在数据库中创建表。表由记录(行,row)和字段(列,column)构成,要在数据库中创建表,首先要创建表的字段(列)结构。有了正确的结构,就可以用数据操纵命令,插入、删除表中记录或对记录进行修改。

如前所讲(见 2.3 节),表的结构主要包括这几个部分：表由哪几个字段组成,每个字段的数据类型、长度等。

【任务实施】

步骤 1：确定"教务管理信息系统"中"学生"表的数据类型,如表 3-2 所示。

表 3-2 "学生"表结构

字段名	数据类型	长度	字段说明
学号	CHAR	12	学生学号
姓名	VARCHAR	8	学生姓名
性别	CHAR	2	学生性别
出生日期	DATE		学生出生年月
班级代码	CHAR	9	学生所在班级

【相关知识】

确定字段的数据类型是非常重要的。因为字段的数据类型不仅确定了该列数据的取值范围,而且也会影响到用户今后使用数据库系统的效率。

Oracle 中的数据类型有两大类：常用数据类型和用户自定义数据类型。常用数据类型是数据库系统提供的一些类型,直接使用即可。用户自定义数据类型一般是在多表操作的情况下,当多个表中的列要存储相同类型的数据时,为确保这些列具有完全相同的数据类型、长度和是否允许空值等才采用的方法。在这里主要讲解 Oracle 中的常用数据类型。

- CHAR：CHAR 数据类型用来存储固定长度的字符数据,表示方法为 CHAR(n)。其中,n 是指定的字符长度。如果不指定 n 的值,则 n 默认为 1。在定义表中列的类型(如定义 CHAR 类型)时,其数值的长度不超过 2000 字节。
- VARCHAR：VARCHAR 数据类型用来存储可变长度的字符数据,最大有 32 767 字节,表示方法为 VARCHAR(n)。其中,n 是指定的字符最大长度,n 必须是正整数。
- DATE：DATE 是用来存储日期时间类型的数据,用 7 个字节分别描述世纪、年、月、日、时、分、秒。表示方法为 DATE。日期的默认格式为：DD-MM 月-YY,分别对应日、月、年,如 2011 年 1 月 10 日应该表示为"10-1 月-11"。日期的格式可以设置为中文格式,例如,17-六月-2010。
- BOOLEAN：逻辑型(布尔型)变量的值只有 TRUE(真)或 FALSE(假)两种。一般关系表达式的结果就是一个逻辑值。例如,4＞3 的结果就是"真"。
- NUMBER：NUMBER 数据类型可用来表示所有的数值类型。表示方法为 NUMBER(precision,scale)。其中,precision 表示数据的总位数；scale 表示小数的位数,scale 默认表示小数位为 0。如果实际数据超出设置精度,则会出现错误。

做一做：现在大家一起分析"教务管理信息系统"中班级表的字段应该定义什么样的数据类型。

步骤 2：利用 SQL 语言创建"学生"表。

输入并执行下列命令：

```
/*创建"学生"表。*/
SQL>CREATE TABLE 学生1
(学号  char(12)  ,
姓名     varchar(8)  ,
性别     char(2)  ,
出生日期  date,
班级代码  char(9));
```

执行结果：表已创建。

【相关知识】

(1) SQL语句简介。

SQL(Structured Query Language)称为结构化查询语言，1976年，SQL开始在商品化关系数据库管理系统中应用。SQL是一种灵活、有效的语言，它的一些功能专门用来处理和检验关系型数据。1982年，美国国家标准化组织(American National Standard Institute, ANSI)确认SQL为数据库系统的工业标准。1987年国际标准化组织(International Organization for Standardization, ISO)也通过了这一标准。目前，许多关系数据库供应商都在自己的数据库中支持SQL语言，如Access、Sybase、SQL Server、Informix、Oracle、DB2等。SQL已正式成为数据库领域的一种主流语言。

SQL是所有RDBMS使用的公共语言，它不遵循任何特定的执行模式，一次可以访问多个记录。其功能不仅仅是查询，它使用简单的维护数据的命令，能够完成数据查询(Data Query)、数据操纵(Data Manipulation)、数据定义(Data Definition)和数据控制(Data Control)等功能，如表3-3所示。

表3-3 SQL语言的分类

类别	功能	举例
数据定义语言(DDL)	用来创建、删除及修改数据库对象	创建表和索引的CREATE，ALTER，DROP语句
数据操纵语言(DML)	用来操纵数据库的内容	查询、插入、删除、修改的SELECT，INSERT，UPDATE，DELETE等语句
数据控制语言(DCL)	控制对数据库的访问、启动和关闭等	对系统权限进行授权和回收的GRANT，REVOKE等语句

(2) SQL语言有以下的主要特点。

- SQL语言可以在Oracle数据库中创建、存储、更新、检索和维护数据，其中主要的功能是实现数据的查询和数据的插入、删除、修改等操作。
- SQL语言在书写上类似于英文，简洁清晰、易于理解。它由关键字、表名、字段名、表达式等部分构成。另外还要注意以下的几点。
  - 关键字、字段名、表名等之间都要用空格或逗号等进行必要的分隔。注意这里的字段名之间的逗号是英文状态下的逗号。
  - 语句的大小写不敏感(查询的内容除外)。
  - 语句可以写在一行或多行，语句中的关键字不能略写和分开写在两行。
  - 要在每条SQL语句的结束处添加“；”号。

• 为了提高可读性,可以使用缩进。

(3) DDL语句创建表的语法。表的创建需要CREATE TABLE系统权限,表的基本创建语法如下。

```
CREATE TABLE [schema.]table_name
(column_name datatype [DEFAULT expression][column_constraint],
[table_constraint]);
```

其中:schema(模式名)表示拥有对象的用户名;table_name表示数据库对象表的名称;column_name表示指定表的一个列的名字;datatype表示该列的数据类型;DEFAULT expresssion表示指定由expresssion表达式定义的默认值;column_constraint表示定义一个完整性约束作为列定义的一部分;table_constraint表示用来定义表级的约束条件。

创建表时,必须要说明表名、列名、列的数据类型和宽度,多列之间用“,”分隔。可以使用中文或英文作为表名和列名。在一张表中最多可以包含2000列。对于表名应该严格遵循下列命名规则:

➢ 不能使用Oracle保留字来为表命名;
➢ 表名的最大长度为30个字符;
➢ 同一用户模式下的不同表不能具有相同的名称;
➢ 可以使用下划线、数字和字母,但不能使用空格和单引号。

做一做:现在大家一起来定义“班级”表的结构吧。定义这张表的时候给它起名为“班级1”。

```
SQL> CREATE TABLE 班级 1
(班级代码     char     (9),
班级名称      varchar  (20),
专业代码      char     (4));
```

至此,两张表结构就已经创建好了,下面我们就可以向“学生1”表和“班级1”表中插入数据了。请执行下面的语句:这两条语句是数据的插入语句,我们将在后面详细地学习到,现在大家只要执行即可。

```
SQL> INSERT INTO 学生 1 (学号,姓名,性别,出生日期,班级代码)
VALUES('','郭世雄','??','04-6 月-85','090401001');
SQL> INSERT INTO 班级 1 (班级代码,班级名称,专业代码)
VALUES('090202002','','0202');
执行结果: 已创建 1 行。
          已创建 1 行。分别向这两张表中插入了 1 行数据。
```

通过上面的操作,我们现在向两张表中分别插入了数据,它们的逻辑结构应该如表3-4和表3-5所示。

表3-4 “学生1”表

学号	姓名	性别	出生日期	班级代码
	郭世雄	??	04-6月-85	090401001

表 3-5 “班级 1”表

班级代码	班级名称	专业代码
090202002		0202

问题：观察分析一下上面这两张表中的数据，看看里面输入的数据是否符合你所确定的数据类型？再想一想，两张表中的数据间有没有联系呢？数据有没有不合理的地方？

【分析结果】

数据能够成功插入表中，说明数据是符合字段定义的数据类型，但是两张表的数据有不合理的地方。①对于学校里的每一个学生，都应该有一个学号，不仅如此，学号作为识别学生身份的标志，是不能重复的。但是在“学生 1”表中可以看到“郭世雄”这名同学没有学号。②性别字段中的数据应该只有两个值：“男”或者是“女”，怎么可能出现“??”呢。③班级表中的班级名称对应班级代码都应该有一个名称，怎么会出现空值呢？④学生表中的班级代码字段中的值代表了一个学生所在的班级，但是该生所在的班级代码，并未出现在班级表中，那难道该生属于一个不存在的班级，这样是不是也不合理呢？

【结论】

数据库中存储的数据只有真实有效地反映现实世界，才能够为人类提供有效的信息。一个表中的数据有一定的取值范围和联系，多表之间的数据有时也有一定的参照关系。而要保证数据的正确性，就需要实现数据库的完整性。数据库的完整性是指数据的正确性、一致性、相容性，我们可以通过设置相应的完整性约束条件保证数据库的完整性。在数据库中提供了 4 类完整性约束：实体完整性，域完整性，参照完整性和用户自定义完整性。

(1) 实体完整性指表中行的完整性。要求表中的所有行都有唯一的标识符，称为主关键字。实体完整性规则规定基本关系的所有主关键字对应的主属性都不能取空值，例如，学生选课的关系选课(学号，课程号，成绩)中，学号和课程号共同组成为主关键字，则学号和课程号两个属性都不能为空。因为没有学号的成绩或没有课程号的成绩都是不存在的。

(2) 域完整性是指列的值域完整性。如数据类型、格式、值域范围、是否允许空值等。域完整性限制了某些属性中出现的值，把属性限制在一个有限的集合中。例如，如果属性类型是整数，那么它就不能是 101.5 或其他任何非整数。

(3) 参照完整性指被引用表中的主关键字和引用表中的外部主关键字之间的关系。如被引用行是否可以被删除等。

在现实生活中的实体之间总是存在着某种联系，在关系模型中实体与实体之间的联系都是用关系来描述的，这样就存在关系与关系之间的引用。例如，有学生实体和班级两个实体集合：

学生(学号，姓名，性别，出生日期，班级代码)，其中学号为主码。

班级(班级代码，班级名称，专业代码)，其中班级代码为主码。

这两个关系之间存在着属性的引用,即学生关系引用了班级关系的主关键字“班级代码”,显然,学生关系中的“班级代码”的值应该是在班级表中确实存在的班级代码,即班级关系中有该班级的记录。这说明学生关系中某个属性的取值要参照班级关系的属性取值。

在这种情况下,“班级代码”不是学生关系的主关键字,但却是班级关系的主码,则称“班级代码”是学生关系的外关键字。外关键字的定义:设 FK 是基本关系 R 的一个或一组属性,但不一定是关系 R 的主关键字。如果 FK 与基本关系 S 的主关键字相对应,则称 FK 是基本关系 R 的外关键字,并称基本关系 R 为引用关系,基本关系 S 为被引用关系。在上例中,“班级代码”是学生关系的外关键字,学生关系是引用关系,班级关系是被引用关系。

参照完整性就是定义外关键字与主关键字之间的引用规则。如果要删除被引用的对象,那么也要删除引用它的所有对象,或者把引用值设置为空(如果允许的话)。例如,前面的学生和班级关系中,删除某个班级元组之前,必须先删除相应的引用该班级的学生元组。

(4) 用户定义完整性。关系数据库系统根据应用环境不同,往往需要一些特殊约束条件,用户定义的完整性是针对某一具体应用领域,对关系数据库提出的约束条件。反映了某一具体应用涉及的数据必须满足的语义要求。

例如,学生的年龄限制为 14~35 之间。关系模型提供了定义和检验这些完整性约束的机制,以便用统一的系统的方法处理它们,而不用应用程序处理。

那如何保证数据库的完整性呢?为了保持数据库的完整性,数据库中的数据应当满足完整性约束条件。约束条件是一些规则,在对数据进行插入、删除和修改时 Oracle 会自动地对这些规则进行验证,从而起到约束作用。所以在创建表结构时,不仅要考虑字段的数据类型,还应适当地考虑字段应满足的完整性约束条件。

步骤 3:设置“教务管理信息系统”中“学生”表和“班级”表中字段的完整性约束条件。

(1) 输入并执行下列命令。

```
/*创建"班级"表。*/
SQL>CREATE TABLE 班级
  (班级代码 char   (9)  CONSTRAINT pk_bjdm PRIMARY KEY,
  班级名称 varchar (20)    NOT NULL,
  专业代码 char    (4));
/*创建"学生"表。*/
SQL>CREATE TABLE 学生
(  学号  char     (12)  CONSTRAINT pk_xh PRIMARY KEY,
姓名       varchar (8),
性别       char     (2) CHECK (性别 = '男' OR 性别 = '女'),
出生日期       date,
班级代码       char(9)  CONSTRAINT fk_xsbjdm REFERENCES 班级(班级代码));
```

执行结果:表已创建。

(2) 执行以下插入数据语句,验证完整性约束是否起作用。

```
SQL> INSERT INTO 学生 (学号,姓名,性别,出生日期,班级代码)
  VALUES('','郭世雄','??','04-6 月-85','090401001');
执行结果：第 2 行出现错误：
ORA-01400：无法将 NULL 插入 ("SPTCADM"."学生"."学号")
SQL> INSERT INTO 学生 (学号,姓名,性别,出生日期,班级代码)
  VALUES('090301001001','郭世雄','??','04-6 月-85','090401001');
执行结果：第 1 行出现错误：
ORA-02290：违反检查约束条件 (SPTCADM.SYS_C005691)
SQL> INSERT INTO 学生 (学号,姓名,性别,出生日期,班级代码)
  VALUES('090301001001','郭世雄','男','04-6 月-85','090401001');
执行结果：第 1 行出现错误：
ORA-02291：违反完整约束条件 (SPTCADM.FK_XSBJDM) - 未找到父项关键字
SQL> INSERT INTO 班级 (班级代码,班级名称,专业代码)
  VALUES('090202002','','0202');
执行结果：第 2 行出现错误：
ORA-01400：无法将 NULL 插入 ("SPTCADM "."班级"."班级名称")
SQL> INSERT INTO 班级 (班级代码,班级名称,专业代码)
VALUES( '090401001','影视制作班','0401');
执行结果：已创建 1 行。
```

【相关知识】

表的数据有一定的取值范围和联系，多表之间的数据有时也有一定的参照关系。在创建表和修改表时，可通过定义约束条件来保证数据的完整性和一致性。约束条件是一些规则，在对数据进行插入、删除和修改时要对这些规则进行验证，从而起到约束作用，包括主键(PRIMARY KEY)、非空(NOT NULL)、唯一(UNIQUE)和检查(CHECK)、默认值(DEFAULT)、外键(FOREIGN KEY)约束条件。

约束分为两级，一个约束条件根据具体情况，可以在列级或表级进行定义。

- 列级约束：约束表的某一列，出现在表的某列定义之后，约束条件只对该列起作用。
- 表级约束：约束表的一列或多列，如果涉及多列，则必须在表级定义。表级约束出现在所有列定义之后。

1. 主键(PRIMARY KEY)

主键是表的主要完整性约束条件，主键唯一地标识表的每一行。一般情况下表都要定义主键，而且一个表只能定义一个主键。主键可以包含表的一列或多列，如果包含表的多列，则需要在表级定义。主键包含了主键每一列的非空约束和主键所有列的唯一约束。比如“学生”表中用“学号”列作主键，“学号”可以唯一地标识“学生”表的每一行。主键约束的语法如下：

```
[CONSTRAINT constraint_name] PRIMARY KEY          --列级,约束条件中只包含本列
[CONSTRAINT constraint_name] PRIMARY KEY(column_name 1, column_name 2, …)
 --表级,约束条件中可以包含多列
```

2. 非空(NOT NULL)

非空约束指定某列不能为空，它只能在列级定义。在默认情况下，Oracle 允许列的内

容为空值。比如“班级名称”列要求必须填写，可以为该列设置非空约束条件。非空约束语法如下：

```
[CONSTRAINT constraint_name] NOT NULL          --列级,约束条件中只包含本列
```

3. 唯一(UNIQUE)

唯一约束条件要求表的一列或多列的组合内容必须唯一，即不相重，可以在列级或表级定义。但如果唯一约束包含表的多列，则必须在表级定义。与主键约束不同的是，允许为一个表创建多个唯一约束。唯一约束的语法如下：

```
[CONSTRAINT constraint_name] UNIQUE              --列级,约束条件中只包含本列
[CONSTRAINT constraint_name] UNIQUE(column_name 1, column_name 2, …)
--表级,约束条件中可以包含多列
```

4. 检查(CHECK)

检查约束条件是用来定义表的一列或多列的一种约束条件，使表中某一列的内容必须满足该条件(列的内容为空除外)。在 CHECK 条件中，可以调用系统函数。一个列上可以定义多个 CHECK 约束条件，一个 CHECK 约束可以包含一列或多列。如果 CHECK 约束包含表的多列，则必须在表级定义。比如“学生”表的“性别”的值必须为“男”或为“女”，就可以设置成 CHECK 约束条件。检查约束的语法如下：

```
[CONSTRAINT constraint_name] CHECK(condition) --列级,约束条件中只包含本列
[CONSTRAINT constraint_name] CHECK(condition) --表级,约束条件中可以包含多列
```

5. 默认值(DEFAULT)

默认约束是指表中添加新行时给表中某一列指定的默认值。使用默认约束一是可以避免不允许为空值的数据错误，二是可以加快用户的输入速度。

如果创建了称为“默认值”的对象。当绑定到列或用户定义数据类型时，如果插入时没有明确提供值，默认值便指定一个值，并将其插入到对象所绑定的列中。对于默认约束，只能在定义列的同时创建，不能创建表级默认约束。默认约束的语法如下：

```
[CONSTRAINT constraint_name] DEFAULT expression          --列级,约束条件中只包含本列
```

6. 外键(FOREIGN KEY)

指定表的一列或多列的组合作为外键，外键参照指定的主键或唯一键。外键的值可以为 NULL，如果不为 NULL，就必须是指定主键或唯一键的值之一。外键通常用来约束两个表之间的数据关系，这两个表含有主键或唯一键的称为主表(或父表)，定义外键的那张表称为从表(或子表)。如果外键只包含一列，则可以在列级定义；如果包含多列，则必须在表级定义。

外键的列的个数、列的数据类型和长度，应该和参照的主键或唯一键一致。比如“学生”表的“班级代码”列，可以定义成外键，参照“班级”表的“班级代码”列，但“班级”表的“班级代

码”列必须先定义成为主键或唯一键。如果外键定义成功，则“班级”表称为主表(或父表)，“学生”表称为从表(或子表)。在表的创建过程中，应该先创建父表，后创建子表。以下是三种表级外键约束的格式语法，其中的表名为要参照的表名。

第一种语法，如果子记录存在，则不允许删除父记录：

```
[CONSTRAINT constraint_name] FOREIGN KEY(column_name 1, column_name 2, …) REFERENCES table_
name(column_name 1, column_name 2, …)
```

第二种语法，如果子记录存在，则删除父记录时，级联删除子记录：

```
[CONSTRAINT constraint_name] FOREIGN KEY(column_name 1, column_name 2, …)
REFERENCES table_name(column_name 1, column_name 2,...) ON DELETE CASCADE
```

第三种语法，如果子记录存在，则删除父记录时，将子记录置成空：

```
[CONSTRAINT constraint_name] FOREIGN KEY(column_name 1, column_name2, …) REFERENCES table_
name(column_name 1, column_name 2, …) ON DELETE SET NULL
```

在以上 6 种约束的语法中，CONSTRAINT 关键字用来定义约束名，如果省略，则系统自动生成以 SYS_开头的唯一约束名。约束名的作用是当发生违反约束条件的操作时，系统会显示违反的约束条件名称，这样用户就可以了解到发生错误的原因。[NOT] NULL 定义该列是否允许为空；UNIQUE 定义字段的唯一性；PRIMARY KEY 定义字段为主键；REFERENCES 定义外键约束；CHECK(condition)定义该列数据必须符合的条件。

问题：在创建“学生”表和“班级”表时创建的先后顺序有没有要求呢？为什么呢？接下来请大家自己完成“教务管理信息系统”中的其他数据表。充分考虑到表的完整性约束条件。

步骤 4：查看“学生”表的约束信息。

```
SQL> SELECT CONSTRAINT_NAME,CONSTRAINT_TYPE,SEARCH_CONDITION FROM USER_CONSTRAINTS
WHERE TABLE_NAME = '学生';
执行结果：CONSTRAINT_NAME          C SEARCH_CONDITION
------------------------ - ------------------
SYS_C005696              C 性别 = '男' OR 性别 = '女'
PK_XH                    P
FK_XSBJDM                R
```

说明：学生表共有 3 个约束条件，一个 PRIMARY KEY(P)约束 PK_XH，一个 FOREIGN KEY(R)约束 FK_XSBJDM，1 个 CHECK(C)约束 SYS_C005696。其中检查约束的名字是由系统自动命名的。

Oracle 中数据字典 USER_CONSTRAINTS 中包含了当前模式用户的约束条件信息。其中，CONSTRAINTS_TYPE 显示的约束类型如下。

C：CHECK 约束。

P：PRIMARY KEY 约束。

U：UNIQUE 约束。

R：FOREIGN KEY 约束。

【相关知识】

每个 Oracle 数据库都包含数据字典，所有数据库对象，例如：表、视图、用户和用户权限、过程和函数等，在创建时都会自动注册到数据字典。如果对象被修改或删除，数据字典也会自动更新反映这种修改。数据字典 DICTIONARY 可看作是自动管理的主目录，可查找到数据库里的一切。数据库中所有的数据字典和视图都存储在 SYS 模式中。数据字典存储了用来管理数据库对象的所有信息，是 Oracle 数据库中非常重要的系统信息。数据字典中有三种视图可供查询。

- USER_ * 此类视图查询用户自己创建（拥有）对象的信息，例如：USER_CONSTRAINTS，USER_TABLES，USER_INDEXES 等。
- ALL_ * 此类视图查询用户有权使用对象的信息。USER_ * 视图内容是其子集，因为用户总是有权使用自己的对象，还包括其他用户授权该用户可使用的对象。例如：ALL_TABLES，ALL_INDEXES 等。
- DBA_ * 此类视图可查询数据库里所有一切对象，而不管所有者是谁。通常，只有数据库管理员可使用 DBA_ * 类视图。例如：DBA_TABLES，DBA_INDEXES 等。

不能修改数据字典的内容，但可使用 DESCRIBE 和 SELECT 查询数据字典。例如，为查询所有某一用户有权使用的表，可以使用命令：DESCRIBE ALL_TABLES，这条命令可看到 ALL_TABLES 有很多列。如果只想看表名和其所有者，可输入“SELECT table_name，owner FROM ALL_TABLES;”，假设用户想查询所有其拥有的对象，可以输入“SELECT table_name FROM USER_TABLES;”。

一般使用 USER_OBJECTS 更容易，可以查看所有类型的对象：“SELECT object_type，object_name FROM USER_OBJECTS；”，查询字典表时，还可以通过 WHERE 添加过滤条件，使用 ORDER BY，GROUP BY 等，就和查询普通表一样。至于 SELECT 查询语句的基本格式我们在后面再详细讨论，在这里，只是简单介绍数据字典的用途。

数据字典表有数百个，没人能记住所有字典表的名字，也没有必要这样做！我们可以使用超级视图 DICTIONARY（缩写为 DICT）。DICT 就像搜索引擎（如 Google），可通过其查询字典表的名称和描述（comments）列出所有字典表的名字。当我们使用“SELECT COUNT(*) FROM DICT WHERE table_name LIKE 'USER%';”，可以看到上面查询显示有超过百个 USER_ * 类字典表，你能记住哪个字典表可查询建立了哪些表吗？如果记不住，那么我们可以合理推测，比如和表有关的字典表名称都包含‘TABLE’。因此执行以下语句：

```
SELECT * FROM DICT WHERE table_name LIKE '%TABLE%';
```

现在可看到用户需要的字典表是 USER_TABLES。

3.1.2 表结构的修改

【任务 1-2】 修改“学生”表的结构。

【任务引入】

如果要对表的结构进行修改，可以删除表然后重新创建，或者可以直接添加、删除、修改表的列定义。

【任务实施】

步骤1：在“学生”表中增加一列，用来存放学生的家庭住址数据。输入并执行以下命令。

```
SQL > ALTER TABLE 学生 ADD 家庭住址 CHAR(10) DEFAULT '咸阳';
```

执行结果：表已更改。

【相关知识】

DDL语句还提供了修改表结构的功能。利用ALTER TABLE命令可以修改表，包括增加列、修改列的属性和删除列及约束条件。增加新列的语法格式：

```
ALTER TABLE [schema.]table_name
[ADD(column_name datatype [DEFAULT expression][column_constraint],…,n)];
```

通过增加新列可以指定新列的数据类型、宽度、默认值和约束条件。增加的新列总是位于表的最后。假如新列定义了默认值，则新列的所有行自动填充默认值，否则，新增加列的值为NULL，所以有数据的表，新增加的列不能指定为NOT NULL约束条件。

步骤2：修改“学生”表中“家庭住址”列的宽度、小数位、数据类型。输入并执行以下命令。

```
SQL > ALTER TABLE 学生 MODIFY 家庭住址 VARChar2(20);
```

执行结果：表已更改。

【相关知识】

修改列的语法格式：

```
ALTER TABLE [schema.]table_name
[MODIFY (column_name [datatype][DEFAULT expression] [column_constraint],…,n)];
```

其中，列名是要修改的列的标识，不能修改。如果要改变列名，只能先删除该列，然后重新增加。其他部分都可以进行修改，如果没有给出新的定义，表示该部分属性不变。修改列定义还有以下一些特点：

- 列的宽度可以增加或减小，在表中的列没有数据或数据为NULL时才能减小宽度。
- 在表中的列没有数据或数据为NULL时才能改变数据类型，CHAR和VARCHAR2之间可以随意转换。
- 只有当列的值非空时，才能增加约束条件NOT NULL。
- 修改列的默认值，只影响以后插入的数据。

步骤3：删除“学生”表中“家庭住址”一列。

```
SQL > ALTER TABLE 学生 DROP COLUMN 家庭住址;
```

执行结果：表已更改。

【相关知识】

当删除列时，列上的约束条件同时被删除。但如果列是多列约束的一部分，则必须指定CASCADE CONSTRAINTS才能删除约束条件。删除列的语法格式为：

```
ALTER TABLE [schema.]table_name DROP COLUMN column_name [CASCADE CONSTRAINTS];
```

ALTER TABLE 语句也可以为表增加或删除表级约束条件。

(1) 增加约束条件的语法如下:

```
ALTER TABLE [schema.]table_name ADD [CONSTRAINT constraint_name] table_constraint;
```

(2) 删除约束条件的语法如下:

```
ALTER TABLE [schema.]table_name
DROP PRIMARY_KEY|UNIQUE(column_name)|CONSTRAINT constraint_name [CASCADE];
```

3.1.3 表结构的删除

【任务 1-3】 删除"学生"表。

【任务引入】

不需要使用的表应及时删除,否则它将占用大量的存储空间。

【任务实施】

输入并执行以下命令。

```
SQL> DROP TABLE 学生;
```

执行结果:表已删除。

【相关知识】

使用 DROP TABLE 可以删除表。使用 DROP TABLE 删除表时,表中存储的数据也将同时被删除。表的删除者必须是表的创建者或具有 DROP ANY TABLE 权限。CASCADE CONSTRAINTS 表示当要删除的表被其他表参照时,删除参照此表的约束条件。删除表的语法格式:

```
DROP TABLE [schema.] table_name [CASCADE CONSTRAINTS];
```

3.2 数据操纵语言

数据操纵语言(DML)主要用来操纵表数据。DML 中包括 SELECT,INSERT,UPDATE,DELETE 命令。可以使用 INSERT 命令在表中插入数据,使用 UPDATE 命令更新表中的数据,使用 DELETE 命令删除表中的数据,使用 SELECT 命令查询一个表或多个表的数据。其中,SELECT 命令是比较复杂的一个命令,所以我们把它单独放到下一节中进行详细介绍,在这节中我们只学习 INSERT,UPDATE,DELETE 这三个命令。在使用这些命令操作数据记录后,必须使用 COMMIT 命令进行提交,以便把数据的操作实际保存到数据库中,否则数据记录的操作只在当前会话中有效,无法影响另外的会话或新启动的会话。

【任务 2】 使用数据操纵语言对表进行操作。

【任务 2-1】 向"专业"表中添加两行数据('0101'、'软件工程'、'01')和('0201'、'经济管理'、'02')。

【任务引入】

表结构一旦创建，就可以向表中填入数据，INSERT 命令用于向表中添加记录。比如学校新增加了两个专业。

【任务实施】

输入并执行以下命令。

```
SQL> INSERT INTO 系部 VALUES ('01','计算机系','李卫超');
SQL> INSERT INTO 系部(系部代码,系部名称,系主任)
VALUES('02','经济管理系','张永峰');
SQL> INSERT INTO 专业 (专业代码,专业名称,系部代码) VALUES( '0101','软件工程','01');
SQL> INSERT INTO 专业 VALUES( '0201','经济管理','02');
```

执行结果：已创建1行。

已创建1行。

已创建1行。

已创建1行。

【相关知识】

添加记录的语法格式：

```
INSERT INTO table_name [column_list] VALUES(values) |subquery;
```

说明：subquery 选项代表子查询，若有此部分，则表示由一个子查询来向表中插入数据。插入数据时，值列表必须与字段名称列表的顺序和数据类型一致。如果不指定字段名列表，则在 VALUES 子句中要给出每一列的值，且顺序和数据类型必须与原表一致。插入的数据若是字符型，则必须用单引号括起来；若列的值为空，则值必须置为 NULL；若列的值为默认值，则用 DEFAULT。向表中插入日期值时需要用单引号将其引起来。Oracle 日期类型的标准格式为'DD-MON-YY'，2010 年 12 月 6 日按此格式表示为'06-12 月-10'正常插入。也可以使用 TO_DATE 函数将给定的字符串按指定的格式进行转换。如 TO_DATE('2010-12-05','YYYY-MM-DD')，将字符串'2010-12-05'按格式'YYYY-MM-DD'转换为日期。

SQL 语言可以进行数据类型之间的转换，此外，SQL 语言还会自动地转换各种类型，如可以将数值类型转换成字符串类型。常见的数据类型之间的转换函数如下。

- TO_CHAR：将 NUMBER 和 DATE 类型转换成 VARCHAR 类型。
- TO_DATE：将 CHAR 转换成 DATE 类型。
- TO_NUMBER：将 CHAR 转换成 NUMBER 类型。

问题：*请同学们想一想在任务 2-1 中为什么要先向“系部”表中插入数据呢？若只执行任务 2-1 中实施的第 3 条和第 4 条插入语句，会产生什么问题？插入数据时应该注意哪些问题？如果要对系统中所有表插入数据应该从哪个表开始？*

【任务 2-2】 将“教学计划”表中所有课程的“学分”的值修改为 2。

将“课程注册”表中选修了“0004”课程的学生的成绩在原有的基础上提高 2 分。

【任务引入】

由于教师在阅卷时出现错误，将“0004”号课程的一道选择题判错，致使选修了“0004”课程的学生的成绩少加了2分，现在需要将此成绩改正过来，在原有的基础上提高2分。

【任务实施】

输入并执行以下命令。

```
SQL > UPDATE 教学计划 SET 学分 = 2 ;
SQL > UPDATE 课程注册 SET 成绩 = 成绩 + 2 WHERE 课程号 = '0004';
```

执行结果：已更新5行。

已更新5行。

【相关知识】

修改数据的语法格式：

```
UPDATE table_name SET column_name = value [WHERE condition];
```

其中：WHERE条件表达式指定哪些记录需要更新值，表中只有符合该条件表达式的数据行中指定列的值会进行修改。若没有此项，则将更新所有记录的指定列的值。

条件表达式中就是一个逻辑表达式，包含三个部分：列名、运算符和值（表达式）。用来检查数据表中的记录是否有符合这样条件的行。当条件表达式结果为“真”，表示表中存在符合这样条件的记录，否则，没有这样的记录。如：

```
UPDATE 课程注册 SET 成绩 = 85 WHERE 课程号 = '0001' AND 学号 = '090101001001';
```

在这里我们用到了以下的几种运算符，含义如表3-6所示。

表3-6 运算符及其含义

查询条件	运 算 符	意 义
比较	=,>,<,>=,<=,!=,<>,!>,!<；NOT+上述运算符	比较大小
空值	IS NULL，IS NOT NULL	判断值是否为空
多重条件	AND，OR，NOT	用于多重条件判断

【任务2-3】 删除“学生”表中学号为“090102002002”的学生记录。

【任务引入】

学号为“090102002002”的学生由于某种原因，办理了退学手续。需要将该生的信息从数据库中删除。删除时不仅要删除学生基本信息，还要删除其相关的成绩信息。

【任务实施】

输入并执行以下命令。

```
SQL > DELETE FROM 学生 WHERE 学号 = '090102002002';
SQL > DELETE FROM 课程注册 WHERE 学号 = '090102002002';
```

执行结果：已删除1行。

已删除0行。

【相关知识】

删除数据的语法格式：

```
DELETE FROM table_name [WHERE condition];
```

说明：WHERE 指定满足哪些条件的记录需要被删除。若没有此项，则将删除表中的所有记录。使用 TRUNCATE TABLE 命令也可以删除表中的全部记录，同时可以利用此命令释放占用的数据块表空间，此操作不可回退。语法格式如下。

```
TRUNCATE TABLE table_name ;
```

注意：TRUNCATE TABLE 命令执行后，将删除表中的所有数据，且不能恢复，所以使用时一定要慎重。TRUNCATE TABLE 删除了指定表中所有的行，但表的结构及其列、约束、索引等保持不变。它删除全部记录的功能等同于不带 WHERE 子句的 DELETE 语句，但其执行速度更快。TRUNCATE TABLE 不能删除带外键约束的表中数据。另外，如果要删除任务 2-1 中的数据，那么删除的顺序是什么呢？应该先删除哪条呢？请大家想一想。

3.3 SELECT 语句的基本查询

使用数据库和表的主要目的是存储数据，以便在需要时检索、统计或组织输出。通过 SELECT 语句就可以从数据表或视图中获取数据，迅速、方便地检索数据。同时还可以将返回的记录进行排序、分组，并可以将查询得到的数据利用一个 INSERT 语句将其插入到另一个表中。SELECT 语句比较复杂，本节重点介绍其基本的格式和功能。

让我们先通过三条 SELECT 语句的执行效果，了解一下这个语句的功能。下面列出的是学生表中的数据，表 3-7 为“学生”表中的全部内容。

表 3-7　“学生”表

学　号	姓名	性别	出生日期	班级代码
090101001001	王文涛	男	04-6 月-85	090101001
090101001021	张　泽	男	05-12 月-85	090101001
090101001002	朱晓军	男	10-9 月-86	090101001
090101001003	袁　伟	男	08-7 月-86	090101001
090101001004	高　敏	女	02-2 月-86	090101001
090102002001	付越成	男	04-5 月-85	090102002
090201001001	王　欣	男	10-11 月-86	090201001
090202002001	郭　韩	男	30-12 月-85	090202002
090301001001	郭世雄	男	06-8 月-85	090301001
090302001001	张梅洁	女	03-12 月-85	090302001
090401001001	刘　云	女	06-5 月-86	090401001

输入并执行下面的语句：

```
SQL > SELECT 学号,姓名,班级代码 FROM 学生;
SQL > SELECT 学号,姓名,班级代码 FROM 学生 WHERE 性别 = '女';
SQL > SELECT 学号,姓名,班级代码 FROM 学生 WHERE 性别 = '女' ORDER BY 学号 DESC;
```

执行结果如下：

```
SQL> SELECT 学号,姓名,班级代码 FROM 学生;
学号            姓名        班级代码
------------- --------- ---------
090101001001   王文涛      090101001
090101001021   张泽        090101001
090101001002   朱晓军      090101001
090101001003   袁伟        090101001
090101001004   高敏        090101001
090102002001   付越成      090102002
090201001001   王欣        090201001
090202002001   郭韩        090202002
090301001001   郭世雄      090301001
090302001001   张梅洁      090302001
090401001001   刘云        090401001
已选择 11 行。
```

说明：这条语句为 SELECT 的基本格式。从结果可以看出，该语句的功能是从学生表中投影出学号，姓名和班级代码这三列。这是对列的分割操作，这种操作也叫做“投影”。

```
SQL> SELECT 学号,姓名,班级代码 FROM 学生 WHERE 性别 = '女';
学号            姓名        班级代码
------------- --------- ---------
090101001004   高敏        090101001
090302001001   张梅洁      090302001
090401001001   刘云        090401001
```

说明：这条语句在 SELECT 的基本格式的基础上加上了 WHERE 短语。从结果可以看出，对比前一条语句，筛选出了学生表中性别为“女”的那些学生所在的行。这是对行的选择操作，这种操作也叫做“选择”。

```
SQL> SELECT 学号,姓名,班级代码 FROM 学生 WHERE 性别 = '女' ORDER BY 学号 DESC;
学号            姓名        班级代码
------------- --------- ---------
090401001001   刘云        090401001
090302001001   张梅洁      090302001
090101001004   高敏        090101001
```

说明：这条语句在前面语句的基础上加上了 ORDER BY 短语。从结果可以看出，这条短语实现了查询结果的排序显示。根据学号的值从大到小进行降序排列。下面我们来看看完整的 SELECT 查询语句的格式。

```
SELECT [ALL | DISTINCT] select_ list
FROM table_name
[WHERE search_condition]
```

```
[GROUP BY group_expression]
[HAVING search_condition]
[ORDER BY order_expression][ASC|DESC]]
```

其中各子句含义如下。

➢ SELECT 子句：用于指出查询结果集合中的字段。
➢ FROM 子句：指出所查询的表名或视图以及各表之间的逻辑关系。
➢ WHERE 子句：指出查询条件，它说明将表中的哪些数据行返回到结果集合中。
➢ GROUP BY，HAVING 子句：查询结果集合中各行的统计方法。
➢ ORDER BY 子句：说明查询结果行的排列顺序。

阅读：关系代数是一种抽象的查询语言，是关系数据查询语言的一种传统的表达方式。关系代数包含两类运算。

(1) 传统的集合运算，如并、交、差、笛卡儿积，这类运算将关系看成元组的集合。

(2) 扩充的关系运算，如选择、投影、连接，这类运算不仅涉及行，而且涉及列。

关系代数的运算符有以下几类：

➢ 集合运算符：∪(并)，∩(交)，－(差)，×(广义笛卡儿积)。
➢ 专门的关系运算符：σ(选择)，π(投影)，χ(连接)，*(自然连接)。
➢ 算术比较符：＞，＜，≥，≤，＝，≠。
➢ 逻辑运算符：∧(AND)，∨(OR)，¬(NOT)。

(1) 并(UNION)：设关系 R 和关系 S 具有相同的关系模式，R 和 S 的并是由属于 R 或属于 S 的元组构成的集合，记为 $R \cup S$。

(2) 差(DIFFERENCE)：设关系 R 和关系 S 具有相同的关系模式，R 和 S 的差是由属于 R 但不属于 S 的元组构成的集合，记为 $R-S$。

(3) 交(INTERSECTION)：设关系 R 和关系 S 具有相同的关系模式，关系 R 和 S 的交是由属于 R 又属于 S 的元组构成的集合，记为 $R \cap S$。关系的交可以用差来表示，即 $R \cap S = R-(R-S)$。

(4) 广义笛卡儿积(EXTENDED CARTESIAN PRODUCT)：设关系 R 和 S 分别为 m 目(属性数)和 n 目，R 和 S 的广义笛卡儿积是一个 $(m+n)$ 列的元组的集合。元组的前 m 列是 R 的一个元组，后 n 列是关系 S 的一个元组。记为 $R \times S$。若 R 有 m 个元组，S 有 n 个元组，则 $R \times S$ 有 $m \times n$ 个元组。

(5) 选择(SELECTION)：选择又称为限制(RESTRICTION)。它是在关系 R 中选择满足给定条件的元组，这是从行的角度进行的运算。

(6) 投影(PROJECTION)：关系 R 上的投影是从 R 中选择出若干属性列组成新的关系。

(7) 连接(JOIN)：它是从两个关系的笛卡儿积中选取属性间满足一定条件的元组。

连接运算中有两种最为重要也最为常用的连接，一种是等值连接(EQUI-JOIN)，另一种是自然连接(NATURAL JOIN)。等值连接是从关系 R 与 S 的笛卡儿积中选取 A，B 属性值相等的那些元组。自然连接(NATURAL JOIN)是一种特殊的等值连接，它要求两个关系中进行比较的分量必须是相同的属性组，并且要在结果中把重复的属性去掉。一般的连接操作是从行的角度进行运算。但自然连接还取消了重复列，所以是同时从行和列的角度进行运算的。

【任务3】 SELECT 语句的基本查询。

【任务3-1】 查询"课程"表中的全部信息。

【任务引入】

"课程"表中存储的是课程的相关信息。如果我们想要看到所有开设课程的信息,就需要查询课程表。

【任务实施】

输入并执行以下命令。

```
SQL> SELECT * FROM 课程;
```

执行结果如下:

```
课程号   课程名称          备注
------ ---------------- -------
0001   SQL Server 2005
0002   ASP.NET 程序设计    C#
0003   JAVA 程序设计
0004   网络营销
0005   大学英语
0006   软件工程
0007   软件测试
0008   高等数学
已选择 8 行。
```

【相关知识】

SELECT 语句基本语法为:

```
SELECT select_ list FROM table_name;
```

其中,SELECT 为查询语句的关键字,后跟要查询的 select_ list 字段名列表。FROM 也是查询语句关键字,后面跟要查询的 table_name 表名。如果字段名列表使用"*",将检索全部的字段,此时返回的列顺序与定义时一致。当然,也可以通过列举出表中所有的字段名来显示表中的所有字段信息,如下所示。

```
SQL> SELECT 课程名称, 课程号,备注 FROM 课程;
```

执行结果如下:

```
课程名称              课程  备注
------------------ ----- -------------
SQL Server 2005    0001
ASP.NET 程序设计     0002  C#
JAVA 程序设计        0003
网络营销             0004
大学英语             0005
软件工程             0006
软件测试             0007
高等数学             0008
```

已选择 8 行。

对比以上两条语句的结果，会发现显示的结果都是课程表中的所有信息，不同的是显示的形式有所区别，列举出字段名的形式将会根据 SELECT 列出的字段名顺序进行显示。

在 Oracle 数据库中，对象是属于模式的，每个用户对应一个模式，模式的名称就是用户名称。在表名前面要添加模式的名字，在表的模式名和表名之间用“.”分隔。我们以不同的用户登录数据库时，就进入了不同的模式，比如登录到 SPTCADM 账户，就进入了 SPTCADM 模式。而在 SPTCADM 模式要查询属于 SCOTT 模式的表，就需要写成：“SELECT * FROM SCOTT.EMP;”。

【任务 3-2】 查询“课程”表中的课程号和课程名称，将结果中的标题分别显示为 CNO 和 CNAME。

【任务引入】

在默认状态下，查询结果中的标题一般是表中的列名，可以根据用户的需要改变列标题的显示名称。

【任务实施】

```
SQL> SELECT 课程号 AS CNO,课程名称 AS CNAME FROM 课程;
```

执行结果如下：

```
CNO   CNAME
----  ------------------
0001  SQL Server 2005
0002  ASP.NET 程序设计
0003  JAVA 程序设计
0004  网络营销
0005  大学英语
0006  软件工程
0007  软件测试
0008  高等数学
已选择 8 行。
```

【相关知识】

AS 也可以省略，如课程号和它的别名“CNO”之间用空格分隔。但是如果用空格分隔，要区别好列名和别名，前面为列名，后面是别名。别名如果含有空格或特殊字符或大小写敏感，需要使用双引号将它引起来。

【任务 3-3】 查询选修了课程的学生号。

【任务引入】

在表中进行投影列操作的时候，可能会出现重复值。例如，“课程注册”表中的学号有重复值，因为一名学生可以选修多门课程，使用 DISTINCT 关键字，在结果集中的重复行只保留一个。

【任务实施】

步骤 1：输入并执行以下命令。

```
SQL> SELECT 学号 FROM 课程注册;
```

步骤 2：输入并执行以下命令。

```
SQL> SELECT DISTINCT 学号 FROM 课程注册;
```

执行结果如下：

```
学号
------
090101001001
090101001002
090101001003
090101001004
090101001021
```

【相关知识】

SELECT DISTINCT 字段名 FROM 表名，这里的“DISTINCT”保留字指在显示时去除相同的记录，与之对应的是“ALL”将保留相同的记录，默认为“ALL”。

【任务 3-4】 显示所有学生成绩上调 5%的结果。

【任务引入】

SELECT 子句的目标列表达式不仅可以是表中的属性列，也可以是有关表达式，即可以将查询出来的属性列经过一定的计算后列出结果。

【任务实施】

```
SQL>SELECT 学号,课程号,成绩,成绩*(1+5/100) FROM 课程注册;
```

执行结果如下：

```
学号          课程          成绩   成绩*(1+5/100)
------------ ---- ------------ --------------
090101001001  0001          85          89.25
090101001001  0005          60          63
090101001001  0003          78          81.9
090101001001  0004          62          65.1
090101001002  0001          58          60.9
090101001002  0005          60          63
090101001002  0003          76          79.8
090101001002  0004          62          65.1
090101001003  0001          63          66.15
090101001003  0005          60          63
090101001003  0003          87          91.35
090101001003  0004          88          92.4
090101001004  0001          74          77.7
090101001004  0005          60          63
090101001004  0003          87          91.35
090101001004  0004          60          63
090101001021  0001          60          63
```

```
090101001021   0005       60           63
090101001021   0003       60           63
090101001021   0004       62           65.1
已选择 20 行。
```

说明：结果中共显示了4列，第4列显示成绩上浮5%的结果，它不是表中存在的列，而是计算产生的结果，称为计算列。

【相关知识】

使用SELECT对列进行查询时，在结果集中可以输出经过计算后得到的值，即可以使用表达式作为SELECT的结果。表达式中可以包含列名、算术运算符和括号。括号用来改变运算的优先次序。常用的算术运算符包括这几种，“+”：加法运算符，“-”：减法运算符，“*”：乘法运算符，“/”：除法运算符。利用算术运算符仅仅适合多个数值型字段或字段与数字之间的运算。如果算术表达式中有多个操作符，则必须知道每个操作符的优先级。“*”和“/”具有同等优先级，“+”和“-”具有同等优先级，“*”和“/”的优先级高于“+”和“-”。可以使用括号来控制计算顺序。

【任务3-5】 查询“学生”表中学生总数。

【任务引入】

除了进行日常的查询和计算外，数据库还提供了对数据的统计功能，如求和、平均值、最大值、最小值、计数等。这些统计都可以通过统计函数来实现。

【任务实施】

```
SQL > SELECT COUNT( * ) AS 学生总数 FROM 学生;
```

执行结果如下：

```
学生总数
-----
11
```

【相关知识】

- COUNT(*)：统计记录的个数；
- COUNT([DISTINCT|ALL]列名)：统计一列中值的个数；
- SUM([DISTINCT|ALL]列名)：统计一列中值的和；
- AVG([DISTINCT|ALL]列名)：统计一列中值的平均值；
- MAX([DISTINCT|ALL]列名)：统计一列中值的最大值；
- MIN([DISTINCT|ALL]列名)：统计一列中值的最小值。

其中，统计函数中的SUM和AVG只应用于数值型的列，MAX，MIN和COUNT可以应用于字符型、数值和日期型的列。在进行统计运算时，忽略列的空值。在统计函数中可使用DISTINCT或ALL关键字。ALL表示对所有非NULL值(可重复)进行运算(COUNT除外)。DISTINCT表示对每一个非NULL值，如果存在重复值，则统计函数只运算一次。如果不指明上述关键字，默认为ALL。

COUNT(*)和COUNT(列名)函数的区别是：COUNT(列名)忽略对象中的空值，而COUNT(*)函数是对表中的所有记录进行统计。COUNT(列名)函数可以用DISTINCT

关键字来去掉重复值,COUNT(*)则不可以。

3.4 SELECT 语句的条件查询

由于表中数据很多,通常我们不显示全部的数据,只需要从表中检索出满足条件的数据。按条件进行检索是数据库中最常见的操作。

【任务 4】 SELECT 语句的条件查询。

【任务 4-1】 查询性别为"男"的教师信息。

【任务引入】

教师表中存储着所有教师的信息,既有男教师也有女教师,如何只显示"男"教师的信息呢?

【任务实施】

```
SQL> SELECT * FROM 教师 WHERE 性别 = '男';
```

执行结果如下:

```
教师编号       姓名      性别  出生日期     职称      系
------------  --------  --  -----------  --------  --
040000000006  何有为    男    01-1 月 -64  副教授    04
060000000007  程治国    男    02-2 月 -67  副教授    01
010000000001  李卫超    男    02-2 月 -67  副教授    01
010000000002  李英杰    男    30-12 月-72  讲师      01
```

【相关知识】

要对显示的行进行限定,可在 FROM 从句后使用 WHERE 从句,在 WHERE 从句中给出限定的条件,因为限定条件是一个表达式,所以称为条件表达式。表达式的值为"真"的记录将被显示。如果是指定字符型字段查询条件,形式为:字段名运算符 '字符串'。最常用的运算符就是比较运算符。比较运算符是比较两个表达式大小的运算符:>(大于),<(小于),>=(大于或等于),<=(小于或等于),=(等于),!=,<>,^=(不等于)。逻辑运算符 NOT 可以与比较运算符一起用,对条件表示否定。

【任务 4-2】 查询"教师"表中出生日期在 1971 年至 1980 年之间的女教师信息。

【任务引入】

在查询过程中,检索的条件可能不止一个,如果我们想查询那些出生日期在 1971 年至 1980 年之间,并且性别还要为"女"的教师,该怎么做呢?

【任务实施】

输入并执行以下命令。

```
SQL> SELECT * FROM 教师
WHERE 出生日期> = '01-1 月-71' AND 出生日期<= '31-12 月-80' AND 性别 = '女';
```

执行结果如下:

```
教师编号          姓名      性别 出生日期      职称       系部代码
------------  --------  --   -----------  ---------  --
040000000005  李晓红    女   21-11 月-78  助教       04
020000000003  王军霞    女   08-9 月 -80  讲师       02
```

【相关知识】

进行多重条件查询时，需要用逻辑运算符构成复合条件。逻辑运算符有三种：NOT，AND，OR，利用逻辑运算符把多个条件连接成一个条件，运算符的优先顺序为NOT，AND，OR，如果想要改变优先顺序，可以使用括号。

注意：日期型数据的大小是根据其年、月、日数值的大小进行比较的。

【任务4-3】 查询出生日期在1979年至1980年之间的教师编号、姓名和出生日期。

【任务引入】

范围运算符“BETWEEN…AND…”和“NOT BETWEEN…AND…”可以查找属性值在指定或不在指定范围内的记录。

【任务实施】

输入并执行以下命令。

```
SQL> SELECT 教师编号,姓名,出生日期 FROM 教师 WHERE 出生日期 BETWEEN '01-1 月-79' AND '31-12
月-80';
```

执行结果如下：

```
教师编号          姓名      出生日期
------------  --------  -------
020000000003  王军霞    08-9 月 -80
```

【相关知识】

其中，BETWEEN后是范围的下限(即低值)，AND后是范围的上限(即高值)。上限和下限不能颠倒，这种运算符也可以利用比较运算符进行替换：字段名>=下限 AND 字段名<=上限。例如上面的SELECT语句也可以写为“SELECT 教师编号，姓名，出生日期 FROM 教师 WHERE 出生日期>= '01-1 月-79' AND 出生日期<='31-12 月-80';”。

【任务4-4】 查询职称为“助教”和“讲师”的教师的编号和姓名。

【任务引入】

集合运算符IN和NOT IN可以用来查找属于或不属于指定集合的记录。

【任务实施】

输入并执行以下命令。

```
SQL> SELECT 教师编号,姓名 FROM 教师 WHERE 职称 IN ('助教','讲师');
```

执行结果如下：

```
教师编号        姓名
----------  ------
030000000004  刘丽
```

```
040000000005  李晓红
010000000002  李英杰
020000000003  王军霞
```

【相关知识】

其中,集合运算符 IN 后是由多个同类型数据所组成的集合,表示与该集合中的某一个值相等即满足条件表达式。所以集合运算符 IN 也可以写成由多个比较运算符"="组成的一个复合条件表达式,即:职称='助教' OR 职称='讲师'。上面的任务也可以由下面的语句来完成。

```
SELECT 教师编号,姓名 FROM 教师 WHERE 职称 = '助教' OR 职称 = '讲师';
```

【任务 4-5】 查询"学生"表中姓"刘"的同学的信息。

【任务引入】

在现实生活中,有时需要根据一些不确定的信息进行查询。比如查找姓"刘"的同学,该怎么做呢?

【任务实施】

输入并执行以下命令。

```
SQL> SELECT * FROM 学生 WHERE 姓名 LIKE '刘%';
```

执行结果如下:

```
学号           姓名      性别  出生日期      班级代码
------------ -------- -- ---------- ---------
090401001001 刘云      女    06-5月-86    090401001
```

【相关知识】

LIKE 后面为匹配的字符串,匹配字符串中除了可以包含固定的字符之外,还可以包含以下的通配符。"%":代表0个或多个任意字符。"_":代表一个任意字符。在使用"_"来代替汉字时情况有些特殊。如查询姓"王"且名字为单名的老师时,可以使用'王_'来表示;如果是查询姓"王"且名字为双名的老师时,可以使用两个下划线来表示,即'王_ _'。如果需要匹配的字符串中本身就包含有通配符"%"和"_"时,可以用"ESCAPE"关键字对通配符进行转义,ESCAPE '\'短语表示'\'为换码字符,这样匹配串中紧跟在'\'后面的字符不再具有通配符的含义,而是取其本身的含义。

注意:字符型数据比较时,要注意英文字符的大小写形式。原因是,字符型数据是根据字符的ASCII码值进行比较的,而大家知道大小写字符的ASCII码值是不同的,所以在做比较时可能会得到不一样的结果。

做一做:请大家完成下列的查询要求。

(1) 查询"0001"号这门课程的平均分。

(2) 查询学号为"090101001001"和"090101001004"的同学成绩小于60分的课程的课程号。

(3) 查询不在"090101001"班的同学的信息。

(4) 查询不姓“刘”的学生的信息。

3.5 SELECT 语句的分组查询

在前面的学习中,我们学习了一些统计函数。这些统计函数可以对数据进行统计,汇总出数据库的统计信息。比如统计学生的总人数,统计出“学生”表中的所有记录行数即可。不仅如此,统计函数也可以与分组数据结合使用,对每一组数据进行统计。比如统计每个班的学生人数。

【任务 5】 SELECT 语句的分组查询。

【任务 5-1】 统计每个班的学生人数。

【任务引入】

学校需要对每个班的人数情况进行统计,那么如何统计每个班的学生人数呢?

【任务实施】

输入并执行以下命令。

```
SQL> SELECT 班级代码 ,COUNT( * ) FROM 学生 GROUP BY 班级代码;
```

执行结果如下:

```
班级代码      COUNT( * )
-------  -------
090101001          5
090102002          1
090201001          1
090202002          1
090301001          1
090302001          1
090401001          1
已选择 7 行。
```

【相关知识】

使用 GROUP BY 子句可以将查询的结果按字段分组,在分组字段中值相等的就放在同一个组内。其格式如下:

```
SELECT select_ list FROM table_name [WHERE search_condition]
GROUP BY group_expression;
```

使用 GROUP BY 子句后,分组列中值相等的为一组。如果分组短语和统计函数同时使用,那么统计函数则对每一组进行统计,分了几组,统计结果就有几条。

【任务 5-2】 统计每门课程的平均成绩。

【任务引入】

期末考试结束后,学校需要对每门课程的平均成绩进行统计,以便掌握学生的学习情况。

【任务实施】

输入并执行以下命令。

```
SQL>SELECT 课程号,AVG(成绩) FROM 课程注册 GROUP BY 课程号;
```

执行结果如下：

```
课程号  AVG(成绩)
----  -------
0001       68
0003     77.6
0004     66.8
0005       60
```

【任务 5-3】 查询“课程注册”表中选课人数少于 6 人的课程的课程号和相应的选课人数。

【任务引入】

“课程注册”表中存储了所有学生的选课信息，为了调查学生对课程的欢迎程度，需要查询显示那些选修人数少于 6 人的课程。

【任务实施】 输入并执行以下命令。

```
SQL>SELECT 课程号,COUNT(*) AS 选课人数 FROM 课程注册 GROUP BY 课程号 HAVING COUNT(*)<6;
```

执行结果如下：

```
课程    选课人数
----  --------
0001         5
0003         5
0004         5
0005         5
```

【相关知识】

带有 HAVING 的 GROUP BY 子句格式如下：

```
SELECT select_ list FROM table_name [WHERE search_condition]
GROUP BY group_expression HAVING search_condition;
```

说明：HAVING 是检查分组后的各组是否满足条件。HAVING 语句通常配合 GROUP BY 语句使用，但是有的时候没有 GROUP BY 时也可以使用 HAVING 子句。例如，下面的语句：

```
SELECT COUNT(*) FROM 学生 WHERE 性别='男' HAVING COUNT(*)>2;
```

执行一下这条语句，看看结果是什么。

3.6 SELECT 语句的排序查询

【任务 6】 SELECT 语句的排序查询。

【任务 6-1】 查询全体学生信息，查询结果按所在的班级的班级代码降序排列，同一个班的按照学号升序排列。

【任务引入】

在应用中经常需要对查询结果进行排序输出。例如显示学生信息时,如果想要将同一个班的学生排列在一起,就可以利用排序子句进行排序输出。

【任务实施】 输入并执行以下命令。

```
SQL > SELECT * FROM 学生 ORDER BY 班级代码 DESC ,学号 ASC;
```

执行结果如下:

```
学号          姓名      性别  出生日期       班级代码
----------  --------  --  -----------  ---------
090401001001  刘云      女    06-5 月 -86    090401001
090302001001  张梅洁    女    03-12 月-85    090302001
090301001001  郭世雄    男    06-8 月 -85    090301001
090202002001  郭韩      男    30-12 月-85    090202002
090201001001  王欣      男    10-11 月-86    090201001
090102002001  付越成    男    04-5 月 -85    090102002
090101001001  王文涛    男    04-6 月 -85    090101001
090101001002  朱晓军    男    10-9 月 -86    090101001
090101001003  袁伟      男    08-7 月 -86    090101001
090101001004  高敏      女    02-2 月 -86    090101001
090101001021  张泽      男    05-12 月-85    090101001
```

【相关知识】

使用 ORDER BY 子句可以将查询的结果按指定的条件排序。其格式如下:

```
SELECT select_ list FROM table_name [WHERE search_condition]
[GROUP BY group_expression] [HAVING search_condition]
ORDER BY order_expression][ASC|DESC];
```

当排序依据有多个表达式时,多个排序表达式之间通过逗号分隔,输出的查询结果先按第 1 个表达式进行排序,只有当第 1 个表达式的值相等时,才会考虑使用第 2 个表达式进行排序,依次类推。ASC 关键字表示查询结果按照表达式的值升序排序,DESC 关键字表示查询结果按照表达式的值降序排序,如果不指定 ASC 或 DESC 关键字,默认的排序方式为升序。

【任务 6-2】 查询男教师的基本信息,按年龄降序排列。

【任务引入】

如果想要知道男教师中谁的年龄最大,根据年龄值进行排序输出就可以了。

【任务实施】 输入并执行以下命令。

```
SQL > SELECT * FROM 教师 WHERE 性别 = '男' ORDER BY to_number(to_char(sysdate,'yyyy')) - to_
number(to_char(出生日期,'yyyy')) DESC;
```

执行结果如下:

```
教师编号      姓名    性别  出生日期          职称      系
----------  ------  --  ---------------  ---------  --
040000000006  何有为  男    01-1 月 -64        副教授    04
060000000007  程治国  男    02-2 月 -67        副教授    01
```

```
010000000001   李卫超   男   02-2月-67    副教授   01
010000000002   李英杰   男   30-12月-72   讲师     01
```

说明：在这里我们用到了函数计算教师的年龄，因为年龄不是表中的某个字段，需要通过计算才能得到。那么就需要返回系统的当前日期的年份和教师出生日期中的年份，所以使用了一个函数 to_char，截取指定日期的某个部分。

3.7 函数

Oracle 数据库有一套功能强大的函数集，函数可以应用于程序或查询中，从而提高 SQL 语句的处理能力。函数有两种：单行函数和组函数。单行函数只能操作一行并返回一个结果，组函数操作由分组确定的行数，返回一个结果，组函数就是我们之前见过的统计函数。所以，今天我们只介绍单行函数。

【任务 7】 SQL * PLUS 函数应用。

【任务引入】

Oracle 的函数根据返回值的类型不同可分为数值型、字符型、日期型三种。函数一般需要输入参数，并返回特定类型计算结果。函数可以应用于 SELECT 子句、WHERE 子句和 ORDER BY 子句中，也可以应用在 UPDATE，INSERT 和 DELETE 语句中，这时函数会对每一行起作用。

在函数的测试过程中，我们可以使用 DUAL 表，这个表是一个所有用户都可以使用的只包含一行的虚拟表。

【任务 7-1】 使用数值型函数练习。

【任务实施】

步骤 1：使用求绝对值函数 abs。

```
SQL> SELECT abs( - 5) FROM dual;
```

说明：求－5 的绝对值，结果为 5。

步骤 2：使用求平方根函数 sqrt。

```
SQL> SELECT sqrt(2) FROM dual;
```

说明：2 的平方根为 1.41421356。

步骤 3：使用 ceil 函数。

```
SQL> SELECT ceil(2.35) FROM dual;
```

说明：该函数求得大于等于 2.35 的最小整数，结果为 3。

步骤 4：使用 floor 函数。

```
SQL> SELECT floor(2.35) FROM dual;
```

说明：该函数求得小于等于 2.35 的最大整数，结果为 2。

也可以写成下面的命令形式执行。

```
SQL> SELECT abs(-5),sqrt(2), ceil(2.35),floor(2.35) from dual;
   ABS(-5)     SQRT(2) CEIL(2.35) FLOOR(2.35)
--------- ------- ------- ----------
          5 1.41421356          3             2
```

步骤 5：使用四舍五入函数 round。

```
SQL> SELECT round(45.923,2), round(45.923,0), round(45.923, -1) FROM dual;
```

说明：该函数按照第二个参数指定的位置对第一个数进行四舍五入。2 代表对小数点后第三位进行四舍五入，0 代表对小数位进行四舍五入，－1 代表对个位进行四舍五入。

执行结果如下所示。

```
ROUND(45.923,2) ROUND(45.923,0) ROUND(45.923,-1)
------------ ------------ ------------
       45.92              46              50
```

【相关知识】

数值型函数对数值表达式进行运算并返回计算结果。常用的数值函数和功能说明如下。

- ABS(数值表达式)：求绝对值函数，返回数值表达式的绝对值，结果为非负。例如，abs(－5)，结果为 5。
- SQRT(数值表达式)：求平方根函数，返回数值表达式的平方根。例如，sqrt(2)，结果为 1.414。
- POWER(数值表达式 1，数值表达式 2)：求幂函数，返回数值表达式 1 的数值表达式 2 次幂。例如，power(2,3)，结果为 8。
- MOD(数值表达式 1，数值表达式 2)：求除法余数函数，返回数值表达式 1 除以数值表达式 2 的余数，若数值表达式 2 为 0，则返回数值表达式 1。例如，mod(1600, 300)，结果为 100。
- CEIL(数值表达式)：求大于等于某数的最小整数函数，返回大于等于数值表达式的最小整数值。例如，ceil(2.35)，结果为 3。
- FLOOR(数值表达式)：求小于等于某数的最大整数函数，返回小于等于数值表达式的最大整数值。例如，floor(2.35)，结果为 2。
- ROUND(数值表达式 1，数值表达式 2)：求对十进制数四舍五入函数，返回数值表达式 1 四舍五入到数值表达式 2 指定的精度值。例如，Round(45.923,1)，结果为 45.9。
- TRUNC(数值表达式 1，数值表达式 2)：按指定精度截断十进制数，如果数值表达式 2 大于 0，结果为数值表达式 2 指定的小数位数；如果数值表达式 2 小于 0，结果为小数点左侧的数值表达式 2 指定的位数；如果数值表达式 2 等于 0，结果为整数。

例如，trunc(45.923, 1)，结果为45.9；trunc(45.923)，结果为45；trunc(45.923，-1)，结果为40。

【任务7-2】 使用字符型函数练习。

【任务实施】

步骤1：显示雇员名和职务列表。

```
SQL > SELECT CONCAT(RPAD(ENAME,15,'.'),JOB) AS 职务列表 FROM EMP;
```

执行结果如下所示。

```
职称列表
------------------------------
SMITH.....CLERK
ALLEN.....SALESMAN
WARD.....SALESMAN
```

说明：RPAD函数向字符串的右侧添加字符，以达到指定宽度。该例中雇员名称右侧连接若干个"."，凑足15位，然后与雇员职务连接成列表。在这里使用了嵌套函数。

步骤2：显示课程名称以"S"开头的课程，并将名称转换成小写形式。

```
SQL > SELECT 课程号,LOWER(课程名称) FROM 课程 WHERE Substr(课程名称,1,1) = 'S';
```

执行结果如下所示。

```
课程  LOWER(课程名称)
---  ----------------
0001  sql server 2005
```

说明：在这条语句的字段列表和查询条件中分别应用了函数LOWER和substr。函数LOWER将课程名称转换成小写形式。函数substr返回课程名称从第一个字符位置开始，长度为1的字符串，即第一个字符，然后同大写S比较。

步骤3：显示学生名称中包含"刘"的学生姓名及姓名长度。

```
SQL > SELECT 姓名, Length(姓名) FROM 学生 WHERE Instr(姓名, '刘', 1, 1)> 0;
```

执行结果如下所示。

```
姓名        LENGTH(姓名)
---------  ------------
刘云                   2
```

说明：本例在字段列表和查询条件中分别应用了函数Length和Instr。Length函数返回姓名的长度。Instr(姓名,'刘'1,1)函数返回姓名中从第一个字符位置开始，字符串"刘"第一次出现的位置。如果函数返回0，则说明姓名中不包含字符串"刘"；如果函数返回值大于0，则说明姓名中包含字符串"刘"。

【相关知识】

字符型函数方便了用户对字符型数据的处理，它可以实现字符串的查找、转换等操作。

常用的字符型函数和功能说明如下。

- ASCII(字符表达式)：获得字符的ASCII码，返回字符表达式最左端字符的ASCII代码值。例如，ASCII('A')，结果为65。
- CHR(数值表达式)：返回ASCII码值为数值表达式的字符。例如，chr(65)，结果为A。
- LOWER(字符表达式)：将字符串转换成小写，返回字符表达式的小写形式。例如，lower ('sql course')，结果为"sql course"。
- UPPER(字符表达式)：将字符串转换成大写，返回字符表达式的大写形式。例如，upper ('sql course')，结果为"SQL COURSE"。
- SUBSTR(字符表达式，起始位置，长度)：给出起始位置和长度，返回字符表达式的子字符串。例如，substr('string',1,3)，结果为"str"。
- LENGTH(字符表达式)：返回字符表达式的长度。例如，length('wellcom')，结果为7。
- REPLACE(字符表达式1，字符表达式2，字符表达式3)：用一个字符串替换另一个字符串中的子字符串，从字符表达式1中查找字符表达式2，并用字符表达式3进行替换。例如，replace('abc','b','d')。结果为"adc"。
- CONCAT(字符表达式1，字符表达式2)：连接两个字符串，返回字符表达式1和字符表达式2连接起来的字符串。例如，concat('sql','course')，结果为"sqlcourse"。
- Initcap(字符表达式)：将字符串转换成每个单词以大写开头，返回字符表达式首字母大写而其他字符小写的字符串。例如，initcap('sql course')，结果为"Sql course"。
- TRIM(字符表达式1 FROM 字符表达式2)：在一个字符串中去除另一个字符串，返回从字符表达式2中去除字符表达式1的字符串。例如，trim('s' FROM 'ssmith')，结果为"mith"。
- Lpad(字符表达式1，长度，字符表达式2)：用字符填充字符串左侧到指定长度，返回字符表达式1左侧填充字符表达式2直到达到指定长度的字符串，如果没有指定字符表达式2则默认填充空格。例如，lpad('hi',10,'－')，结果为"----- Hi"。
- Rpad(字符表达式1，长度，字符表达式2)：用字符填充字符串右侧到指定长度，返回字符表达式1右侧填充字符表达式2直到达到指定长度的字符串，如果没有指定字符表达式2则默认填充空格。例如，rpad('hi',10,'－')，结果为"Hi --------"。

【任务7-3】 使用日期型函数练习。

【任务实施】

步骤1：在指定日期上增加月份。

```
SQL > SELECT ADD_MONTHS('12-4 月-10',4) as ADD_MONTHS FROM DUAL;
```

执行结果如下：

```
ADD_MONTHS
-------------
12-8 月 -10
```

步骤 2：比较两个日期，显示其中较大者的日期。

```
SQL> SELECT GREATEST('15-4 月-11','16-5 月-11') as GREATEST FROM DUAL;
```

执行结果如下：

```
GREATEST
--------------
16-5 月-11
```

步骤 3：求某月的最后一天的日期。

```
SQL> SELECT LAST_DAY('10-8 月-11') as LAST_DAY FROM DUAL;
```

执行结果如下：

```
LAST_DAY
--------------
31-8 月 -11
```

步骤 4：求两个日期相差的月份数。

```
SQL> SELECT MONTHS_BETWEEN('20-2 月-11','13-5 月-11') as MONTHS_BETWEEN FROM DUAL;
```

执行结果如下：

```
MONTHS_BETWEEN
------------------------------------------------
             -2.7741935
```

步骤 5：求下一个星期一的日期。

```
SQL> SELECT NEXT_DAY('04-8 月-11','星期一') as NEXT_DAY FROM DUAL;
```

执行结果如下：

```
NEXT_DAY
--------------
08-8 月 -11
```

【相关知识】

Oracle 使用内部数字格式来保存时间和日期，包括世纪、年、月、日、小时、分、秒。缺省日期格式为 DD-MON-YY，如"08-05 月-11"代表 2011 年 5 月 8 日。

SYSDATE 是返回系统日期和时间的虚列函数。使用日期的加减运算，可以实现如下功能。

- 对日期的值加减一个天数，得到新的日期。
- 对两个日期相减，得到相隔天数。
- 通过加小时来增加天数，24 小时为一天，如 12 小时可以写成 12/24(或 0.5)。

常用的日期型函数和功能说明如下。

➢ MONTHS_BETWEEN(日期表达式1,日期表达式2)：返回两个日期之间相差的月份。例如,months_between ('04-11月-05', '11-1月-01'),结果为57.7741935。
➢ ADD_MONTHS(日期表达式,数值表达式)：返回把数值表达式代表月份数加到日期上的新日期。例如,add_months('06-2月-03',1),结果为'06-3月-03'。
➢ NEXT_DAY(日期表达式,字符表达式)：返回指定日期后的字符表达式代表的星期对应的新日期。例如,next_day('06-2月-03','星期一'),结果为'10-2月-03'。
➢ LAST_DAY(日期表达式)：返回指定日期所在的月的最后一天。例如,last_day('06-2月-03'),结果为'28-2月-03'。
➢ TRUNC(日期表达式,字符表达式)：对日期按指定方式进行截断，trunc(sysdate,' YEAR') 用于返回当年第一天；trunc(sysdate,' MONTH ') 用于返回当月第一天；trunc(sysdate,' DAY ') 用于返回当前星期的第一天。例如,trunc(to_date('06-2月-03'), 'YEAR'),结果为'01-1月-03'；trunc(to_date('06-2月-03'), 'MONTH'),结果为'01-2月-03'；trunc(to_date('06-2月-03'), 'DAY'),结果为'02-2月-03'。

3.8 连接查询

前面介绍的查询都是针对一个表实施的查询操作,然而在现实生活中一些复杂的信息往往要涉及多个表,今天我们就一起来看看如何从多个数据表中查询数据。实际上,数据库中的各个表之间是存在某种内在关联的,例如主表和从表之间就存在主键和外键的关联,通过这种关联,我们就可以实现数据表之间的连接操作,从而实现多表的查询工作。多个表之间连接主要有以下几种方式：

➢ 等值连接。
➢ 非等值连接。
➢ 外连接。
➢ 自连接。

【任务8】 连接查询。

【任务8-1】 显示所有学生的姓名和所在班级的班级代码和名称。

【任务引入】

学生表中只有班级代码字段,那么如何查询到每个学生所对应的班级名称呢?

【任务实施】

```
SQL> SELECT 学生.姓名,学生.班级代码,班级.班级名称 FROM 学生,班级 WHERE 学生.班级代码 = 班级.班级代码;
```

执行结果如下：

```
姓名       班级代码   班级名称
--------  -------  -----------------
```

```
王文涛        090101001   软件技术班
张泽          090101001   软件技术班
朱晓军        090101001   软件技术班
袁伟          090101001   软件技术班
高敏          090101001   软件技术班
付越成        090102002   网络技术班
王欣          090201001   市场营销班
郭韩          090202002   物流专业班
郭世雄        090301001   电子商务班
张梅洁        090302001   信息技术班
刘云          090401001   影视制作班
已选择 11 行。
```

【相关知识】

只有通过两个表具有相同意义的列即具有相同的数据类型、宽度和取值范围，才可以建立等值连接条件。使用等值连接进行两个表的连接查询时，只有那些满足连接条件的记录才会显示在查询结果中，不满足连接条件的记录将不被显示。例如，表 3-8"学生"表和表 3-9"班级"表的等值连接结果如表 3-10 所示。

表 3-8 "学生"表

学　　号	姓名	性别	出生日期	班级代码
090101001001	王文涛	男	04-6 月-85	090101001
090101001021	张泽	男	05-12 月-85	090101001
090101001002	朱晓军	男	10-9 月-86	090101001
090101001003	袁伟	男	08-7 月-86	090101001
090101001004	高敏	女	02-2 月-86	090101001
090102002001	付越成	男	04-5 月-85	090102002
090201001001	王欣	男	10-11 月-86	090201001
090202002001	郭韩	男	30-12 月-85	090202002
090301001001	郭世雄	男	06-8 月-85	090301001
090302001001	张梅洁	女	03-12 月-85	090302001
090401001001	刘云	女	06-5 月-86	090401001

表 3-9 "班级"表

班级代码	班级名称	专业
090101001	软件技术班	0101
090102002	网络技术班	0102
090201001	市场营销班	0201
090202002	物流专业班	0202
090301001	电子商务班	0301
090302001	信息技术班	0302
090401001	影视制作班	0401

表 3-10 等值连接结果

学 号	姓名	性别	出生日期	班级代码	班级名称	专业代码
090101001001	王文涛	男	04-6 月-85	090101001	软件技术班	0101
090101001021	张泽	男	05-1 月-85	090101001	软件技术班	0101
090101001002	朱晓军	男	10-9 月-86	090101001	软件技术班	0101
090101001003	袁伟	男	08-7 月-86	090101001	软件技术班	0101
090101001004	高敏	女	02-2 月-86	090101001	软件技术班	0101
090102002001	付越成	男	04-5 月-85	090102002	网络技术班	0102
090201001001	王欣	男	10-1 月-86	090201001	市场营销班	0201
090202002001	郭韩	男	30-1 月-85	090202002	物流专业班	0202
090301001001	郭世雄	男	06-8 月-85	090301001	电子商务班	0301
090302001001	张梅洁	女	03-1 月-85	090302001	信息技术班	0302
090401001001	刘云	女	06-5 月-86	090401001	影视制作班	0401

“学生”表和“班级”表的连接过程是：首先，在“学生”表中找到第一条记录，然后，与“班级”表中的第一条记录进行比较，如果两条记录中“班级代码”的值相等，则拼接为结果中的第一条记录，否则不拼接；接下来，学生表中的第一条记录再与班级表中的第二条记录进行比较，如果两条记录中“班级代码”的值相等，则拼接成功，否则，不拼接；依次类推，直到“学生”表中的第一条记录与“班级”表中的所有记录比较完毕，再用学生表中的第二条记录与班级表中的所有记录作比较。直到学生表中的每一条记录都与班级表中的每一条记录比较完毕，连接结果即形成。最后对连接的结果进行投影，即得到查询结果。

说明：等值连接语句的格式要求是，在 FROM 从句中依次列出两个表的名称，在表的每个列前需要添加表名，用“.”分隔，表示列属于不同的表。在 WHERE 条件中要指明进行等值连接的列，连接条件的一般格式为：

```
WHERE table_name1. column_name 比较运算符 table_name2.column_name;
```

当比较运算符为“＝”时，称为等值连接，使用其他运算符的连接就称为非等值连接。等值连接也可以使用下面的语法格式：

```
SELECT select_ list FROM table_name1 [INNER] JOIN table_name2
ON table_name1.column_name = table_name2.column_name;
```

所以上面的 SELECT 语句也可以写成：

```
SELECT 学生.姓名,学生.班级代码,班级.班级名称 FROM 学生 INNER JOIN 班级 ON
学生.班级代码 = 班级.班级代码;
```

在上面的任务中，不在两个表中同时出现的列，前面的表名前缀可以省略。所以以上例子可以简化为如下的表示：

```
SQL> SELECT 姓名,学生.班级代码, 班级名称 FROM 学生,班级 WHERE 学生.班级代码 = 班级.班级
代码;
```

如果表名很长，可以为表起一个别名，进行简化，别名跟在表名之后，用空格分隔。

```
SELECT 姓名, C.班级代码, 班级名称 FROM 学生 C,班级 D WHERE C.班级代码 = D.班级代码;
```

做一做：执行下面的查询(省略表的等值连接条件)查看结果有多少条记录？

```
SELECT 姓名,学生.班级代码,班级名称 FROM 学生,班级;
```

结果中的记录是不是比写上连接条件的语句多很多呢？这是因为此时的查询将会产生多表连接的笛卡儿积(即一个表中的每条记录与另一个表中的每条记录作连接产生的结果)。而且,仔细观察一下会发现,有些连接结果是没有任何意义的。所以在实现多表间的数据查询时,一定要写明连接条件,一般 N 个表进行连接,需要至少 $N-1$ 个连接条件,才能够正确连接。

【任务 8-2】 显示男学生的姓名和所在班级的班级代码和名称。

【任务实施】

```
SQL> SELECT 姓名, C.班级代码, 班级名称 FROM 学生 C,班级 D WHERE C.班级代码 = D.班级代码 AND
性别 = '男';
```

执行结果如下：

```
姓名        班级代码   班级名称
---------- --------- ------------------
王文涛      090101001 软件技术班
张泽        090101001 软件技术班
朱晓军      090101001 软件技术班
袁伟        090101001 软件技术班
付越成      090102002 网络技术班
王欣        090201001 市场营销班
郭韩        090202002 物流专业班
郭世雄      090301001 电子商务班
已选择 8 行。
```

说明：等值连接还可以附加其他的限定条件,增加的条件用 AND 连接。

【任务 8-3】 显示所有学生的姓名和所在班级的班级代码和名称。使用外连显示不满足相等条件的记录。

【任务引入】

在以上等值连接的例子中,只有那些满足连接条件的记录会显示,不满足连接条件的记录是不会显示的。例如：如果某个学生的班级代码还没有填写,即保留为空,那么该学生在查询中就不会出现；或者某个班级还没有学生,该班级在查询中也不会出现。那怎么使这些记录也出现在连接结果中呢？为了解决这个问题可以用外连接,即除了显示满足等值连接条件的记录外,还显示那些不满足连接条件的行。在这里,为了说明这个问题,我们可以在"学生"表中插入这样的一条记录：

```
SQL> INSERT INTO 学生(学号,姓名,性别,出生日期,班级代码)
     VALUES ('080202002001','ceshi','男', '30 - 12 月 - 85', '');
```

在"班级"表中插入这样的一条记录：

```
SQL> INSERT INTO 班级(班级代码,班级名称,专业代码) VALUE
('01010100','banji','0101');
```

【任务实施】

```
SQL> SELECT 姓名, C.班级代码, 班级名称 FROM 学生 C LEFT OUTER JOIN 班级 D
On C.班级代码 = D.班级代码;
SQL> SELECT 姓名, C.班级代码, 班级名称 FROM 学生 C RIGHT OUTER JOIN 班级 D
On C.班级代码 = D.班级代码;
```

第一条语句的执行结果：

```
姓名      班级代码   班级名称
------  -------  ------------
高敏      090101001 软件技术班
袁伟      090101001 软件技术班
朱晓军    090101001 软件技术班
张泽      090101001 软件技术班
王文涛    090101001 软件技术班
付越成    090102002 网络技术班
王欣      090201001 市场营销班
郭韩      090202002 物流专业班
郭世雄    090301001 电子商务班
张梅洁    090302001 信息技术班
刘云      090401001 影视制作班
ceshi
已选择 12 行。
```

第二条语句的执行结果：

```
姓名      班级代码   班级名称
------  -------  ------------
高敏      090101001 软件技术班
袁伟      090101001 软件技术班
朱晓军    090101001 软件技术班
张泽      090101001 软件技术班
王文涛    090101001 软件技术班
付越成    090102002 网络技术班
王欣      090201001 市场营销班
郭韩      090202002 物流专业班
郭世雄    090301001 电子商务班
张梅洁    090302001 信息技术班
刘云      090401001 影视制作班
                    banji
已选择 12 行。
```

【相关知识】

外连接查询分为左外连接、右外连接和完全外部连接。

➢ 左外连接：查询数据结果集包含来自第一个表(左表)的所有数据记录和第二个表(右表)中的匹配数据记录的连接称为左外连接。对于左外连接，第一个表中的所有数据记录将被显示，第二个表如果找不到相匹配的数据记录，相应的列将显示为空值(NULL)，否则显示匹配数据记录。例如上例中的："SELECT 姓名，C.班级代码，班级名称 FROM 学生 C LEFT OUTER JOIN 班级 D On C.班级代码=D.班级代码；"将显示"学生"表中的所有记录(可以看到显示姓名为"ceshi"的学生)而另外一张表"班级"表中因为没有与"ceshi"相对应的班级名称，该列显示为空值。左外连接也可以写成下面的形式：

```
SELECT 姓名, C.班级代码, 班级名称 FROM 学生 C,班级 D WHERE C.班级代码 = D.班级代码(+);
```

其中(+)为外连接操作符，它可以出现在等值连接条件的左侧或右侧，出现在左侧或右侧的含义不同。

➢ 右外连接：查询数据记录集包含来自第二个表(右表)的所有数据记录和第一个表(左表)中的匹配数据记录的连接称为右外连接。对于右外连接，第二个表中的所有数据记录将被显示，第一个表(匹配表)如果找不到相匹配的数据记录，相应的列将显示为空值(NULL)，否则显示匹配数据记录。例如上例中的："SELECT 姓名，C.班级代码，班级名称 FROM 学生 C RIGHT OUTER JOIN 班级 D On C.班级代码=D.班级代码；"将显示"班级"表中的所有记录(可以看到显示班级名称为"banji"的班级)而另外一张表"学生"表中因为没有与"banji"相对应的学生，学生姓名一列显示为空值。右外连接也可以写成下面的形式：

```
SELECT 姓名, C.班级代码, 班级名称 FROM 学生 C,班级 D WHERE C.班级代码(+) = D.班级代码;
```

➢ 完全外部连接：查询数据记录集除了包含满足两个表连接条件的记录外，还包含第一个表(左表)和第二个表(右表)中不满足连接条件的记录的连接称为全外连接。

```
SQL> SELECT 姓名, C.班级代码, 班级名称 FROM 学生 C FULL OUTER JOIN 班级 D
On C.班级代码 = D.班级代码;
```

执行结果如下所示：

```
姓名      班级代码   班级名称
------  -------  ------------
高敏      090101001 软件技术班
袁伟      090101001 软件技术班
朱晓军    090101001 软件技术班
张泽      090101001 软件技术班
王文涛    090101001 软件技术班
付越成    090102002 网络技术班
王欣      090201001 市场营销班
郭韩      090202002 物流专业班
郭世雄    090301001 电子商务班
张梅洁    090302001 信息技术班
刘云      090401001 影视制作班
ceshi
                    banji
已选择 13 行。
```

【任务 8-4】 查询选修了两门或两门以上课程的学生的学号和课程号。

【任务实施】

```
SQL> SELECT DISTINCT a.学号,a.课程号 FROM 课程注册 a , 课程注册 b WHERE a.学号 = b.学号 AND
a.课程号! = b.课程号;
```

执行结果如下：

```
学号           课程
------------ ----
090101001001 0001
090101001001 0003
090101001001 0004
090101001001 0005
090101001002 0001
090101001002 0003
090101001002 0004
090101001002 0005
090101001003 0001
090101001003 0003….
已选择 20 行。
```

【相关知识】

连接操作不仅可以在两个不同的表之间进行，也可以是一个表与其自身进行的连接，称为表的自连接。对于自连接可以想象存在两个相同的表(表和表的副本)，可以通过不同的别名区别两个相同的表。

3.9 嵌套查询

在 SELECT 查询语句里可以嵌入 SELECT 查询语句，称为嵌套查询(有些书上也将嵌套查询称为子查询)。被嵌入在其他查询语句中的查询语句称为子查询，子查询语句的载体又称为父查询语句。子查询语句一般嵌入在父查询语句的 WHERE 子句或者 HAVING 子句中，另外，子查询也可以嵌入在 DML 语句中的 WHERE 子句中。

【任务 9】 嵌套查询应用。

【任务引入】

多表之间的数据查询也可以利用嵌套查询进行。

【任务 9-1】 查询选修了课程名称为“SQL Server 2005”的学生的学号和姓名。

【任务实施】

```
SQL> SELECT 学号,姓名 FROM 学生 WHERE 学号 IN (SELECT 学号 FROM 课程注册 WHERE 课程号 IN
(SELECT 课程号 FROM 课程 WHERE 课程名称 = 'SQL Server 2005'));
```

执行结果如下：

```
学号         姓名
--------- ------
090101001001 王文涛
090101001021 张泽
090101001002 朱晓军
090101001003 袁伟
090101001004 高敏
```

说明：嵌套查询的处理过程是由里向外处理。即先处理最内层的查询，再一一向外处理，子查询的结果就是父查询的查找条件。在上面的代码中，我们先处理最内层的子查询："SELECT 课程号 FROM 课程 WHERE 课程名称='SQL Server 2005'；"，从"课程"数据表中查询课程名称='SQL Server 2005'的课程的课程号，接着处理第二层子查询："SELECT 学号 FROM 课程注册 WHERE 课程号 IN()；"，以第一层的子查询的结果课程号作为本次查询的条件，从"课程注册"数据表中查询选修这些课程号的学生的学号，最后实现父查询："SELECT 学号，姓名 FROM 学生 WHERE 学号 IN()；"，从"学生"数据表中查询这些学号所对应的学生的姓名。实际上，上面的查询过程等价于三步执行过程，可以把上面的嵌套查询写成以下的三条 SELECT 语句分别执行，结果是一样的。

```
SQL> SELECT 课程号 FROM 课程 WHERE 课程名称 = 'SQL Server 2005';得出"0001"
SQL> SELECT 学号 FROM 课程注册 WHERE 课程号 = '0001';
得出: 090101001001,090101001002,090101001003,090101001004, 090101001021
SQL> SELECT 学号,姓名 FROM 学生 WHERE 学号 IN ('090101001001','090101001002',
'090101001003','090101001004','090101001021');
执行结果: 学号           姓名
--------- --------
090101001001 王文涛
090101001021 张泽
090101001002 朱晓军
090101001003 袁伟
090101001004 高敏
```

【相关知识】

子查询一般出现在 SELECT 语句的 WHERE 子句中，Oracle 也支持在 FROM 或 HAVING 子句中出现子查询。子查询比父查询先执行，其结果作为父查询的条件，在书写上要用圆括号括起来，并放在比较运算符的右侧。子查询可以嵌套使用，最里层的查询最先执行。子查询不仅可以在 SELECT 语句中使用，也可以在 INSERT，UPDATE，DELETE 语句中使用。如下所示：

```
/*创建"shili_table"表。*/
SQL> CREATE TABLE shili_table( 学号 char(12),姓名 varchar(8),性别 char(2),出生日期 date,班
级代码 char(9));
表已创建。
/*插入数据。*/
SQL> INSERT INTO shili_table SELECT * FROM 学生;
```

```
已创建 11 行。
/* 修改数据。*/
SQL> UPDATE shili_table SET 学号 = '00x' WHERE 学号 =
(SELECT 学号 FROM 学生 WHERE 姓名 = '刘云');
已更新 1 行。
/* 插入数据。*/
SQL> DELETE shili_table WHERE 学号 = (SELECT 学号 FROM 学生 WHERE 姓名 = '刘云');
已删除 0 行。
```

【任务 9-2】 列出选修了"0001"号课程,其成绩高于该课程平均分的学生的信息。

【任务实施】

```
SQL> SELECT * FROM 学生 WHERE 学号 IN (SELECT 学号 FROM 课程注册 WHERE 成绩> (SELECT AVG(成绩) FROM 课程注册 WHERE 课程号 = '0001') AND 课程号 = '0001');
```

执行结果如下:

```
学号          姓名     性别  出生日期     班级代码
---------     ------   --    ----------   --------
090101001001  王文涛   男    04-6 月 -85  090101001
090101001004  高敏     女    02-2 月 -86  090101001
```

【相关知识】

在带有比较运算符的子查询中,子查询的结果只能是一个单行单列值,如果子查询返回的结果不是一个单值,那么查询语句将会产生错误。

父查询通过比较运算符将父查询中的一个表达式与子查询结果(单值)进行比较,如果表达式的值与子查询的结果比较运算的结果为 TRUE,则父查询的条件表达式为 TRUE,否则返回 FALSE。

【任务 9-3】 查询比"090101001"班中某一学生年龄小的其他班的学生学号与姓名。

【任务实施】

```
SQL> SELECT 学号,姓名 FROM 学生 WHERE 出生日期 > ANY (SELECT 出生日期 FROM 学生 WHERE 班级代码 = '090101001' ) AND 班级代码<>'090101001';
```

执行结果如下:

```
学号          姓名
-----------   --------
090201001001  王欣
090202002001  郭韩
090301001001  郭世雄
090302001001  张梅洁
090401001001  刘云
```

【相关知识】

带有比较运算符的子查询还可以配合 ANY 和 ALL 关键字进行使用,这样子查询就可以返回多个值。注意使用 ANY 或 ALL 运算符时,必须同时使用比较运算符,如

>ANY,<ANY,>ALL,=ANY 等。在带有 ANY 或 ALL 运算符子句中,子查询的结果往往是一个结果集,>ANY 表示大于子查询结果集中的某个值。比较运算符含义如表 3-11 所示。

表 3-11 比较运算符含义

比较运算	含义	比较运算	含义
>ANY	大于子查询的某个值	>=ANY	大于等于子查询的某个值
>ALL	大于子查询的所有值	>=ALL	大于等于子查询的所有值
<ANY	小于子查询的某个值	<=ANY	小于等于子查询的某个值
<ALL	小于子查询的所有值	<=ALL	小于等于子查询的所有值
= ANY	等于子查询的某个值		

【任务 9-4】 查询所有选修了"0001"课程的学生的学号与姓名。

【任务实施】

```
SQL> SELECT 学号,姓名 FROM 学生 WHERE EXISTS
  (SELECT * FROM 课程注册 WHERE 学号 = 学生.学号 AND 课程号 = '0001');
```

执行结果如下:

```
学号          姓名
------------ --------
090101001001 王文涛
090101001002 朱晓军
090101001003 孙辉
090101001004 高敏
090101001021 张泽
```

【相关知识】

在带有 EXISTS 的子查询中,返回结果只能是逻辑值"真"(True)或"假"(False)而不会是任何数据集合。当 EXISTS 后面的子查询结果集不为空,即只要子查询结果至少有一个记录时,EXISTS 返回为真,否则为假。所以 EXISTS 引出的子查询的目标列通常为"*",给出列名没有实际意义。

3.10 集合查询

多个查询语句的结果可以做集合运算,结果集的字段类型、数量和顺序应该一样。

【任务 10】 查询的集合运算应用。

【任务引入】

查询语句的结果可以看做一个集合,关系中的记录可以看做集合中的元素,对于那些相同结构的结果集可以进行集合运算,得到相应的结果。Oracle 共有 4 个集合操作,如表 3-12 所示。

表 3-12 集合操作运算符

操作	描述
UNION	并集,合并两个操作的结果,去掉重复的部分
UNION ALL	并集,合并两个操作的结果,保留重复的部分
MINUS	差集,从前面的操作结果中去掉与后面操作结果相同的部分
INTERSECT	交集,取两个操作结果中相同的部分

【任务 10-1】 查询“课程注册”表中 0101 专业的学生信息和课程成绩大于 78 分的学生信息。

【任务实施】

```
SQL > SELECT * FROM 课程注册 WHERE 专业代码 = '0101' UNION
SELECT * FROM 课程注册 WHERE 成绩> 78;
```

执行结果如下:

```
学号          课程  教师编号      专业           成绩
------------ ---- ------------ ---- ---- -------
090101001001  0001  010000000001 0101  2009       85
090101001001  0003  030000000004 0101  2009       78
090101001001  0004  040000000005 0101  2009       70
090101001001  0005  010000000001 0101  2009       60
090101001002  0001  010000000001 0101  2009       58
090101001002  0003  030000000004 0101  2009       76
090101001002  0004  040000000005 0101  2009       70
090101001002  0005  010000000001 0101  2009       60
                ⋮
已选择 20 行。
```

【任务 10-2】 查询两个班中是否有姓名相同的学生。

【任务实施】

```
SQL > SELECT 姓名 FROM 学生 where 班级代码 = '090301001 ' INTERSECT SELECT 姓名 FROM 学生
where 班级代码 = '090202002 ';
```

执行结果:未选定行。

【任务 10-3】 查询在班级表中出现但没有在学生表中出现的班级代码。

【任务实施】

```
SQL > SELECT 班级代码 FROM 班级 MINUS SELECT 班级代码 FROM 学生 ;
```

执行结果:未选定行。

阅读:LOB 数据类型。

随着社会的发展,在现代信息系统的开发中,需要存储的已不仅仅是简单的文字信息,同时还包括一些图片和音像资料或者是超长的文本。比如开发一套旅游信息系统,每一个景点都有丰富的图片、音像资料和大量的文字介绍。这就要求后台数据库要有存储这些数据的能力。Oracle公司在其从Oracle 8i以后的数据库中通过提供LOB字段实现了该功能。LOB(Large Object)数据类型用于存储非结构化数据,比如二进制文件,图形文件,或其他外部文件。LOB可以存储到4GB大小。数据可以存储到数据库中也可以存储到外部数据文件中。LOB数据的控制通过DBMS_LOB包实现。BLOB,NCLOB和CLOB数据可以存储到不同的表空间中,BFILE数据存储在服务器上的外部文件中。LOB数据类型有以下几种。

(1) BLOB代表Binary LOB(二进制LOB),它可以存储较大的二进制对象,如图形、视频剪辑和声音剪辑等。

(2) CLOB代表Character LOB(字符LOB),它能够存储大量字符数据。该数据类型可以存储单字节字符数据和多字节字符数据。CLOB可用于存储非结构化的XML文档。

(3) BFILE代表Binary File(二进制文件),它能够将二进制文件存储在数据库外部的操作系统文件中。BFILE列存储一个BFILE定位器,它指向位于服务器文件系统上的二进制文件。支持的文件最大为4GB。

(4) NCLOB用来将大型NCHAR数据存储在数据库中。NCLOB数据类型同时支持固定宽度字符和可变符(Unicode字符数据)。NCLOB类型的使用方法与CLOB类似。

小结

SQL(Structured Query Language)即结构化查询语言。它是关系型数据库管理系统的标准语言,它的功能十分强大,可以帮助用户实现数据查询、数据操纵、数据控制、数据定义。不同的功能使用不同的命令关键字发出动作:数据查询使用SELECT命令;插入数据使用INSERT命令;更新数据使用UPDATE命令;删除数据使用DELETE命令;创建表使用CREATE TABLE命令;修改表使用ALTER TABLE命令等;删除表使用DROP TABLE命令等。这一章可以说是关系数据库的基础部分。

思考与练习

【选择题】

1. SQL语言中用来创建、删除及修改数据库对象的部分被称为(　　)。

   A. 数据库控制语言(DCL)　　B. 数据库定义语言(DDL)

   C. 数据库操纵语言(DML)　　D. 数据库事务处理语言

2. 执行以下查询,表头的显示为(　　)。

```
SELECT sal "EMPloyee Salary" FROM EMP
```

   A. EMPLOYEE SALARY　　B. EMPloyee salary

   C. EMPloyee Salary　　D. "EMPloyee Salary"

3. 执行如下两个查询,结果为(　　)。

```
SELECT ename name,sal salary FROM EMP order by salary;
SELECT ename name,sal "SALARY" FROM EMP order by sal ASC;
```

A. 两个查询结果完全相同　　B. 两个查询结果不相同
C. 第一个查询正确,第二个查询错误　　D. 第二个查询正确,第一个查询错误

4. 参考EMP表的内容执行下列查询语句,出现在第一行上的人是(　　)。

```
SELECT ename FROM EMP WHERE deptno = 10 ORDER BY sal DESC;
```

A. SMITH　　B. KING　　C. MILLER　　D. CLARK

5. 哪个函数与"||"运算有相同的功能(　　)。
A. LTRIM　　B. CONCAT　　C. SUBSTR　　D. INSTR

6. 执行以下语句后,正确的结论是(　　)。

```
SELECT EMPno,ename FROM EMP WHERE hiredate < to_date('04-11月-1980') - 100
```

A. 显示给定日期后100天以内雇佣的雇员信息
B. 显示给定日期前100天以内雇佣的雇员信息
C. 显示给定日期100天以后雇佣的雇员信息
D. 显示给定日期100天以前雇佣的雇员信息

7. 执行以下语句出错的行是(　　)。

```
SELECT deptno,max(sal) FROM EMP
WHERE job IN('CLERK','SALEMAN','ANALYST')
GROUP BY deptno
HAVING sal > 1500;
```

A. 第一行　　B. 第二行　　C. 第三行　　D. 第四行

8. 执行以下语句出错的行是(　　)。

```
SELECT deptno,max(avg(sal))
FROM EMP
WHERE sal > 1000
Group by deptno;
```

A. 第一行　　B. 第二行　　C. 第三行　　D. 第四行

9. 执行以下语句出错的行是(　　)。

```
SELECT deptno,dname,ename,sal
FROM EMP,dept
WHERE EMP.deptno = dept.deptno
AND sal > 1000;
```

A. 第一行　　B. 第二行　　C. 第三行　　D. 第四行

10. 以下语句出错,哪种改动能够正确执行(　　)。

```
SELECT deptno, max(sal)
FROM EMP
GROUP BY deptno
WHERE max(sal)> 2500;
```

A. 将 WHERE 和 GROUP BY 语句顺序调换一下

B. 将 WHERE max(sal)＞2500 语句改成 HAVING max(sal)＞2500

C. 将 WHERE max(sal)＞2500 语句改成 WHERE sal＞2500

D. 将 WHERE max(sal)＞2500 语句改成 HAVING sal＞2500

11. 以下语句的作用是："SELECT ename,sal FROM EMP WHERE sal＜(SELECT min(sal) FROM EMP)＋1000;"(　　)。

A. 显示工资低于 1000 元的雇员信息

B. 将雇员工资小于 1000 元的工资增加 1000 后显示

C. 显示超过最低工资 1000 元的雇员信息

D. 显示不超过最低工资 1000 元的雇员信息

12. 以下语句的作用是："SELECT job FROM EMP WHERE deptno＝10 MINUS SELECT job FROM EMP WHERE deptno＝20;"(　　)。

A. 显示部门 10 的雇员职务和 20 的雇员职务

B. 显示部门 10 和部门 20 共同的雇员职务

C. 显示部门 10 和部门 20 不同的雇员职务

D. 显示在部门 10 中出现,在部门 20 中不出现的雇员职务

13. SQL 查询语句："SELECT name,salary FROM EMP WHERE salary BETWEEN 1000 and 2000"对于查询结果,说法正确的是(　　)。

A. 查询返回工资大于 1000 而小于 2000 的员工信息

B. 查询返回工资大于或等于 1000 且小于 2000 的员工信息

C. 查询返回工资大于或等于 1000 且小于或等于 2000 的员工信息

D. 查询返回工资大于 1000 且小于或等于 2000 的员工信息

14. 要选择某一列的平均值,可使用函数(　　)。

A. COUNT　　B. SUM　　C. MIN　　D. AVG

15. 函数 STDDEV 可用来计算某一列所有数值的(　　)。

A. 标准方差　　B. 标准偏差　　C. 平方根　　D. 以上全不对

16. 下面的查询语句,(　　)有错误。

```
a. SELECT EMP_ID,first_name,last_name
b. FROM hr.EMP    WHERE EMP_ID > 121
c. GROUP BY EMP_ID
```

A. a　　B. b　　C. c　　D. 没有错误

17. 在 SQL＊Plus 工具中执行下列语句：SELECT power(9,3) FROM DUAL;得到的查询结果是(　　)。

A. 729　　B. 3　　C. 27　　D. 以上全不对

18. 查询语句："SELECT floor(13.57) FROM DUAL;"对于返回结果,正确的是(　　)。

A. 13.27　　B. 13　　C. 14　　D. 13.6

第4章 数据库中的事务

【学习目标】

(1) 掌握事务的概念和性质。

(2) 掌握事务处理的操作方法：事务提交、事务回滚和设置保存点。

【工作任务】

(1) 利用事务保证并发操作时数据的一致性。

(2) 利用 COMMIT,ROLLBACK,SAVEPOINT 命令实现数据库中 SQL 语句的控制。

在前面讲过的数据操作中，虽然已经发出了修改命令，并显示了执行信息，但这并不意味着已经成功地完成了修改，还必须通过提交操作，才能最终将数据写入数据库。在这一章中，我们将学习到一个重要的概念“数据库事务”。它是关系数据库的一种安全机制，确保数据操作时的完整性。

4.1 数据库事务的概念

数据库的某些操作必须完整地执行，才能保证正确性。举个例子，假定教务管理信息数据库中的“课程”表新增加一个列——总成绩(Sumgrade)，用于显示指定课程的学生总成绩。也就是说，任何一门课程的总成绩都等于选修了该课程的所有学生成绩的总和，现在假设有一个新同学'01055123'选修了课程'ASP.NET 程序设计'并取得成绩 90 分，我们要将这样一条记录插入到课程注册表中，用下面的伪代码来描述这个过程。

```
BEGIN
    INSERT INTO 课程注册(学号 ,课程号,成绩)
    VALUES('01055123','0002', 90);
    IF any error occurred
       THEN ROLLBACK;
    ELSE
          BEGIN
              UPDATE 课程
              SET Sumgrade  =  Sumgrade  + 90
              WHERE 课程名称 = 'ASP.NET 程序设计';
              IF any error occurred
                  THEN ROLLBACK;
              ELSE COMMIT;
        END
    END
```

从这个例子可以看出，最初看起来只是一个增加一条新的选课记录的操作，具体执行时考虑到数据库的完整性，除了 INSERT 操作外，还要用 UPDATE 语句更新课程表中课程'ASP.NET 程序设计'的总成绩。如果在执行完 INSERT 语句之后不执行 UPDATE 语句，那么数据库中的数据就会处于一个不一致的状态，因为课程表中课程'ASP.NET 程序设计'的总成绩应该等于选修该课程的所有学生成绩的总和。因此，可以说这样的两个操作，要么全做，要么全不做。为了避免在数据库的操作过程中，应该被作为一个整体而被执行的 SQL 语句，可能会出现一条或一组语句因意外没有执行而导致数据库中的数据产生不一致，我们可以使用事务。

事务是指由相关操作构成的一个完整的操作单元。在一个事务内，数据的修改一起提交或撤销，如果发生故障或系统错误，整个事务也会自动撤销。

事务有 4 个重要性质：原子性(Atomicity)、一致性(Consistency)、隔离性(Isolation)以及持久性(Durability)。这 4 个性质的英文术语的头一个字母组合在一起恰好是 ACID，通常简称为 ACID 性质。

1. 原子性

事务在执行时，其中包括的每个操作要么都做，要么都不做。不允许事务部分地完成，如果事务未能完成，必须将数据库恢复到没有执行事务前的状态。在上述的例子中，假设事务执行的过程中系统发生故障(包括各种软、硬件故障，电源故障等)，导致事务没有成功完成。例如执行结果只插入一条选课记录而没有修改课程的总成绩，那么系统的状态没有反映课程的真实情况，此状态被称为不一致状态。原子性保证这种不一致性除了在事务执行过程中出现，在其他时刻都是不可见的。

2. 一致性

事务执行的结果必须是使数据库从一个一致性状态转变到另一个一致性状态，维持数据库的一致性。这里的一致状态是指数据库中的数据满足完整性约束，还是以插入选课记录为例。由于每门课程的总成绩等于选修此课程的学生成绩之和，如果仅对课程注册表插入新记录，不去修改总成绩，则数据库明显处于不一致。这样的数据库操作序列就不能称为事务，只有加入了修改操作才构成一个事务。

3. 隔离性

多个事务并发执行时，如同各个事务独立执行一样。也就是说，并发执行的各个事务之间不能互相干扰，任一事务的更新操作直到其成功提交后，修改过的数据对其他事务才可见。如果不加控制地并发执行，即使每个事务都满足一致性和原子性，它们的操作仍存在导致不一致的状态的交叉执行方式。假设系统中存在另一个事务 *T*2 和上面所提到的事务 *T*1 并发执行，在事务 *T*1 执行过程中，当新同学'01055123'的选课记录已经插入，而总成绩还没有被修改时，数据库暂时是不一致的。如果在这个中间时刻，事务 *T*2 读取总成绩值，它将会得到不一致的值。并且如果 *T*1 事务的结束先于 *T*2，*T*2 基于它所读取的不一致的值进行完操作后再写回总成绩值，即使两个事务都已完成，数据库仍然可能处于不一致状态。

4. 持久性

事务成功提交后，对数据库的影响应该是持续存在的。即使事务执行完后出现系统故障，DBMS 事务管理子系统和恢复子系统也能相互协作，正确地恢复数据。假定计算机系统故障导致内存中数据丢失，但已写入磁盘的数据不会丢失，下列两条规则中的任何一条确保事务持久性的实现：一是事务所做的更新在事务提交之前记录到数据库或运行记录中；二是事务已执行的更新和已记录的更新信息应保存足够的信息，能使数据库系统在出现故障后重新启动时重构更新操作。

DBMS 事务管理的一个重要任务就是保证事务满足以上的 4 个性质，不仅在系统正常时，事务满足 ACID，在系统发生故障时也要满足 ACID；不但在单个事务执行时要满足 ACID，在事务并发执行时也要满足 ACID。恢复机制保证事务在故障时满足 ACID，对数据库和其他事务没有任何影响；并发控制机制保证多个事务交叉运行时满足 ACID，不影响这些事务的原子性。

数据库事务是一个逻辑上的划分，有的时候并不是很明显，它可以是一个操作步骤，也可以是多个操作步骤。以事务的方式对数据库进行访问，有如下的优点：

- 把逻辑相关的操作分成了一个组。
- 在数据永久改变前，可以预览数据变化。
- 能够保证数据的读一致性。

4.2 数据库事务的应用

【任务 1】 观察数据的读一致性。

【任务实施】

步骤 1：插入新专业“多媒体技术”。

```
SQL> INSERT INTO 专业(专业代码,专业名称,系部代码) VALUES( '0701','多媒体技术','01');
```

步骤 2：显示刚插入的专业“多媒体技术”。

```
SQL> SELECT * FROM 专业 WHERE 专业代码 = '0701';
专业代码   专业名称   系部代码
---- -------------- --
0701       多媒体技术       01
```

步骤 3：另外启动第 2 个 SQL * Plus，并以 System 身份连接。执行以下命令，结果为“未选定行”。

```
SQL> SELECT * FROM SPTCADM.专业 WHERE 专业代码 = '0701';
   未选定行
```

步骤 4：在第 1 个 SQL * Plus 中提交插入。

```
SQL> COMMIT;
提交完成。
```

步骤 5：在第 2 个 SQL * Plus 中再次显示该专业，显示结果与步骤 2 的结果一致。

```
SQL> SELECT * FROM SPTCADM.专业 WHERE 专业代码 = '0701';
专业代码  专业名称  系部代码
----  --------------------  --
0701     多媒体技术      01
```

步骤 6：删除专业“多媒体技术”。

```
SQL> DELETE FROM 专业 WHERE 专业代码 = '0701';
已删除 1 行
```

步骤 7：在第 2 个 SQL * Plus 中再次显示该专业，显示结果与步骤 5 的结果一致。

```
SQL> SELECT * FROM SPTCADM.专业 WHERE 专业代码 = '0701';
```

步骤 8：在第 1 个 SQL * Plus 中提交删除。

```
SQL> COMMIT;
提交完成。
```

步骤 9：在第 2 个 SQL * Plus 中再次显示该专业，显示结果为“未选定行”。

```
SQL> SELECT * FROM SPTCADM.专业 WHERE 专业代码 = '0701';
未选定行
```

说明：在上面的任务中，当第 1 个 SQL * Plus 会话插入专业“多媒体技术”后，第 2 个 SQL * Plus 会话却看不到该专业，当第 1 个 SQL * Plus 会话删除专业“多媒体技术”后，第 2 个 SQL * Plus 会话仍然可以看到该专业，直到第 1 个 SQL * Plus 会话提交该了插入和删除操作后，两个会话看到的才是一致的数据。

【相关知识】

我们也可以这样理解数据库事务：对数据库所做的一系列修改，在修改过程中，暂时不写入数据库，而是缓存起来，用户在自己的终端可以预览变化，直到全部修改完成，并经过检查确认无误后，一次性提交并写入数据库，在提交之前，必要的话所做的修改都可以取消。提交之后，就不能撤销，提交成功后，其他用户才可以通过查询浏览数据的变化。

事实上在 Oracle 数据库中，有一个叫“回滚段”的特殊的存储区域。在提交一个事务之前，如果用户进行了数据的修改，在所谓的“回滚段”中将保存变化前的数据。有了“回滚段”才能在必要时使用 ROLLBACK 命令或自动地进行数据撤销。在提交事务之前，用户自己可以看到修改的数据，但因为修改还没有最终提交，其他用户看到的应该是原来的数据，也就是“回滚段”中的数据，这时用户自己看到的数据和其他用户看到的数据是不同的，只有提交发生后，变化的数据才会被写入数据库，此时用户自己看到的数据和其他用户看到的数据才是一致的，这叫做数据的读一致性。

【任务2】 显示处理事务应用。

【任务引入】

之前所做的数据的增加、删除和修改操作中，只有提交给数据库，才能真正存储在数据库中。那么如何提交一个事务呢？

【任务2-1】 学习使用COMMIT和ROLLBACK。

【任务实施】

步骤1：执行以下命令，提交尚未提交的操作。接着显示学号为'090101001001'的学生所学课程的成绩。

```
SQL> COMMIT;
提交完成
SQL> SELECT 学号,课程号,成绩 FROM 课程注册 WHERE 学号 = '090101001001';
学号          课程号       成绩
----------  ----  --------
090101001001 0001           85
090101001001 0005           60
090101001001 0003           78
090101001001 0004           62
```

步骤2：修改学生的成绩。再显示修改后的学生的成绩。

```
SQL> UPDATE 课程注册 SET 成绩 = 成绩 + 5 WHERE 课程号 = '0001' AND 学号 = '090101001001';
已更新1行
SQL> SELECT 学号,课程号,成绩 FROM 课程注册 WHERE 学号 = '090101001001';
学号          课程号       成绩
----------  ----  --------
090101001001 0001           90
090101001001 0005           60
090101001001 0003           78
090101001001 0004           62
```

步骤3：假定修改操作后发现增加的成绩应该为10而不是5，为了取消刚做的操作，可以执行以下命令。

```
SQL> ROLLBACK;
回退已完成
SQL> SELECT 学号,课程号,成绩 FROM 课程注册 WHERE 学号 = '090101001001';
学号          课程号       成绩
----------  ----  --------
090101001001 0001           85
090101001001 0005           60
090101001001 0003           78
090101001001 0004           62
```

步骤4：重新修改学生的成绩，成绩在原有基础上增加10。显示修改后学生的成绩。

```
SQL>UPDATE 课程注册 SET 成绩=成绩+10 WHERE 课程号='0001' AND 学号='090101001001';
已更新 1 行
SQL>SELECT 学号,课程号,成绩 FROM 课程注册 WHERE 学号='090101001001';
学号         课程号     成绩
------------ ----  --------
090101001001 0001        95
090101001001 0005        60
090101001001 0003        78
090101001001 0004        62
```

步骤 5：经查看修改结果正确，提交所做的修改。

```
SQL>COMMIT;
提交完成
```

说明：在执行 COMMIT 后，学生成绩的修改被永久写入数据库，如果在步骤 5 后再使用 ROLLBACK 后退，数据库已经不能回到执行 COMMIT 之前的那个状态了。第 1 步，先使用 COMMIT 命令提交原来的操作，同时标志一个新的事务的开始。在事务执行过程中，随时可以预览数据的变化。

【相关知识】

数据库事务处理可分为隐式和显式两种。显式事务操作通过命令实现，隐式事务由系统自动完成提交或撤销(回滚)工作，无须用户的干预。

隐式提交的情况包括：当用户正常退出 SQL * Plus 或执行 CREATE，DROP，GRANT，REVOKE 等命令时会发生事务的自动提交。还有一种情况，如果把系统的环境变量 AUTOCOMMIT 设置为 ON(默认状态为 OFF)，则每当执行一条 INSERT，DELETE 或 UPDATE 命令对数据进行修改后，就会马上自动提交。设置命令格式如下：

```
SET AUTOCOMMIT ON/OFF
```

隐式回退的情况包括：当异常结束 SQL * Plus 或系统故障发生时，会发生事务的自动回退。

显式事务处理的数据库事务操作语句有 3 条。

- COMMIT：数据库事务提交，将变化写入数据库。
- ROLLBACK：数据库事务回滚，撤销对数据的修改。
- SAVEPOINT：创建保存点，用于事务的阶段回滚。

COMMIT 操作把多个步骤对数据库的修改，一次性地永久写入数据库，代表数据库事务成功执行。ROLLBACK 操作在发生问题时，对数据库已经作出的修改撤销，回退到修改前的状态。在操作过程中，一旦发生问题，如果还没有提交操作，则随时可以使用 ROLLBACK 来撤销前面的操作。SAVEPOINT 则用于在事务中间建立一些保存点，ROLLBACK 可以使操作回退到这些点上边，而不必撤销全部的操作。一旦 COMMIT 完成，就不能用 ROLLBACK 来撤销已经提交的操作。一旦 ROLLBACK 完成，被撤销的操作要重做，必须重新执行相关操作语句。

如何开始一个新的事务呢？一般情况下，开始一个会话(即连接数据库)，执行第一条

SQL语句将开始一个新的事务，或执行COMMIT提交或ROLLBACK撤销事务，也标志新的事务的开始。另外，执行DDL(如CREATE)或DCL命令也将自动提交前一个事务而开始一个新的事务。

【任务2-2】 学习使用SAVEPOINT命令。

【任务引入】

在实际工作中，当出现错误时，我们一般不希望一次性地回滚一个很大的事务，而是将一个大的事务分成很多小事务，将每一个小块作为一个"保存点"，这样当我们在执行程序的时候如果发生错误，也只是回滚到最近或指定的"保存点"。这对于要求有大量的多步更新操作是很有帮助的。当程序发生错误时，也只是回滚到最近的"保存点"，而不是撤销整个事务，这样就不用再次处理"保存点"以前的语句，从而减少了不必要的数据库开销。

【任务实施】

步骤1：插入一个新专业。

```
SQL> INSERT INTO 专业 (专业代码,专业名称,系部代码) VALUES( '0501','信息安全','01');
已创建 1 行
```

步骤2：插入保存点，检查点的名称为PA。

```
SQL> SAVEPOINT pa;
保存点已创建。
```

步骤3：插入另一个专业。

```
SQL> INSERT INTO 专业 (专业代码,专业名称,系部代码) VALUES( '0601','市场营销','02');
已创建 1 行
```

步骤4：回退到保存点PA，则后插入的"市场营销"专业被撤销，而"信息安全"专业仍然保留。

```
SQL> ROLLBACK TO pa;
回滚已完成。
```

步骤5：提交所做的修改。

```
SQL> COMMIT;
提交完成
```

说明：第4步的回退，将回退到保存点PA，即第3步被撤销。所以最后的COMMIT只提交了对"信息安全"专业的插入。请大家来检查一下插入的专业。

```
SQL> select * from 专业;
专业  专业名称            系
----  ----------------  --
0101  软件工程            01
0102  网络技术            01
```

```
0201    经济管理        02
0202    会计            02
0301    电子商务        03
0302    信息管理        03
0401    影视制作        04
0501    信息安全        01
已选择 8 行。
```

【相关知识】

SAVEPOINT 的优点是：它可以根据条件撤销自上一条 COMMIT 语句执行以来所做的数据修改。一旦执行了 COMMIT 语句，所有的 SAVEPOINT 语句都将被取消。

阅读：数据库是一个多用户使用的共享资源。当多个用户并发地存取数据时，在数据库中就会产生多个事务同时存取同一数据的情况。若对并发操作不加控制就可能会读取和存储不正确的数据，破坏数据库的一致性。

加锁是实现数据库并发控制的一个非常重要的技术。当事务在对某个数据对象进行操作前，先向系统发出请求，对其加锁。加锁后事务就对该数据对象有了一定的控制，在该事务释放锁之前，其他的事务不能对此数据对象进行更新操作。在大多数情况下，锁对于开发人员来说是透明的，不用显式地加锁，即不用指定锁的分类、级别、类型或模式。如当更改记录时，Oracle 会自动地对相关的记录加相应的锁；当执行一个 PL/SQL 过程时，该过程就会自动地处于被锁定的状态，允许其他用户执行它，但不允许其他用户采用任何方式更改该过程。当然，Oracle 也允许用户使用 Lock Table 语句显式地对被锁定的对象加指定模式的锁。

在数据库中有两种基本的锁类型：排他锁（Exclusive Locks，即 X 锁）和共享锁（Share Locks，即 S 锁）。当数据对象被加上排他锁时，其他的事务不能对它读取和修改。加了共享锁的数据对象可以被其他事务读取，但不能修改。数据库利用这两种基本的锁类型对数据库的事务进行并发控制。根据保护的对象不同，Oracle 数据库锁可以分为以下几大类。

(1) DML 锁（Data Locks，数据锁），用于保护数据的完整性。在 Oracle 数据库中，DML 锁主要包括 TM 锁和 TX 锁，其中 TM 锁称为表级锁，TX 锁称为事务锁或行级锁。当 Oracle 执行 DML 语句时，系统自动在所要操作的表上申请 TM 类型的锁。当 TM 锁获得后，系统再自动申请 TX 类型的锁，并将实际锁定的数据行的锁标志位进行置位。这样在事务加锁前检查 TX 锁相容性时就不用再逐行检查锁标志了，而只需检查 TM 锁模式的相容性即可，大大提高了系统的效率。

(2) DDL 锁（Dictionary Locks，字典锁），用于保护数据库对象的结构，如表、索引等的结构定义。当用户发布 DDL（Data Definition Language）语句时会对涉及的对象加 DDL 锁。由于 DDL 语句会更改数据字典，所以该锁也被称为字典锁。DDL 锁能防止在用 DML 语句操作数据库表时，对表进行删除，或对表的结构进行更改。

(3) 内部锁和闩（Internal Locks and Latches），保护数据库的内部结构。

小结

在本章中介绍了事务和锁的概念。在数据库中，事务和锁是保证数据一致性和完整性的重要机制，事务的提交使用 COMMIT 命令；事务的回滚使用 ROLLBACK 命令；设置保存点使用 SAVEPOINT 命令。当多个用户并发地存取数据库中的数据时，如果对并发操作不加控制可能产生读取数据不一致的问题，使用锁机制就可以避免这些问题。

思考与练习

【选择题】

1. 参照 EMP 表，以下正确的插入语句是(　　)。

A. INSERT INTO EMP VALUES (1000，'小李'，1500)；

B. INSERT INTO EMP(ename,EMPno,sal) VALUES (1000，'小李'，1500)；

C. INSERT INTO EMP(EMPno,ename,job) VALUES ('小李',1000,1500)；

D. INSERT INTO EMP(ename,EMPno,sal) VALUES ('小李',1000,1500)；

2. 删除 EMP 表的全部数据，但不提交，以下正确的语句是(　　)。

A. DELETE * FROM EMP　　B. DELETE FROM EMP

C. TRUNCATE TABLE EMP　　D. DELETE TABLE EMP

3. 以下不需要进行提交或回滚的操作是(　　)。

A. 显式地锁定一张表　　B. 使用 UPDATE 修改表的记录

C. 使用 DELETE 删除表的记录　　D. 使用 SELECT 查询表的记录

4. 当一个用户修改了表的数据，那么(　　)。

A. 第二个用户立即能够看到数据的变化

B. 第二个用户必须执行 ROLLBACK 命令后才能看到数据的变化

C. 第二个用户必须执行 COMMIT 命令后才能看到数据的变化

D. 第二个用户因为会话不同，暂时不能看到数据的变化

5. 对于 ROLLBACK 命令，以下准确的说法是(　　)。

A. 撤销刚刚进行的数据修改操作　　B. 撤销本次登录以来所有的数据修改

C. 撤销到上次执行提交或回退操作的点　　D. 撤销上一个 COMMIT 命令

6. 要使 Oracle 在完成每一个 SQL 命令或 PL/SQL 块时将未提交的改变立即提交(COMMIT)给数据库，(　　)参数必须设置为 ON。

A. AUTO　　B. AUTOSTRACE

C. STATISTICS　　D. ECHO

第5章 数据库中的其他对象

【学习目标】

(1) 掌握视图的创建和修改。

(2) 掌握索引的创建和使用。

(3) 掌握序列的基本概念和功能。

(4) 掌握同义词的创建和使用。

【工作任务】

(1) 使用视图隐藏数据的复杂性和简化 SQL 语句,提供数据的安全性。

(2) 使用索引加快表的查询。

(3) 使用序列实现序号列的自动添加。

(4) 使用同义词简化 SQL 语句,并隐藏对象的所有者。

5.1 视图创建和操作

5.1.1 什么是视图?

视图是基于一张表或多张表或另外一个视图的逻辑表。视图不同于表,视图本身不包含任何数据。表是实际独立存在的实体,是用于存储数据的基本结构。而视图只是一种定义,对应一个查询语句。视图的数据都来自于某些表,这些表被称为基表。通过视图来查看表,就像是从不同的角度来观察一个(或多个)表。视图一经定义便存储在数据库中,对视图的操作与对表的操作一样,可以对其进行查询、修改(有一定限制)和删除。使用视图有很多优点,主要表现在以下几个方面。

- 简单性。看到的就是需要的。视图不仅可以简化用户对数据的理解,也可以简化他们的操作。那些被经常使用的查询可以被定义为视图,从而使得用户不必为以后的操作每次指定全部的条件。
- 安全性。通过视图用户只能查询和修改他们所能见到的数据。数据库中的其他数据则既看不见也取不到。数据库授权命令可以使每个用户对数据库的检索限制到特定的数据库对象上,但不能授权到数据库特定行和特定的列上。通过视图,用户可以被限制在数据的不同子集上:使用权限可被限制在基表的行的子集上;使用权限可被限制在基表的列的子集上;使用权限可被限制在基表的行和列的子集上;使用权限可被限制在多个基表的连接所限定的行上；使用权限可被限制在基表中的数据的统计汇总上；使用权限可被限制在另一视图的一个子集上；或是一些视图和基表合并后的子集上。

➢ 逻辑数据独立性。视图可帮助用户屏蔽真实表结构变化带来的影响。

为了方便用户查询数据库中的数据，简化用户对数据的操作；控制用户访问数据的权限，保护数据的安全，可以为不同的用户创建不同的视图。

【任务1】 视图的创建和操作。

【任务引入】

表中存储着数据库中的所有数据，为了使用户获得数据库中的数据，管理员必须把表的操作、查询等权限赋予给用户，然而对于一些用户而言，他们往往可能只对表中的某些数据感兴趣或者根据他们的工作范围，经常会操作表中的某一部分数据。例如，在学校中，学生的各项信息存储在数据库中的一个或多个表中，而作为学校的不同职能部门，所关心的学生数据内容是不同的。

【任务1-1】 以“学生”表为基础建立一个视图，其名称为“V_06RJGG001XS”。使用该视图可以查看“09级软件001班(班级代码为090101001)”所有学生的信息。

【任务实施】

```
SQL> CREATE VIEW  V_06RJGG001XS
     AS    SELECT  *  FROM  学生  WHERE 班级代码 = '090101001';
视图已创建。
```

【相关知识】

(1) 创建视图需要CREATE VIEW系统权限，视图的创建语法如下：

```
CREATE  VIEW[schema.] view_name  AS select_statement;
```

其中：select_statement子查询是一个用于定义视图的SELECT查询语句，可以包含连接、分组及子查询。

(2) 重新编译视图：当视图依赖的基表改变后，视图会“失效”，为了确保这种改变“不影响”视图和依赖视图的其他对象，可以使用ALTER VIEW语句重新编译视图，这样在运行视图前就可以发现重编译的错误。视图被重新编译后，如果发现错误，则视图会“失效”，如果没有错误，视图会“有效”。重新编译视图语法如下：

```
ALTER VIEW   [schema.] view_name COMPILE;
```

(3) 删除视图者需要是视图的建立者或者拥有DROP ANY VIEW权限。视图的删除不影响基表，不会丢失数据。删除视图的语法如下：

```
DROP VIEW   [schema.] view_name;
```

【任务1-2】 建立学生成绩视图，该视图包含学生的学号、姓名、教师编号、教师姓名、课程号、课程名称、成绩和班级名称。

【任务实施】

步骤1：创建视图，输入并执行以下命令。

```
SQL>CREATE  VIEW  v_chengji(XH,XM,JSBH,JSXM,KCH,KCMC,CJ,BJMC)
AS  SELECT A.学号,A.姓名, B.教师编号,E.姓名, B.课程号,C.课程名称,B.成绩,D.班级名称
FROM 学生 A , 课程注册 B , 课程  C ,班级 D ,教师 E WHERE A.学号 = B.学号 AND B.课程号 = C.课程
号 AND A.班级代码 = D.班级代码 AND B.教师编号 = E. 教师编号;
视图已建立。
```

【相关知识】

视图的创建语法如下：

```
CREATE  VIEW  [schema.] view_name[(column_name…)]  AS select_statement
```

其中：column_name是为子查询中选中的列新定义的名字,替代查询表中原有的列名，在下面几种情况下必须指定视图的别名。

- 由算术表达式、系统内置函数或者常量得到的列。
- 视图中的列名与基表中的列名不一致的时候。
- 多表连接时,有两个或两个以上的列具有相同的列名。

步骤 2：查询视图全部内容,输入并执行以下命令。

```
SQL>SELECT * FROM  v_chengji;
XH     XM         JSBH         JSXM      KCH   KCMC                 CJ  BJMC
---------- ------ ---------- -------- ---- ---------------- -----------
------------------
090101001001 王文涛   010000000001 李卫超    0001 SQL Server 2005     95 软件技术班
090101001002 朱晓军   010000000001 李卫超    0001 SQL Server 2005     58 软件技术班
090101001003 袁伟     010000000001 李卫超    0001 SQL Server 2005     63 软件技术班
090101001004 高敏     010000000001 李卫超    0001 SQL Server 2005     74 软件技术班
090101001021 张泽     010000000001 李卫超    0001 SQL Server 2005     60 软件技术班
090101001001 王文涛   030000000004 刘丽      0003  JAVA程序设计       78 软件技术班
090101001002 朱晓军   030000000004 刘丽      0003  JAVA程序设计       76 软件技术班
090101001003 袁伟     030000000004 刘丽      0003  JAVA程序设计       87 软件技术班
090101001004 高敏     030000000004 刘丽      0003  JAVA程序设计       87 软件技术班
……
已选择20行。
```

步骤 3：查询部分视图。

```
SQL>SELECT XH,XM,KCMC,CJ FROM v_chengji;
XH            XM     KCMC                          CJ
------------ -------- -------------------- ---------- ----------------
-----
090101001021 张泽       SQL Server 2005         60
090101001004 高敏       SQL Server 2005         74
090101001003 袁伟       SQL Server 2005         63
090101001002 朱晓军     SQL Server 2005         58
090101001001 王文涛     SQL Server 2005         95
090101001021 张泽       JAVA程序设计            60
090101001004 高敏       JAVA程序设计            87
090101001003 袁伟       JAVA程序设计            87
……
已选择20行。
```

说明：从上面的操作中可以看出，对视图查询和对表查询一样，但通过视图最多只能看到 4 张表其中的 5 列，可见视图隐藏了表的部分内容。

【任务 1-3】 建立不及格学生的成绩视图，该视图包含学生的学号、姓名、课程名称、成绩和班级名称，该视图为只读。

【任务实施】

步骤 1：输入并执行以下命令。

```
SQL> CREATE OR REPLACE  VIEW  v_chengjibjg AS  SELECT  XH, XM, KCMC, CJ, BJMC
FROM v_chengji  WHERE  CJ < 60  WITH READ ONLY;
视图已建立。
```

说明：在这个任务中，使用了 OR REPLACE 选项，使新的视图替代了同名的原有视图。

【相关知识】

视图的创建语法如下：

```
CREATE[OR REPLACE] VIEW[schema.] view_name  AS select_statement  [WITH READ ONLY]
```

其中：

- OR REPLACE 表示替代已经存在的视图：如果存在同名视图，则重新创建，若未使用 REPLACE 关键字，则只能先删除原来的视图，才能创建同名的视图。
- WITH READ ONLY 表示视图是只读的，在视图中不能执行 INSERT，UPDATE，DELETE 操作。

步骤 2：查询成绩视图。

```
SQL> SELECT * FROM v_chengjibjg;
学号          姓名      课程名称                     成绩  班级名称
----------- -------- ------------------- -------- -----------------
090101001002 朱晓军    SQL Server 2005              58  软件技术班
```

步骤 3：进行删除。

```
SQL> DELETE FROM v_chengjibjg ;
ERROR 位于第 1 行：
ORA-01752：不能从没有一个键值保存表的视图中删除
```

【任务 1-4】 创建基表不存在的视图。

【任务实施】

步骤 1：输入以下命令并执行。

```
SQL> CREATE FORCE VIEW 班干部 AS SELECT * FROM  学生信息 WHERE 职务 IS NOT NULL;
警告：创建的视图带有编译错误。
```

【相关知识】

视图的创建语法如下：

```
CREATE[FORCE|NOFORCE] VIEW[schema.] view_name  AS  select_statement;
```

其中：

- FORCE 表示强制创建视图，不管基表是否存在。
- NOFORCE 表示只有基表存在时，才创建视图，是默认值。

如果在 CREATE VIEW 语句中使用 FORCE 选项，即使存在下列情况，Oracle 也会创建视图。

- 视图定义的查询引用了一个不存在的表。
- 视图定义的查询引用了现有表中无效的列。
- 视图的所有者没有所需的权限。

在这些情况下，Oracle 仅检查 CREATE VIEW 语句中的语法错误。如果语法正确，将会创建视图，并将视图的定义存储在数据字典中。但是，该视图却不能使用。这种视图被认为"带错误创建"的。等视图依赖的相关资源创建后，需要使用 ALTER VIEW 命令手动编译视图。

步骤 2：创建"学生信息"表。

```
SQL> CREATE TABLE 学生信息 (学号  char(2)  PRIMARY KEY,职务  varchar(30) );
表已创建
```

步骤 3：查询"班干部"视图。

```
SQL> SELECT * FROM 班干部;
未选定行
```

说明：正常情况下，不能创建错误的视图，特别是当基表还不存在时。但使用 FORCE 选项就可以在创建基表前先创建视图。创建的视图是无效视图，当访问无效视图时，Oracle 将重新编译无效的视图。

做一做：建立只读视图 v_course 和 v_teach，其中，v_course 视图用于供学生查询自己选修课程的相关信息，包括学号、课程名称、教师姓名、职称、系部；v_teach 视图用于供老师查询自己所教授课程的相关信息，包括教师编号、课程名称、系部名称、专业名称、专业学级、学时。

5.1.2 视图的操作

视图的主要用途是查询，用于修改表数据的 INSERT，DELETE 和 UPDATE 语句也可以用于视图。因为视图是一个虚拟的表，所以这些语句也可与视图一同使用。如果一个视图基于单个基表，那么可以在此视图中进行 INSERT，DELETE 和 UPDATE 操作，系统会自动将对视图的修改转换为对基表的修改（一般情况下不通过视图修改数据，而是直接修改基表，因为那样条理更清晰）。但在对视图的操作上同表相比有些限制（特别是插入和修改操作），例如对视图设置了只读，则对视图只能进行查询，不能进行修改和删除操作。对视图的操作将传递到基表，所以在表上定义的约束条件和触发器在视图上将同样起作用。在视图上使用 DML 语句有如下限制（相对于表）。

➢ 在视图中使用一次 DML 语句只能修改一个基表，不能修改一个以上的视图基表；
➢ 如果对记录的修改违反了基表的约束条件，则无法更新视图，比如违反了主键约束；
➢ 如果创建的视图包含连接运算符、DISTINCT 运算符、集合运算符、聚合函数和 GROUP BY 子句，则将无法更新视图；
➢ 如果创建的视图包含表达式，则将无法更新视图；
➢ 联接视图是在 FROM 子句中指定了多个表或视图的视图。在联接视图中使用 DML 语句只能修改单个基表，如果修改多个基表，SQL 就会显示错误。Oracle 提供了在视图上应用的"INSTEAD OF 触发器"，使用该触发器，可以通过视图同时对多个基表执行 DML 操作。就是将对视图的修改，根据相关业务规则转换为对基表的修改。

注意：在联接视图中，如果视图中某列是一个基表的主键，并且这个基表的主键也可以作为视图的主键，则称这个键被保留了，包含这个主键的表称为键保留表。Oracle 可以通过此视图对"键保留表"进行修改，包括增删改操作。包含外部联接的视图通常不包含键保留表，除非外部联接生成非空的值。Oracle 可以确定哪些表是"键保留表"，只有"键保留表"才能使用 DML 语句。通过数据字典视图 USER_UPDATABLE_COLUMNS，可以确定联接视图中哪些列是可以更新的列。例如，要查看视图 VIEWNAME 中的哪些列可以更新，请使用以下命令：

```
SELECT * FROM USER_UPDATABLE_COLUMNS WHERE TABLE_NAME = 'VIEWNAME';
```

要识别键保留表必须确保基表的主键正确创建，否则 Oracle 不能识别键保留表，不允许更新联接视图中的任何列。

【任务 1-5】 视图操作练习。

【任务引入】

查询视图就等于查询基本表，那么，如何利用视图实现对基表中数据的增加、删除和修改呢？

【任务实施】

步骤 1：在"V_06RJGG001XS"视图中插入一个新的学生。

```
SQL> INSERT INTO V_06RJGG001XS VALUES  ('09','崔锦','男','04-3 月-87','090101001');
已创建 1 行
```

步骤 2：显示视图。

```
SQL> SELECT * FROM V_06RJGG001XS;
学号          姓名    性别  出生日期        班级代码
------------ ------ -- ------------ ---------
09           崔锦    男    04-3 月-87      090101001
090101001001 王文涛  男    04-6 月-85      090101001
090101001021 张泽    男    05-12 月-85     090101001
090101001002 朱晓军  男    10-9 月-86      090101001
090101001003 袁伟    男    08-7 月-86      090101001
090101001004 高敏    女    02-2 月-86      090101001
已选择 6 行。
```

步骤 3：显示基表。

```
SQL> SELECT * FROM 学生 WHERE 班级代码 = '090101001';
学号          姓名    性别  出生日期       班级代码
--------- ------ -- ----------- ---------
09           崔锦    男    04-3 月-87     090101001
090101001001 王文涛  男    04-6 月-85     090101001
090101001021 张泽    男    05-12 月-85    090101001
090101001002 朱晓军  男    10-9 月-86     090101001
090101001003 袁伟    男    08-7 月-86     090101001
090101001004 高敏    女    02-2 月-86     090101001
已选择 6 行。
```

说明：通过对视图的插入记录操作成功地向基表中插入了一个新学生记录。

步骤 4：在"V_06RJGG001XS"视图中删除学号为'09'的学生。

```
SQL> DELETE FROM 学生 WHERE 学号 = '09';
已删除 1 行
```

步骤 5：显示基表。

```
SQL> SELECT * FROM 学生 WHERE 班级代码 = '090101001';
学号          姓名    性别  出生日期       班级代码
--------- ------ -- ----------- ---------
090101001001 王文涛  男 04-6 月 -85     090101001
090101001021 张泽    男 05-12 月-85     090101001
090101001002 朱晓军  男 10-9 月 -86     090101001
090101001003 袁伟    男 08-7 月 -86     090101001
090101001004 高敏    女 02-2 月 -86     090101001
```

说明：通过对视图的删除记录操作成功地从基表中删除了一名学生信息。

步骤 6：在"V_06RJGG001XS"视图中插入一个新的学生。

```
SQL> INSERT INTO V_06RJGG001XS VALUES    ('090102002005','张小委','男','04-6 月-85',
'090102002');
已创建 1 行
```

步骤 7：显示视图。

```
SQL> SELECT * FROM V_06RJGG001XS;
学号          姓名    性别  出生日期       班级代码
--------- ------ -- ----------- ---------
090101001001 王文涛  男    04-6 月-85     090101001
090101001021 张泽    男    05-12 月-85    090101001
090101001002 朱晓军  男    10-9 月-86     090101001
090101001003 袁伟    男    08-7 月-86     090101001
090101001004 高敏    女    02-2 月-86     090101001
```

步骤 8：显示基表。

```
SQL> SELECT * FROM 学生;
学号          姓名    性别  出生日期      班级代码
------------ ------ -- ----------- ---------
090102002005 张小委  男    04-6 月-85    090102002
090101001001 王文涛  男    04-6 月-85    090101001
090101001021 张泽    男    05-12 月-85   090101001
090101001002 朱晓军  男    10-9 月-86    090101001
090101001003 袁伟    男    08-7 月-86    090101001
090101001004 高敏    女    02-2 月-86    090101001……
已选择 12 行。
```

说明：观察步骤 6,7,8 的执行结果，可以看到允许在视图中插入一行新记录，学生信息也显示在基表中，但是通过查看视图，看不见新插入的学生记录，这是为什么呢？原因是视图定义为“SELECT * FROM 学生 WHERE 班级代码='090101001';”，新插入的学生的班级代码为'090102002'，所以看不到。也就是说，我们向视图中插入了一条不符合视图定义的数据行，而且成功执行了。这显然是不合理的。

5.1.3 WITH CHECK OPTION 选项

为了避免任务 1-5 中插入数据时的不合理现象，可以使用 WITH CHECK OPTION 选项。使用该选项，可以对视图的插入或更新进行限制，即该数据必须满足视图定义中的子查询中的 WHERE 条件，否则不允许插入或更新。比如“V_06RJGG001XS”视图的 WHERE 条件是班级代码='090101001'，所以如果设置了 WITH CHECK OPTION 选项，那么只有班级代码='090101001'的学生才能通过“V_06RJGG001XS”视图进行插入。

【任务 1-6】 使用 WITH CHECK OPTION 选项限制视图的插入。

【任务引入】

在上一个任务中，通过视图插入了一行数据，然而由于这行数据不满足视图的定义条件，在视图中看不到。那么如何避免这种现象呢？

【任务实施】

步骤 1：重建“09 级软件 001 班(班级代码为 090101001)”所有学生的信息视图，带 WITH CHECK OPTION 选项。

```
SQL> CREATE  OR REPLACE  VIEW  V_06RJGG001XS
AS  SELECT *  FROM 学生  WHERE 班级代码 = '090101001' WITH CHECK OPTION;
视图已建立
```

步骤 2：插入新学生。

```
SQL > INSERT INTO V_06RJGG001XS VALUES  ('090102002006','张莉','女','04-6 月-85',
'090102002');
ERROR 位于第 1 行:
ORA-01402: 视图 WITH CHECK OPTIDN where 子句违规
```

说明：可见通过设置 WITH CHECK OPTION 选项，不是'090101001'班的学生插入受到了限制。如果修改已有学生的班级代码情况会如何？答案是将同样受到限制。要是删除视图中已有的学生，结果又将怎样呢？答案是可以，因为删除并不违反 WHERE 条件。

除了以上的限制，基表本身的限制和约束也必须要考虑。如果生成子查询的语句是一个分组查询，或查询中出现计算列，这时显然不能对表进行插入。另外，主键和 NOT NULL 列如果没有出现在视图的子查询中，也不能对视图进行插入。在视图中插入的数据，也必须满足基表的约束条件。

5.2 索引

索引是一个单独的、物理的数据库结构，它是某个表中一列或若干列值的集合和相应的指向表中物理标识这些值的数据页的逻辑指针清单。索引提供指向存储在表的指定列中的数据值的指针，然后根据指定的顺序对这些指针排序。数据库使用索引的方式与使用书籍中的索引的方式很相似：它搜索索引以找到特定值，然后顺着指针找到包含该值的行。索引依赖于数据库的表，作为表的一个组成部分，一旦创建后，由数据库系统自身进行维护。一个表的存储是由两部分组成的，一部分用来存放表的数据页面，另一部分用来存放索引页面，索引就存放在索引页面上。索引页面相对于数据页面来说小得多。当进行数据检索时，系统先搜索索引页面，从中找到所需数据的指针，再直接通过指针从数据页面中读取数据。

使用索引主要有以下优点：①快速存取数据；②改善数据库性能，实施数据的唯一性和参照完整性；③多表检索数据的过程快；④进行数据检索时，利用索引可以减少排序和分组的时间。使用索引的缺点包括：①索引将占用磁盘空间。②创建索引需要花费时间。③延长了数据修改的时间，因为在数据修改的同时，还要更新索引。

【任务 2】 索引的创建和应用。

【任务引入】

查询是数据库中最频繁的操作。数据库的存取速度是衡量数据库性能的一个重要标准，而磁盘的 I/O 又是决定存取速度的重要因素，访问 I/O 次数越少，其性能越好。使用索引能减少使用 I/O 的次数。索引就类似于书的目录，在目录中查找内容比在正文中找内容快得多。

索引(INDEX)是为了加快数据的查找而创建的数据库对象，特别是对大表，索引可以有效地提高查找速度，也可以保证数据的唯一性。索引是由 Oracle 自动使用和维护的，一旦创建成功，用户不必对索引进行直接操作。索引是独立于表的数据库结构，即表和索引是分开存放的，当删除索引时，对拥有索引的表的数据没有影响。

【任务 2-1】 创建和删除索引。

【任务实施】

步骤 1：创建索引。

```
SQL> CREATE INDEX  khh_index   ON 课程(课程号);
第 1 行出现错误:
ORA - 01408: 此列列表已索引
```

说明：在这个任务中创建的是 B＊树非唯一简单索引。索引关键字列是“课程号”。

【相关知识】

创建索引不需要特定的系统权限。建立索引的语法如下：

```
CREATE[UNIQUE | BITMAP] INDEX[schema.] index_name
ON[schema.]table_name(column_name[ASC|DESC],…,n)
```

其中：

- UNIQUE 代表创建唯一索引，不指明为创建非唯一索引。
- BITMAP 代表创建位图索引，如果不指明该参数，则创建 B＊树索引。
- column_name 是创建索引的关键字列，可以是一列或多列。

索引有两种：B＊树索引和位图(BITMAP)索引。B＊树索引是通常使用的索引，也是默认的索引类型。在这里主要讨论 B＊树索引。B＊树是一种平衡 2 叉树，左右的查找路径一样。这种方法保证了对表的任何值的查找时间都相同。B＊树索引可分为：唯一索引、非唯一索引、一列简单索引和多列复合索引。

在创建 PRIMARY KEY 和 UNIQUE 约束条件时，系统将自动为相应的列创建唯一(UNIQUE)索引。索引的名字同约束的名字一致。

创建索引一般要掌握以下原则：只有较大的表才有必要建立索引，表的记录应该大于 50 条，查询数据小于总行数的 2%～4%。虽然可以为表创建多个索引，但是无助于查询的索引不但不会提高效率，还会增加系统开销。因为当执行 DML 操作时，索引也要跟着更新，这时索引可能会降低系统的性能。一般对在主键列或经常出现在 WHERE 子句或连接条件中的列建立索引，该列称为索引关键字。

步骤 2：查询中引用索引。

```
SQL> SELECT * FROM 课程 WHERE 课程号 = '0002';
课程    课程名称             备注
----    ------------------   --------------------
0002    ASP.NET 程序设计      C#
```

说明：在步骤 2 中，因为 WHERE 条件中出现了索引关键字，所以查询中索引会被自动引用，但是由于行数很少，因此不会感觉到查询速度的差别。

步骤 3：删除索引。

```
SQL> DROP  INDEX  khh_index;
索引已删除。
```

【相关知识】

删除索引的人应该是索引的创建者或拥有 DROP ANY INDEX 系统权限的用户。索引的删除对表没有影响。删除索引的语法是：

```
DROP  INDEX[schema.] index_name ;
```

【任务 2-2】　创建复合索引。

【任务实施】

步骤 1：创建复合索引。

```
SQL>CREATE  INDEX  jsrk_index  ON 教师任课 (教师编号, 课程号);
```

执行结果：索引已创建。

步骤 2：查询中引用索引。

```
SQL>SELECT * FROM 教师任课 WHERE 教师编号 = '010000000002'  AND 课程号 = '0002';
未选定行
```

说明：在本例中创建的是包含两列的复合索引。教师编号是主键，课程号是次键。WHERE 条件中引用了教师编号和课程号，而且是按照索引关键字出现的顺序引用的，所以在查询中，索引会被引用。如下的查询也会引用索引："SELECT * FROM 教师任课 WHERE 教师编号='010000000002';"，但以下查询不会引用索引，因为没有先引用索引关键字的主键："SELECT * FROM 教师任课 WHERE 课程号='0002';"。

5.3 序列

创建表的时候，有时主键的选择非常复杂，可能是多个字段的组合或者很难确定标识记录的字段(字段组合)。此时就可以向表中增加"序号"列作主键，这个列就是一个序列值。序列(SEQUENCE)是序列号生成器，可以为表中的行自动生成序列号，产生一组等间隔的数值(类型为数字)。其主要的用途是生成表的主键值，可以在插入语句中引用，也可以通过查询检查当前值使序列增至下一个值。

【任务 3】 创建和删除序列。

【任务引入】

课程注册表中记录了所有学生选修课程的相关信息，其中的"注册号"字段可以看做是表中的主键字段，记录选课信息的产生的次数，应该是一个整数，每产生一条新的选课信息，当前注册号的值就应该在前一个注册号的值的基础上加 1。此时就可以利用序列自动为"注册号"填充值。

【任务实施】

步骤 1：创建序列。

```
SQL>CREATE SEQUENCE ABC INCREMENT BY 1 START WITH 1 MAXVALUE 9999 NOCYCLE NOCACHE;
```

执行结果：序列已创建。

说明：以上创建的序列名为 ABC，是递增序列，增量为 1，初始值为 1。该序列不循环，不使用内存。没有定义最小值，默认最小值为 1，最大值为 9999。

【相关知识】

(1) 创建序列需要 CREATE SEQUENCE 系统权限。序列的创建语法如下：

```
CREATE SEQUENCE[schema.] sequence_name
[INCREMENT BY integer]
[START WITH integer]
[{MAXVALUE   integer|NOMAXVALUE}]
[{MINVALUE   integer|NOMINVALUE}]
[{CYCLE|NOCYCLE}]
[{CACHE |NOCACHE}];
```

其中：

- INCREMENT BY 用于定义序列的步长，如果省略，则默认为1，如果出现负值，则代表序列的值是按照此步长递减的。
- START WITH 定义序列的初始值(即产生的第一个值)，默认为1。
- MAXVALUE 定义序列生成器能产生的最大值。选项 NOMAXVALUE 是默认选项，代表没有最大值定义，这时对于递增序列，系统能够产生的最大值是10的27次方；对于递减序列，最大值是−1。
- MINVALUE 定义序列生成器能产生的最小值。选项 NOMINVALUE 是默认选项，代表没有最小值定义，这时对于递减序列，系统能够产生的最小值是−10的26次方；对于递增序列，最小值是1。
- CYCLE 和 NOCYCLE 表示当序列生成器的值达到限制值后是否循环。CYCLE 代表循环，NOCYCLE 代表不循环。如果循环，则当递增序列达到最大值时，循环到最小值；对于递减序列达到最小值时，循环到最大值。如果不循环，达到限制值后，继续产生新值就会发生错误。
- CACHE(缓冲)定义存放序列的内存块的大小，默认为20。NOCACHE 表示不对序列进行内存缓冲。对序列进行内存缓冲，可以改善序列的性能。

(2) 序列的某些部分也可以在使用中进行修改，但不能修改 SATRT WITH 选项。对序列的修改只影响随后产生的序号，已经产生的序号不变。修改序列的语法如下：

```
ALTER SEQUENCE[schema.] sequence_name
[INCREMENT BY integer]
[{MAXVALUE integer |NOMAXVALUE}]
[{MINVALUE integer |NOMINVALUE}]
[{CYCLE|NOCYCLE}]
[{CACHE |NOCACHE}];
```

如果已经创建了序列，怎样才能引用序列呢？方法是使用 CURRVAL 和 NEXTVAL 来引用序列的值。调用 NEXTVAL 将生成序列中的下一个序列号，调用时要指出序列名，即用以下方式调用：序列名.NEXTVAL。CURRVAL 用于产生序列的当前值，无论调用多少次都不会产生序列的下一个值。如果序列还没有通过调用 NEXTVAL 产生过序列的下一个值，先引用 CURRVAL 没有意义。调用 CURRVAL 的方法同上，要指出序列名，即用以下方式调用:序列名.CURRVAL。

步骤 2：产生序列的值。

执行下面的语句并执行。

```
/*产生序列的第一个值：*/
SQL>SELECT ABC.NEXTVAL FROM DUAL;
执行结果：NEXTVAL
    --------------------
          1
/*产生序列的下一个值：*/
SQL>SELECT ABC.NEXTVAL FROM DUAL;
执行结果：NEXTVAL
    ---------------------
          2
/*产生序列的当前值：*/
SQL>SELECT ABC.CURRVAL FROM DUAL;
执行结果：CURRVAL
    ----------------------
          2
```

说明：第一次调用NEXTVAL产生序列的初始值，根据定义知道初始值为1。第二次调用产生2，因为序列的步长为1。调用CURRVAL，显示当前值2，不产生新值。

步骤3：序列的应用，产生"课程注册"的注册号。

```
/*使用序列生成新的注册号：*/
SQL>INSERT INTO 课程注册 VALUES(ABC.NEXTVAL, '09010100100x',
'0007', '040000000006', '0101', '2009',68);
SQL>INSERT INTO 课程注册 VALUES(ABC.NEXTVAL, '09010100100x',
'0008', '040000000006', '0101', '2009',78);
已创建 1 行。
已创建 1 行。
/*显示插入结果：*/
SQL>SELECT * FROM 课程注册;
```

执行结果：

注册号	学号	课程号	教师编号	专业代码	专业学级	成绩
3	090101001002	0007	040000000006	0101	2009	68
4	090101001002	0008	040000000006	0101	2009	78

步骤4：删除序列。

```
SQL>DROP SEQUENCE ABC;
```

执行结果：序列已删除。

【相关知识】

删除序列的人应该是序列的创建者或拥有DROP ANY SEQUENCE系统权限的用户。序列一旦删除就不能被引用了。删除序列的语法是：

```
DROP SEQUENCE[schema.] sequence_name ;
```

5.4 同义词

同义词是指用新的标识符来命名一个已经存在的数据库对象，是数据库对象（表、视图、序列、过程、函数和包等）的别名。为了给不同的用户在使用数据库对象时提供一个简单的唯一标识数据库对象的名称，可以为数据库对象创建同义词。

【任务 4】 为"教务管理信息系统"学生表创建同义词。

【任务引入】

"教务管理信息系统"中的数据表都是中文名称，也可以用英文名作为这些表的同义词方便使用，今天我们来为学生表创建同义词。

【任务实施】

步骤 1：创建私有同义词。

```
SQL > CREATE SYNONYM xuesheng FOR 学生;
同义词已创建
```

【相关知识】

同义词（SYNONYM）是为模式对象起的别名，可以为表、视图、序列、过程、函数和包等数据库模式对象创建同义词。同义词有两种：公有同义词和私有同义词。公有同义词是对所有用户都可用的。创建公有同义词必须拥有系统权限 CREATE PUBLIC SYNONYM；创建私有同义词需要 CREATE SYNONYM 系统权限。私有同义词只对拥有同义词的用户有效，但私有同义词也可以通过授权，使其对其他用户也有效。

（1）同义词的创建语法如下：

```
CREATE [PUBLIC] SYNONYM[schema.]Synonym_Name FOR[schema.]Object_Name;
```

其中：

➢ PUBLIC 代表创建公有同义词，若省略则代表创建私有同义词。

➢ schema 模式名代表拥有对象的用户名。

（2）删除同义词的人必须是同义词的拥有者或有 DROP ANY SYNONYM 权限的人。删除同义词不会删除对应的对象。删除同义词的语法如下。

```
DROP SYNONYM[schema.]Synonym_Name;
```

同义词通过给本地或远程对象分配一个通用或简单的名称，隐藏了对象的拥有者和对象的真实名称，也简化了 SQL 语句。例如：由于应用程序的需要，需要将对表学生表的访问权限授权给其他（如 test）用户，但不能让这个用户（如 test）知道表名是"学生"和表的所有者是 SPTCADM，这些信息需要保密。那就可以利用同义词来实现。

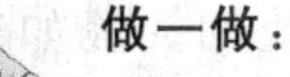

做一做：

（1）以 SYS 身份登录数据库，创建 test 用户并赋予相应的权限，在 SQL 提示符下输入如下代码：

```
SQL> CONNECT SYSTEM/MANAGER  AS SYSDBA;
已连接。
SQL> CREATE USER test IDENTIFIED BY test;
用户已创建。
SQL> GRANT CONNECT , CREATE SYNONYM  TO test;
授权成功。
```

说明：系统显示用户创建成功和授权成功。

(2) 以 test 用户的身份登录到数据库，在 SQL 提示符下输入如下代码：

```
SQL> CONNECT test / test;
已连接。
SQL> CREATE SYNONYM student FOR SPTCADM.学生;
同义词已创建。
```

说明：系统显示同义词创建成功(接着还需要登录 SPTCADM 账号，并且把学生的查询权限赋给 test 账号)。

```
SQL> CONNECT SPTCADM/SPTCADM
已连接。
SQL> GRANT SELECT ON 学生 TO test;
授权成功。
```

(3) 完成以上操作后，系统管理员把 test 用户名分配给其他的数据库用户使用。

(4) 其他用户以 test 身份登录到数据库。在 SQL 提示符下输入如下代码：

```
SELECT * FROM student;
```

系统将显示 SPTCADM 用户下的表“学生”中的数据。而此时的 test 用户却并不知情，他以为操作的是自己模式下的一个名叫 student 的表。

步骤 2：输入以下 SQL 语句并执行。

```
SQL> SELECT *  FROM  xuesheng ;
```

说明：查询结果与学生表中的数据完全相同，此时，xuesheng 就相当于是表名“学生”的代名词。

步骤 3：以 SCOTT 身份登录数据库，执行步骤 2 的 SQL 语句。

```
SQL> CONNECT SCOTT/TIGER;
SQL> SELECT *  FROM  xuesheng ;
```

执行结果为第 1 行出现错误

ORA-00942：表或视图不存在。

说明：私有同义词只能在其模式内访问，所以不能为其他用户使用。假如现在 SPTCADM 用户下的“学生”表需要被所有数据库中的用户访问使用。相当于应用程序中的全局变量。要解决这种问题，可以创建公有同义词。SPTCADM 用户没有创建公有同义词的权限，需要用 SYS 或 SYSTEM 用户来创建。

步骤4：从开始菜单中打开 SQL * Plus 工具，以 SYS 用户的身份登录到数据库，在 SQL 提示符下输入如下代码来创建公有同义词(或者可以由获得创建公有同义词权限的用户执行)。

```
SQL> CONNECT SYSTEM/MANAGER   AS   SYSDBA;
已连接。
SQL> CREATE PUBLIC SYNONYM ST FOR SPTCADM.学生;
同义词已创建。
SQL> GRANT SELECT ON SPTCADM.学生 to PUBLIC;
授权成功。
```

步骤5：以 SCOTT 身份登录数据库，使用同义词。

```
SQL> CONNECT   SCOTT/TIGER;
已连接。
SQL> SELECT *   FROM ST ;
学号          姓名     性别   出生日期        班级代码
---------    ------   --    ---------      ---------
090101001001 王文涛   男     04-6月-85      090101001
090101001002 朱晓军   男     10-9月-86      090101001
090101001003 孙辉     男     08-7月-86      090101001
090101001004 高敏     女     02-2月-86      090101001……
```

说明：对“ST ”的查询等效于对“学生”的查询。

【相关知识】

如果同义词与对象重名，私有同义词又与公有同义词重名，那么，识别的顺序是怎样的呢？如果存在对象名，则优先识别对象名，其次识别私有同义词，最后识别公有同义词。比如，执行以下的 SELECT 语句：

```
SELECT * FROM ABC;
```

如果存在表 ABC，就对表 ABC 执行查询语句；如果不存在表 ABC，就去查看是否有私有同义词 ABC，如果有就对 ABC 执行查询(此时 ABC 是另外一个表的同义词)；如果没有私有同义词 ABC，则去查找公有同义词；如果找不到，则查询失败。

阅读：数据库中的对象——聚集。聚集是存储表数据可选择的方法。所谓聚集(CLUSTER)，形象地说，就是生长在一起的表。一个聚集包含一张或多张表，将具有同一公共列值的行存储在一起，并且它们经常一起使用，表的公共列被称为聚集关键字。对于聚集中的多个表，聚集键值只存储在一次，在把任何行插入聚集的表之前，都必须先创建一个聚集索引。那么在什么情况下需要创建聚集呢？通常在多个表有共同的列时，应使用聚集。例如：EMP 表和 DEPT 表共享 DEPTNO 列，所以 EMP 表和 DEPT 表可聚集在一起，聚集关键字的列为 DEPTNO 列，该聚集将每个部门的全部职工行和该部门的行存储在同一数据块中。如果两个表通过聚集列进行联合，则会大大提高查询的速度，但对于插入、修改和删除操作则会降低效率。

聚集分为索引聚集和哈希聚集两种。①索引聚集：索引聚集是保存数据表的一种可选方案。索引聚集在同一个数据块中将多个不同表的相关行存储在一起，从而改善相关操作的存取时间。共享公共列的表可以聚集在该列的周围，从而加速对这些行的存取。索引聚集有利于聚集数据上的连接，因为所有的数据在一个I/O操作中被检索。②哈希聚集：哈希聚集类似于索引聚集，但它使用哈希函数而非索引来引用聚集键。哈希聚集在同一数据块中将相关的行存储在一起，依据是这些行的哈希函数结果。在创建哈希聚集时，Oracle为聚集的数据段分配初始数量的存储空间。

小结

视图是数据库中的一类对象，视图的用途是为了确保数据的安全性和隐藏性。视图是从一个或多个表中通过使用SELECT语句得到的虚表。一旦建立，对它的操作基本就等同于对普通表的操作。CREATE VIEW语句用于在数据库中创建视图。CREATE OR REPLACE VIEW语句用于修改视图的结构。DROP VIEW语句用于从数据库里删除视图。索引(INDEX)是为了加快数据的查找而创建的数据库对象，特别是对大表，索引可以有效地提高查找速度，也可以保证数据的唯一性。同义词是数据库对象的别名，使用别名可以起到方便用户操作和保护数据库安全的用途。用户可以根据自己的需要创建PUBLIC和PRIVATE两种类型的同义词。序列是用于创建唯一的连续整数值的数据库对象。序列存储在USER_OBJECTS数据字典表中。可以使用伪列NEXTVAL从序列中抽取连续的序列号。CURRVAL用于引用当前用户上一次创建的序列号。

思考与练习

【选择题】

1. 以下关键字中表示序列的是(　　)。

   A. SEQUENCE　　B. SYNONYM

   C. LUSTER　　D. DATABASE LINK

2. 关于索引，说法错误的是(　　)。

   A. 索引总是可以提高检索的效率

   B. 索引由系统自动管理和使用

   C. 创建表的主键会自动创建索引

   D. 删除索引对拥有索引的表的数据没有影响

3. 语句CREATE INDEX ABC ON EMP(ename) 创建的序列类型是(　　)。

   A. B*树唯一索引　　B. B*树非唯一索引

   C. B*树唯一复合索引　　D. B*树非唯一复合索引

4. 关于序列，说法错误的是(　　)。

   A. 序列产生的值的类型为数值型

   B. 序列产生的值的间隔总是相等的

   C. 引用序列的当前值可以用CURRVAL

D. 序列一旦生成便不能修改，只能重建

5. 关于同义词，说法错误的是(　　)。

A. 同义词只能由创建同义词的用户使用

B. 可以为存储过程创建同义词

C. 同义词可以和表重名

D. 公有同义词和私有同义词创建的权限不同

【思考题】

1. 简述视图的主要作用。表和视图有什么区别？

2. 索引的作用是什么？

第6章 PL/SQL基础

【学习目标】

(1) 了解 PL/SQL 语言的特征及优点。

(2) 掌握 PL/SQL 块的基本结构。

(3) 掌握 PL/SQL 中常用的数据类型。

(4) 理解并掌握 PL/SQL 中控制结构的用法。

【工作任务】

(1) 使用 PL/SQL 块查询表的信息。

(2) 使用条件控制语句来实现教师职称情况查询。

(3) 使用循环语句连续向教师表中插入 5 行记录。

6.1 PL/SQL 的基本构成

PL/SQL 是一种高级数据库程序设计语言。它是 Oracle 对标准数据库语言 SQL 的扩展，是过程语言(Procedural Language)与结构化查询语言(SQL)结合而成的编程语言。PL/SQL 支持多种数据类型，如大对象和集合类型，可使用条件和循环等控制结构，用来编写过程、函数、包及数据库触发器。过程和函数也称为子程序，在定义时要给出相应的过程名和函数名。它们可以存储在数据库中成为存储过程和存储函数，并可以由程序来调用，它们在结构上同程序模块类似，还可以处理业务规则、数据库事件或给 SQL 语句的执行添加程序逻辑。另外，PL/SQL 还支持许多增强的功能，包括集合类型、面向对象的程序设计和异常处理等。

PL/SQL 是嵌入到 Oracle 服务器和开发工具中的，所以具有很高的执行效率：通过多条 SQL 语句实现功能时，每条语句都需要在客户端和服务端传递，而且每条语句的执行结果也需要在网络中进行交互，占用了大量的网络带宽，消耗了大量网络传递的时间，而在网络中传输的那些结果，往往都是中间结果，而不是我们所关心的。使用 PL/SQL 程序是因为程序代码存储在数据库中，程序的分析和执行完全在数据库内部进行，用户所需要做的就是在客户端发出调用 PL/SQL 的执行命令，数据库接收到执行命令后，在数据库内部完成整个 PL/SQL 程序的执行，并将最终的执行结果反馈给用户。在整个过程中网络只传输了很少的数据，减少了网络传输占用的时间，所以整体程序的执行性能会有明显的提高。

在PL/SQL模块中可以使用查询语句和数据操纵语句(即进行DML操作),这样就可以编写具有数据库事务处理功能的模块。至于数据定义(DDL)和数据控制(DCL)命令的处理,需要通过Oracle提供的特殊的DMBS_SQL包来进行(在后面会介绍)。

【任务1】 查询学号为"090101001003"的学生的姓名和班级。

【任务引入】

利用PL/SQL过程化结构可将逻辑上相关的语句组织在一个程序块内;通过嵌入或调用子块,构造功能强大的程序;可将一个复杂的问题分解成为一组便于管理、定义和实现的小块。

【任务实施】

步骤1:用SPTCADM用户登录SQL * Plus。

步骤2:在输入区输入以下程序。

```
/* 这是一个简单的示例程序 */
SQL> SET SERVEROUTPUT ON
SQL> DECLARE -- 定义部分标识
v_name  VARCHAR2(20);   -- 定义字符串变量v_name
v_class   VARCHAR2(30); -- 定义数值变量v_ class
BEGIN                   -- 可执行部分标识
SELECT   学生.姓名,班级.班级名称  INTO v_name, v_class
FROM     学生, 班级
WHERE  学生.班级代码 = 班级.班级代码  and 学号 = '090101001003';
 -- 在程序中插入的SQL语句
DBMS_OUTPUT.PUT_LINE('090101001003号姓名是:'||v_name||',班级为:'||v_class);
 -- 输出学生的姓名和班级
END;                    -- 结束标识
/
```

【相关知识】

PL/SQL程序的基本单元是块(BLOCK),块就是实现一定功能的逻辑模块。一个PL/SQL程序由一个或多个块组成。块有固定的结构,也可以嵌套。一个块可以包括三个部分,每个部分由一个关键字标识。PL/SQL块的语法如下:

```
[DECLARE
    declarations]
BEGIN
    executable statements
[EXCEPTION
    exception handlers]
END;
```

块中各部分的作用解释如下。

➤ DECLARE:声明部分标志。

declarations声明部分:这部分由关键字DECLARE开始,包含变量和常量的数据类型、初始值和游标。PL/SQL程序块中使用的所有变量、常量等需要声明的内容必须在声明部分中集中定义。如果不需要声明变量或常量,则可以忽略这一部分。

➢ BEGIN：可执行部分标志。

executable statements 可执行部分：这部分由关键字 BEGIN 开始，以 END 为结束标识，包含对数据库的数据操纵语句和各种流程控制语句。所有可执行语句都放在这一部分，其他的 PL/SQL 块也可以放在这一部分。

➢ EXCEPTION：异常处理部分标志。

exception handlers 异常处理部分：这部分包含在执行部分中，是可选的，由关键字 EXCEPTION 开始，包含对程序执行中产生的异常情况的处理程序。

➢ END；：程序结束标志。

在以上的任务中，将使用函数 DBMS_OUTPUT. PUT_LINE 显示输出结果。DBMS_OUTPUT 是 Oracle 提供的包，该包有如下三个用于输出的函数，用于显示 PL/SQL 程序模块的输出信息。

- 第一种形式：DBMS_OUTPUT. PUT(字符串表达式)；
  用于输出字符串，但不换行，括号中的参数是要输出的字符串表达式。
- 第二种形式：DBMS_OUTPUT. PUT_LINE(字符串表达式)；
  用于输出一行字符串信息，并换行，括号中的参数是要输出的字符串表达式。
- 第三种形式：DBMS_OUTPUT. NEW_LINE；
  用来输出一个换行，没有参数。

其中：

(1) 调用函数时，在包名后面用一个点“.”和函数名分隔，表示隶属关系。

(2) 要使用该方法显示输出数据，在 SQL * Plus 环境下要先执行一次如下的环境设置命令：“SET SERVEROUTPUT ON[SIZE *n*]”来打开 DBMS_OUTPUT. PUT_LINE 函数的屏幕输出功能，系统默认状态是 OFF。其中，*n* 表示输出缓冲区的大小。*n* 的范围在 2000～1000000 之间，默认为 2000。如果输出内容较多，需要使用 SIZE *n* 来设置较大的输出缓冲区。

(3) “--”是注释符号，后边是程序的注释部分。该部分不编译执行，所以在输入程序时可以省略。/ * …… * /中间也是注释部分，同“--”注释方法不同，它可以跨越多行进行注释。

(4) PL/SQL 程序的可执行语句、SQL 语句和 END 结束标识都要以分号结束。

步骤 3：按 Enter 键执行程序。输出的结果是：

```
090101001003 号姓名是：袁伟，班级为：软件技术班
PL/SQL 过程已成功完成
```

说明：以上程序的作用是，查询学号为“090101001003”的学生的姓名和班级，然后显示输出。这种方法同直接在 SQL 环境下执行 SELECT 语句显示学生的姓名和班级比较，程序变得更复杂。那么两者究竟有什么区别呢？SQL 查询的方法，只限于 SQL 环境，并且输出的格式基本上是固定的。而程序通过把数据取到变量中，可以进行复杂的处理，完成 SQL 语句不能实现的功能，并通过多种方式输出。

【相关知识】

在PL/SQL模块中可以使用查询语句和数据操纵语句(即进行DML操作),所以PL/SQL程序是同SQL语言紧密结合在一起的。在PL/SQL程序中,最常见的是使用SELECT语句从数据库中获取信息,PL/SQL中的SELECT语句与标准SQL中的SELECT语句有所不同:在PL/SQL中,每个SELECT语句中都必须有INTO关键字(游标中的SELECT语句除外),用于把从数据库中取出的值赋给变量。INTO后跟用于接收查询结果的变量,格式如下:

```
SELECT column_name 1,column_name 2, … INTO variable 1,variable 2, …
FROM table_name  [WHERE search_condition] ;
```

在这里,接收查询结果的变量类型、顺序和个数同SELECT语句的字段的类型、顺序和个数应该完全一致。并且SELECT…INTO语句的结果必须有且只能有一行,即每次只能从数据库的一行中提取记录,如果查询没有返回行,PL/SQL就会抛出NO_DATA_FOUND异常;如果查询返回多行,PL/SQL就会抛出TOO_MANY_ROWS异常(关于这两种异常在本章后面部分有介绍)。当程序要接收返回的多行结果时,可以采用下章介绍的游标的方法进行处理。

使用INSERT,DELETE和UPDATE的语法没有变化,但在程序中要注意判断语句执行的状态,并使用COMMIT或ROLLBACK进行事务处理。

阅读:一般的PL/SQL程序设计中,在DML和事务控制的语句中可以直接使用SQL,但是DDL语句及系统控制语句却不能在PL/SQL中直接使用,要想实现在PL/SQL中使用DDL语句及系统控制语句,可以通过使用动态SQL来实现。

那么什么是动态SQL,在Oracle数据库开发PL/SQL块中我们使用的SQL分为静态SQL语句和动态SQL语句。所谓静态SQL指在PL/SQL块中使用的SQL语句在编译时是明确的,执行的是确定对象。而动态SQL是指在PL/SQL块编译时SQL语句是不确定的,如根据用户输入的参数的不同而执行不同的操作。编译程序对动态语句部分不进行处理,只是在程序运行时动态地创建语句、对语句进行语法分析并执行该语句。Oracle中动态SQL可以通过本地动态SQL来执行,也可以通过DBMS_SQL包来执行。

(1) 使用EXECUTE IMMEDIATE来执行动态SQL语句,语法如下。

```
EXECUTE IMMEDIATE dynamic_sql_string
[INTO variable_list]
[USING bind_argument_list];
```

其中:dynamic_sql_string是动态SQL语句字符串。INTO子句用于接受SELECT语句选择的记录值。USING子句用于绑定输入参数变量。

(2) 使用DBMS_SQL包实现动态SQL的步骤如下:①先将要执行的SQL语句或一个语句块放到一个字符串变量中。②使用DBMS_SQL包的parse过程来分析该字符串。③使用DBMS_SQL包的bind_variable过程来绑定变量。④使用DBMS_SQL包的execute函数来执行语句。

6.2 变量的数据类型和定义

【任务 2】 变量的定义和赋值应用。

【任务引入】

在上一个任务中,我们使用变量将查询结果进行输出,那么如何定义和使用变量呢?

【任务 2-1】 变量的定义和初始化。

【任务实施】

输入和运行以下程序:

```
SQL> SET SERVEROUTPUT ON
SQL> DECLARE        -- 声明部分标识
v_job          VARCHAR2(9);
v_count   BINARY_INTEGER DEFAULT 0;
v_total_sal  NUMBER(9,2) := 0;
v_date         DATE := SYSDATE + 7;
c_tax_rate    CONSTANT NUMBER(3,2) := 8.25;
v_valid        BOOLEAN NOT NULL := TRUE;
BEGIN
v_job := 'MANAGER';
-- 在程序中赋值
DBMS_OUTPUT.PUT_LINE(v_job);
-- 输出变量 v_job 的值
DBMS_OUTPUT.PUT_LINE(v_count);
-- 输出变量 v_count 的值
DBMS_OUTPUT.PUT_LINE(v_date);
-- 输出变量 v_date 的值
DBMS_OUTPUT.PUT_LINE(c_tax_rate);
-- 输出变量 c_tax_rate 的值
END;
/
```

执行结果如下:

```
MANAGER
0
17-8 月 -11
8.25
PL/SQL 过程已成功完成。
```

说明:该任务共定义了 6 个变量,分别用":="赋值运算符或 DEFAULT 关键字对变量进行了初始化或赋值。其中:c_tax_rate 为常量,在数据类型前加了"CONSTANT"关键字;v_valid 变量在赋值运算符前面加了关键字"NOT NULL",强制不能为空。如果变量是布尔型,它的值只能是"TRUE"、"FALSE"或"NULL"。该任务中的变量 v_valid 布尔变量的值只能取"TRUE"或"FALSE"。

【相关知识】

1. 常量和变量

常量也称为常数，是指在程序运行期间其值不能改变的量。在 PL/SQL 语言中，常量包括 4 种类型：数字常数、字符和字符串常数、布尔常数、日期常数。数字常数包括整数和实数两种。数字常数可以用科学计数法描述。例如，25，－89，0.01，2E－2 都是数字常数；字符常数包括字母(a～z，A～Z)、数字(0～9)、空格和特殊符号。字符常数必须放在英文单引号内，例如，'a'，'8'，'？'，'－'，'％'，'＃'都是字符常数；零个或多个字符常数构成字符串常数，字符串常数也必须放在英文单引号内，例如，'hello 你好！'。布尔常数是系统预先定义好的值，包括 TRUE(真)、FALSE(假)和 NULL(不确定或空)；日期常数为 Oracle 能够识别的日期。日期常数也必须放在英文单引号内，例如，'12-六月-2011'，'12-JUN-00'都是日期常数。

变量是指由程序读取或赋值的存储单元，用于临时存储数据，变量中的数据可以随着程序的运行而发生变化，每个变量都有一个特定的数据类型。变量的作用范围是在定义该变量的程序范围内，如果程序中包含子块，则变量在子块中也有效。但在子块中定义的变量，仅在定义变量的子块中有效，在主程序中无效。

2. 定义变量的方法

定义变量的方法是：

```
variable_name[CONSTANT] DATATYPE  [NOT NULL][{ := |DEFAULT }init_value];
```

其中：

- variable_name 是变量名称，变量的命名规则是，以字母开头，后跟其他的字符序列，字符序列中可以包含字母、数值、下划线等符号，最大长度为 30 个字符，不区分大小写。不能使用 Oracle 的保留字作为变量名。变量名不能与在程序中引用的字段名相重，如果相重，变量名会被当作列名来使用。
- 关键字 CONSTANT 用来说明定义的变量是常量，如果是常量，必须由赋值部分进行赋值。
- DATATYPE 表示变量的数据类型(可以是 Oracle 或 PL/SQL 数据类型)。
- 关键值 NOT NULL 用来说明变量不能为空。
- {：=|DEFAULT }init_value 用来为变量赋初值。变量可以在程序中使用赋值语句重新赋值。通过输出语句可以查看变量的值。程序中为变量赋值的方法是：变量名：=值或 PL/SQL 表达式。

3. 变量的数据类型

变量的基本数据类型同 SQL 部分的字段数据类型相一致，但是也有不同，如表 6-1 所示。

表 6-1 变量数据类型

		数据类型	子类型
标量类型	数值	BINARY_ INTEGER	用于存储带符号的整数,大小范围介于$-2^{31}-1$和$2^{31}-1$之间 NATURAL: BINARY_INTEGER的子类型,可用于存储非负整数,即自然数 NATURALN: BINARY_INTEGER的子类型,可用于存储自然数,且不能为空 POSITIVE: BINARY_INTEGER的子类型,可用于存储正整数 POSITIVEN: BINARY_INTEGER的子类型,可用于存储正整数,且不能为空 SIGNTYPE: BINARY_INTEGER的子类型,只能存储-1,0和1
		NUMBER	可用来存储整数、定点数和浮点数。以十进制格式进行存储。它便于存储,但是在计算上,系统会自动将它转换为二进制格式进行运算。定义方式为NUMBER(Precision,Scale)。Precision是精度,scale是小数位数,最高精度是38个十进制位。如果不指定精度,默认为38位 DECIMAL: NUMBER的子类型,用于存储最高精度38位的定点数 FLOAT: NUMBER的子类型,用于存储最高精度38位的浮点数 REAL: NUMBER的子类型,用于存储最高精度18位的浮点数 INTEGER: NUMBER的子类型,用于存储最高精度38位的整数
		PLS _INTEGER	用于存储带符号的整数。PLS_INTEGER的大小范围为$-2^{31}\sim2^{31}$。与BINARY_INTEGER基本相同,但采用机器运算时,PLS_INTEGER可提供更好的性能。与NUMBER数据类型相比,PLS_INTEGER需要的存储空间更小。通常建议只要是在PLS_INTEGER数值范围内的计算都使用此数据类型,以提高计算效率
	字符	CHAR	用于存储固定长度的字符数据。最大长度为32767个字节。如果不指定最大长度,默认值为1。如果没有写CHAR或BYTE,默认为BYTE。需注意与Oracle中CHAR类型的区别,向Oracle数据库表中插入CHAR类型的值时,其长度不要超出2000个字节
		VARCHAR2	用于存储可变长度的字符数据。最大长度为32767个字节。向Oracle数据库表中插入VARCHAR2类型的值时,其长度不要超出4000个字节
		LONG	类似于VARCHAR2,最大长度为32760个字节,注意Oracle中的该类型最大长度为2GB
		LONG RAW	类似于RAW,最大长度为32760个字节。不能在字符集之间自动转换。注意Oracle中的该类型最大长度为2GB
		RAW	用于存储固定长度的二进制数据,最大长度为32760个字节。如有必要可在字符集之间自动转换。注意Oracle中的该类型最大长度为2000个字节
	逻辑	BOOLEAN	布尔数据类型用于存储逻辑值,它只有一种类型即BOOLEAN类型,它的取值只能是TRUE,FALSE和NULL,需注意在Oracle数据列中不能使用该类型
	日期	DATE	用于存储固定长度的日期和时间数据。支持的日期范围为公元前4712年1月1日到公元9999年12月31日。日期函数SYSDATE能返回当前的日期和时间

续表

		数据类型	子类型
复合类型	属性	%TYPE	用于引用变量和数据库列的数据类型
		%ROWTYPE	用于提供表示表中一行的记录类型
	记录	RECORD	属性类型是用于引用变量或数据库表列的数据类型,以及表示表中一行的记录类型
	表	TABLE	表是一种复合数据类型,是保存在数据缓冲区中的、没有特别存储次序的、可以离散存储的数据结构,它可以是一维的,也可以是二维的。当使用 PL/SQL 表时,首先必须在声明部分定义该类型和变量,然后在执行部分引用该变量
LOB类型	BFILE,BLOB,CLOB,NCLOB		LOB(Large Object,大对象)数据类型用于存储类似图像、声音等大型数据对象。LOB 数据对象可以是二进制数据,也可以是字符数据,其最大长度不超过 4GB

- NUMBER 和 VARCHAR2 是最常用的数据类型。
- VARCHAR2 是可变长度的字符串,定义时指明最大长度,存储数据的长度是在最大长度的范围自动调节的,Oracle 会自动将其删去数据前后的空格。
- NUMBER 型可以定义数值的总长度和小数位,如 NUMBER(10,3)表示定义一个宽度为 10、小数位为 3 的数值。
- CHAR 数据类型为固定长度的字符串,定义时要指明宽度,如不指明,默认宽度为 1。定长字符串在显示输出时,有对齐的效果。
- DATE 类型用于存储日期数据,内部使用 7 个字节。其中包括年、月、日、小时、分钟和秒数。默认的格式为 DD-MON-YY,如:07-8 月-11 表示 2011 年 8 月 7 日。
- BOOLEAN 为布尔型,用于存储逻辑值,可用于 PL/SQL 的控制结构。
- LOB 数据类型可以存储视频、音频或图片,支持随机访问,存储的数据可以位于数据库内或数据库外,具体有 4 种类型:BFILE,BLOB,CLOB,NCLOB。但是操纵大对象需要使用 Oracle 提供的 DBMS_LOB 包。

【任务 2-2】 根据表的字段定义变量。

【任务实施】

输入并执行以下程序:

```
SQL> SET SERVEROUTPUT ON
SQL> DECLARE
v_name  学生.姓名%TYPE; --根据字段定义变量
BEGIN
SELECT  姓名  INTO   v_name  FROM    学生
WHERE   学号 = '090101001003';
DBMS_OUTPUT.PUT_LINE(v_name);
--输出变量的值
END;
/
```

执行结果:袁伟

PL/SQL 过程已成功完成。

说明：变量 v_name 是根据表“学生”的姓名字段定义的，两者的数据类型总是一致的。

【相关知识】

变量的声明还可以根据数据库表的字段进行定义或根据已经定义的变量进行定义。方法是在表的字段名或已经定义的变量名后加 %TYPE，将其当作数据类型。定义字段变量的方法如下：

```
variable_name table_name.column_name%TYPE;
```

这样做的好处是如果我们根据数据库的字段定义了某一变量，后来数据库的字段数据类型又进行了修改，那么程序中的该变量的定义也自动使用新的数据类型。使用这种变量定义方法，变量的数据类型和大小是在编译执行时决定的，这为书写和维护程序提供了很大的方便。

【任务 2-3】 定义并使用结合变量。

【任务实施】

步骤 1：输入和执行下列命令，定义结合变量 g_ename。

```
SQL> VARIABLE   g_ename   VARCHAR2(100);
```

步骤 2：输入和执行下列程序。

```
SQL> SET SERVEROUTPUT ON
SQL> BEGIN
:g_ename: = :g_ename|| 'Hello~ ';      -- 在程序中使用结合变量
DBMS_OUTPUT.PUT_LINE(:g_ename);        -- 输出结合变量的值
END;
/
```

输出结果：Hello~

PL/SQL 过程已成功完成。

步骤 3：重新执行程序。

输出结果：Hello~ Hello~

PL/SQL 过程已成功完成。

步骤 4：程序结束后用命令显示结合变量的内容。

```
SQL> PRINT g_ename
```

输出结果：

```
G_ENAME
--------------------------------------------------
Hello~ Hello~
```

说明：g_ename 为结合变量，可以在程序中引用或赋值，引用时在结合变量前面要加上“：”。在程序结束后该变量的值仍然存在，其他程序可以继续引用。

【相关知识】

我们还可以定义 SQL * Plus 环境下使用的变量，称为结合变量。结合变量也可以在程序中使用，该变量是在整个 SQL * Plus 环境下有效的变量，在退出 SQL * Plus 之前始终有效，所以可以使用该变量在不同的程序之间传递信息。结合变量不是由程序定义的，而是使用系统命令 VARIABLE 定义的。在 SQL * Plus 环境下显示该变量要用系统的 PRINT 命令。在 SQL * Plus 环境下定义结合变量的方法如下：

```
VARIABLE  variable_name DATATYPE;
```

【任务 2-4】 根据表定义记录变量。

【任务实施】

输入并执行如下程序：

```
SQL> SET SERVEROUTPUT ON
SQL> DECLARE
student_record  学生 %ROWTYPE; -- 定义记录变量
BEGIN
SELECT * INTO student_record  FROM 学生 WHERE  学号 = '090101001003'; -- 取出一条记录
DBMS_OUTPUT.PUT_LINE(student_record.姓名);   -- 输出记录变量的某个字段
END;
/
```

执行结果为：袁伟

PL/SQL 过程已成功完成。

说明：在以上的练习中定义了记录变量 student_record，它是根据学生表的全部字段定义的。SELECT 语句将学号为'090101001003'的学生的全部字段对应地存入该记录变量，最后输出记录变量 student_record.姓名的内容。如果要获得其他字段的内容，比如要获得学号为'090101001003'的学生的出生日期，可以通过变量 student_record.出生日期获得，以此类推。

【相关知识】

还可以根据表或视图的一个记录中的所有字段定义变量，称为记录变量。记录变量包含若干个字段，在结构上同表的一个记录相同，定义方法是在表名后跟%ROWTYPE。记录变量的字段名就是表的字段名，数据类型也一致。记录变量的定义方法是：

```
variable_name table_name %ROWTYPE;
```

获得记录变量的字段的方法是：记录变量名.字段名，如 student_record.姓名。

【任务 2-5】 定义和使用 TABLE 变量。

【任务实施】

输入并执行如下程序：

```
SQL> SET SERVEROUTPUT ON
SQL> DECLARE
TYPE type_table IS TABLE OF VARCHAR2(10) INDEX BY BINARY_INTEGER;
-- 类型说明
```

```
v_t     type_table;                  --定义 TABLE 变量
BEGIN
v_t(1):='MONDAY';
v_t(2):='TUESDAY';
v_t(3):='WEDNESDAY';
v_t(4):='THURSDAY';
v_t(5):='FRIDAY';
DBMS_OUTPUT.PUT_LINE(v_t(3));      --输出变量的内容
END;
/
```

执行结果为：WEDNESDAY

PL/SQL 过程已成功完成。

说明：该任务中定义了长度为 10 的字符型 TABLE 变量，通过赋值语句为前 5 个元素赋值，最后输出第三个元素。

【相关知识】

在 PL/SQL 中可以定义 TABLE 类型的变量。TABLE 数据类型用来存储可变长度的一维数组数据，即数组中的数据动态地增长。要定义 TABLE 变量，需要先定义 TABLE 数据类型。通过使用下标来引用 TABLE 变量的元素。TABLE 数据类型的定义形式如下：

```
TYPE tabletype_name IS TABLE OF DATATYPE[NOT NULL] INDEX BY BINARY_INTEGER;
```

其中：tabletype_name 表类型名是用户定义的；DATATYPE 数据类型是表中元素的数据类型，表中所有元素的数据类型是相同的；索引变量缺省为 BINARY_INTEGER（范围介于$-2^{31}-1\sim2^{31}-1$之间）类型的变量，用于指定索引表元素下标的数据类型。

【任务 2-6】 使用替换变量。

【任务实施】

步骤 1：输入和执行下列命令，定义结合变量 g_num。

```
VARIABLE g_num NUMBER;
```

步骤 2：输入和执行下列程序。

```
SQL>DECLARE
v_num NUMBER;
BEGIN
v_num:=&p_num;
:g_num:=v_num * 2;
DBMS_OUTPUT.PUT_LINE(:g_num);
END;
/
```

执行结果为：输入 p_num 的值：5。

原值　4：v_num：=&p_num。

新值　4：v_num：=5。

PL/SQL 过程已成功完成。

说明：当使用替换变量时，输出结果会显示进行替换的那些行。可以使用 set verify off 命令取消这些行。

```
SET VERIFY OFF;
```

执行结果为：输入 p_num 的值 5。

PL/SQL 过程已成功完成。

步骤 3：程序结束后用命令显示结合变量的内容。

```
SQL > PRINT g_num
```

执行结果为：

```
G_NUM
  -------
  10
```

【相关知识】

PL/SQL 没有输入能力。“&”加标识符即为替换变量，通过替换变量可以在 PL/SQL 中进行输入，并可以方便地达到创建通用脚本的目的。如果列的数据类型为字符或日期型，则应用单引号将替换变量括起来。

做一做：请各位同学利用替换变量根据用户所输入的学号查询此学生的姓名和班级。

另外，在 SELECT 语句中，如果希望重新使用某个变量并且不希望重新提示输入该值，则可以使用双 & 符号替换变量(&&)。如：

```
SELECT 学号, 姓名, 性别, &&Column   FROM 学生 ORDER BY &&Column DESC;
```

6.3 控制结构

PL/SQL 不仅能嵌入 SQL 语句，还可以使用多种控制结构完成对程序流程的控制。PL/SQL 的基本控制结构包括顺序结构、条件结构和循环结构。程序在执行过程中，是根据书写命令的先后顺序依次执行的，除非程序停止，否则每条 PL/SQL 语句都会被执行一次，而且仅被执行一次即程序的顺序结构。条件结构能够根据特定的条件有选择的执行特定的 PL/SQL 语句。循环结构能够多次重复执行特定的 PL/SQL 语句，条件控制结构和循环控制结构是本节的重点内容。

【任务 3】 程序控制结构应用。

【任务引入】

程序在执行过程中，是根据书写命令的先后顺序依次执行的，在有些情况下，需要改变程序的执行方向，根据不同的条件改变程序的流程。

【任务 3-1】 使用条件控制结构实现以下功能：如果存在职称为“副教授”或“教授”的

教师，那么输出“有满足条件的教师”信息，否则输出“没有满足条件的教师”信息。

【任务实施】

输入下列程序并执行。

```
SQL > SET SERVEROUTPUT ON
SQL > DECLARE
v_num VARCHAR2(10);
BEGIN
SELECT count( * ) INTO v_num FROM SPTCADM.教师 WHERE 职称 = '副教授' OR 职称 = '教授';
IF v_num! = 0 THEN
DBMS_OUTPUT.PUT_LINE('有满足条件的教师');
ELSE
DBMS_OUTPUT.PUT_LINE('没有满足条件的教师');
END IF;
END;
/
```

执行结果：有满足条件的教师。

PL/SQL 过程已成功完成。

说明：在本程序中，使用了一个技巧来判断一个教师是否存在。如果一个教师不存在，那么使用 SELECT…INTO 来获取教师信息就会失败，因为 SELECT…INTO 形式要求查询必须返回一行。但如果使用 COUNT 函数统计查询，返回满足条件的教师人数，则该查询总是返回一行，所以任何情况都不会失败。COUNT 函数返回的统计人数为 0 说明教师不存在，返回的统计人数为 1 说明教师存在，返回的统计人数大于 1 说明有多个满足条件的教师存在。

【相关知识】

条件控制结构是最基本的程序结构，根据条件可以改变程序的逻辑流程。PL/SQL 提供了两种用于实现条件结构的条件分支语句：IF 结构和 CASE 结构。IF 语句有如下的形式：

```
IF condition1 THEN
     statements1;
       [ELSIF condition2  THEN
                statements2;
                ...]
[ ELSE
   Statements n; ]
END IF;
```

其中：condition1 条件部分是一个逻辑表达式，值只能是真(TRUE)、假(FALSE)或空(NULL)。statements1 语句序列为多条可执行的语句。根据具体情况，条件控制结构可以有以下几种形式。

- IF-THEN-END IF：如果条件 1 为 TRUE，则执行 THEN 到 ELSE 之间的语句；否则，执行 END IF 后面的语句。
- IF-THEN-ELSE-END IF：如果条件 1 为 TRUE，则执行 THEN 到 ELSE 之间的语

句；否则，执行 ELSE 到 END IF 之间的语句，然后执行 END IF 后面的语句。

- IF-THEN-ELSIF-ELSE-END IF：如果条件 1 为 TRUE，则执行语句序列 1，然后执行 END IF 后面的语句；否则判断条件 2 是否为 TRUE，若为 TRUE，则执行语句序列 2，然后执行 END IF 后面的语句。如果条件 1、条件 2 都不成立，那么将执行语句序列 *n*，然后执行 END IF 后面的语句。

【任务 3-2】 插入教师，如果该名教师已经存在，则输出提示信息。

【任务实施】

```
SQL > SET SERVEROUTPUT ON
SQL > DECLARE
v_tecno NUMBER(20): = '020000000005';
v_num VARCHAR2(10);
BEGIN
SELECT count( * ) INTO v_num FROM SPTCADM.教师 WHERE 教师编号 = v_tecno;
IF v_num = 1 THEN
DBMS_OUTPUT.PUT_LINE('教师'||v_tecno||'已经存在!');
ELSE
INSERT INTO 教师(教师编号,姓名) VALUES(v_tecno,'李杰');
COMMIT;
DBMS_OUTPUT.PUT_LINE('成功插入新教师!');
END IF;
END;
/
```

执行结果：成功插入新教师！

PL/SQL 过程已成功完成。

说明：本例在教师不存在时进行插入操作，如果教师已经存在则不进行插入。

【任务 3-3】 使用简单 CASE 表达式实现以下功能：根据教师的职称输出相应的职称等级。

【任务实施】

```
SQL > DECLARE
v_level  教师.职称 % TYPE;
BEGIN
SELECT  职称 INTO  v_level FROM 教师  WHERE 教师编号 = '040000000005';
CASE
WHEN v_level = '助教' THEN
DBMS_OUTPUT.PUT_LINE('职称等级: 初级');
WHEN v_level = '讲师' THEN
DBMS_OUTPUT.PUT_LINE('职称等级: 中级');
ELSE
  DBMS_OUTPUT.PUT_LINE('职称等级: 高级');
END CASE;
END;
/
```

执行结果：职称等级：初级

PL/SQL 过程已成功完成。

【相关知识】

IF 结构在处理单分支结构时非常有效，但当处理多分支时，IF 结构就显得比较复杂。CASE 语句相比 IF 结构则更为简洁，执行效率也更高。可有以下三种用法。

(1) Oracle 提供了一种 CASE 结构，通过判断 condition_expression 条件表达式的值，根据条件表达式决定转向，即找到第一个为 TRUE 的表达式后执行对应的语句块，然后退出条件判断部分。它的基本结构如下：

```
CASE
  WHEN condition_expression1 THEN statements1
  WHEN condition_expression2 THEN statements2
  WHEN condition_expressionn THEN statementsn......
ELSE
  statements  n+1
END CASE;
```

说明：在整个结构中，直接判断条件表达式的值，根据条件表达式决定执行哪条语句序列。

(2) CASE 语句根据条件将 selector 单个变量或表达式与多个 expression 值进行比较。语句的语法如下：

```
CASE selector
  WHEN expression1 THEN   statements1
  WHEN expression2 THEN   statements2
  WHEN expressionn THEN   statementsn......
ELSE
  statements n+1
END CASE;
```

说明：在执行语句前，该语句先计算选择器 selector 的值，当 selector 的值与某个 expression 相等时，则执行对应了 THEN 子句部分的语句，如果 selector 的值与所有的 expression 都不相等，则执行 ELSE 部分的语句。ELSE 部分是可选的。例如，下面的程序块：

```
SQL> DECLARE
v_level  教师.职称 %TYPE;
BEGIN
SELECT  职称 INTO  v_level FROM 教师
WHERE 教师编号 = '040000000005';
CASE  v_level
WHEN '助教' THEN
DBMS_OUTPUT.PUT_LINE('职称等级: 初级');
WHEN '讲师' THEN
DBMS_OUTPUT.PUT_LINE('职称等级: 中级');
ELSE
   DBMS_OUTPUT.PUT_LINE('职称等级: 高级');
END CASE;
END;
/
```

(3) 在 Oracle 中,CASE 结构还能以赋值表达式的形式出现,它根据选择变量的值求得不同的结果。它的基本结构如下:

```
variable_name: = CASE selector
WHEN expression 1 THEN value 1
WHEN expression 2 THEN value 2
WHEN expression n THEN value n
ELSE   value n + 1
END;
```

例如,下面的程序块。

```
SQL > DECLARE
v_level   教师.职称 % TYPE;
v_result VARCHAR2(10);
BEGIN
v_level: = '助教';
v_result: =  CASE   v_level
WHEN '助教' THEN '初级'
WHEN '讲师' THEN '中级'
ELSE '高级'
END;
DBMS_OUTPUT.PUT_LINE('职称等级: '|| v_result );
END;
/
```

【任务 3-4】 使用 WHILE 循环结构向“教师”表连续插入 5 个记录。

【任务实施】

步骤 1:执行下面的程序。

```
SQL > SET SERVEROUTPUT ON
SQL > DECLARE
v_count   NUMBER(2): =  1;
BEGIN
  WHILE v_count < = 5 LOOP
    INSERT INTO 教师(教师编号, 姓名)     VALUES ('020000000006' + v_count, '临时');
v_count : =  v_count  +  1;
  END LOOP;
  COMMIT;
END;
/
```

输出结果为:PL/SQL 过程已成功完成。

步骤 2:显示插入的记录。

```
SQL > SELECT 教师编号, 姓名 FROM 教师 WHERE 姓名 = '临时';
教师编号     姓名
---------- ---------
20000000007  临时
20000000008  临时
20000000009  临时
20000000010  临时
20000000011  临时
已选择 5 行。
```

步骤 3：删除插入的记录。

```
SQL > DELETE FROM 教师 WHERE 姓名 = '临时';
已删除 5 行。
SQL > COMMIT;
提交完成。
```

说明：该任务中使用 WHILE 循环结构向教师表插入 5 个新记录(教师编号根据循环变量生成),并通过查询语句显示新插入的记录,然后删除。

【相关知识】

循环结构是最重要的程序控制结构,用来控制反复执行一段程序,则可以通过适当的循环程序实现。PL/SQL 循环结构可划分为以下 3 种。

(1) WHILE LOOP 循环。将条件与一系列的语句结合在一起的循环。每次在执行语句前,先判断条件,如果 condition 条件为 TRUE,则执行 LOOP 和 END LOOP 之间的语句,如果为 FALSE,则退出循环。WHILE 循环的次数到循环结束时才知道。其格式如下：

```
WHILE  condition  LOOP
statements1;
statements2;
END LOOP;
```

(2) 基本 LOOP 循环。与 WHILE 循环语句先判断或执行不同,LOOP 循环至少执行一次,根据循环中设置的表达式的逻辑值是否为 FALSE 来选择是否继续执行循环。基本循环的结构如下：

```
LOOP        --循环起始标识
statements1;
statements2;
EXIT[WHEN condition];
END LOOP;    --循环结束标识
```

说明：EXIT 用于在循环过程中退出循环,WHEN condition 用于定义 EXIT 的退出条件。如果没有 WHEN 条件,遇到 EXIT 语句则无条件退出循环。

```
SQL > DECLARE
v_count  NUMBER(2):= 1;
BEGIN
```

```
  LOOP
    INSERT INTO 教师(教师编号, 姓名)    VALUES ('020000000006' + v_count, '临时');
    EXIT WHEN v_count  = 5;
v_count := v_count + 1;
  END LOOP;
  COMMIT;
END;
/
```

(3) FOR LOOP 循环。在执行语句前,FOR 循环中的循环次数是已知的,也就是说,FOR 循环适于用在循环次数为已知的情况下。在 FOR 循环中,循环计数器变量无须事先声明,且在循环体语句中不能给计数器变量赋值。FOR 循环的步长总为 1。FOR 循环是固定次数循环,格式如下:

```
FOR counter in[REVERSE]  start_range  ..  end_range
LOOP
statements1;
statements2;
END LOOP;
```

其中:counter 为循环计数器变量。关键字 REVERSE 为可选项,只有在需要值从大到小执行循环时才会使用它。循环计数器变量的下限是 start_range ,循环计数器变量的上限是 end _range,start_range 应小于 end _range。使用 FOR 循环不需要显式声明循环计数器变量的类型,而由 PL/SQL 隐式提供。默认情况下,循环计数器变量从下限值开始,每次循环结束后自动增加 1,直至超过上限值为止;若指定 REVERSE 参数,则循环计数器变量从上限值开始,每次循环结束后自动减 1,直至低于下限值为止。例如,下面的程序块:

```
SQL> BEGIN
  FOR  v_count IN 1..5
LOOP
    INSERT INTO 教师(教师编号, 姓名)    VALUES ('020000000006' + v_count, '临时');
END LOOP;
COMMIT;
END;
```

注意:顺序控制的 GOTO 语句和 NULL 语句。

GOTO 语句:GOTO 语句用于无条件地将控制权转到标签指定的语句。标签是用双尖括号括起来的标识符例,例如:<<UPDAT>>。在 PL/SQL 块内标签必须具有唯一的名称,标签后必须紧跟执行语句或 PL/SQL 块。GOTO 语句不能跳转到 IF 语句、CASE 语句、LOOP 语句或子块中。

NULL 语句:NULL 语句说明“什么也不做”,只是将控制权转移到下一条语句。NULL 语句是可执行语句。NULL 语句可以用在 IF 或其他语句语法要求至少需要一条可执行语句,但又不需要执行操作的情况下。例如,下面的程序块。

```
SQL > DECLARE
   salv emp.sal % TYPE;
BEGIN
   SELECT sal INTO salv FROM emp WHERE empno = 7782;
   IF salv < 2000 THEN
   GOTO UPDAT;
   ELSE
   NULL;
  END IF;
  << UPDAT >>
        UPDATE emp SET sal = 2000 WHERE empno = 7782;
  END;
```

小结

本章主要介绍了PL/SQL块的基本构成以及如何使用PL/SQL语言编写和运行PL/SQL程序块，介绍了PL/SQL块中三种程序控制结构及其应用。PL/SQL程序作为功能块嵌入到Oracle数据库中可以大大提高SQL语句的执行效率，同时利用程序控制结构也提高了SQL语句处理功能的灵活性。

思考与练习

【选择题】

1. 在PL/SQL块中不能直接嵌入以下(　　)语句。

   A. SELECT　　B. INSERT

   C. CREATE TABLE　　D. GRANT

   E. COMMIT

2. 在程序中必须书写的语句是(　　)。

   A. SET SERVEROUTPUT ON　　B. DECLARE

   C. BEGIN　　D. EXCEPTION

3. 在程序中正确的变量定义语句是(　　)。

   A. EMP_record EMP.ename%ROWTYPE

   B. EMP_record EMP%ROWTYPE

   C. v_ename　EMP%TYPE

   D. v_ename　ename%TYPE

4. 在程序中最有可能发生错误的语句是(　　)。

   A. INSERT INTO EMP(EMPno,ename) VALUES(8888,'Jone')

   B. UPDATE EMP SET sal=sal+100

   C. DELETE FROM EMP

   D. SELECT * FROM EMP

5. 关于以下分支结构，如果i的初值是15，循环结束后j的值是（　　）。

```
IF i > 20 THEN
  j:= i * 2;
ELSIF i > 15 THEN
  j:= i * 3;
ELSE
  j:= i * 4;
END IF;
```

A. 15　　B. 30　　C. 45　　D. 60

6. 关于以下循环，如果I的初值是3，则循环的次数是（　　）。

```
WHILE I < 6 LOOPl
I:= I + 1;
END LOOP;
```

A. 3　　B. 4　　C. 5　　D. 6

7. 以下表达式的结果非空的是（　　）。

A. NULL||NULL　　B. 'NULL'||NULL　　C. 3＋NULL　　D. (5＞NULL)

第7章 游标和异常处理

【学习目标】

(1) 了解游标的概念和种类。

(2) 掌握游标的操作：声明游标、打开游标、提取游标数据、关闭游标和释放游标。

(3) 掌握游标属性和游标的循环处理。

(4) 理解并掌握 PL/SQL 的异常处理机制。

【工作任务】

(1) 使用游标属性控制程序流程。

(2) 使用循环游标提取结果集。

(3) 按课程号查询课程名称——掌握 PL/SQL 的异常处理机制。

游标是 Oracle 系统在内存中开辟的一块工作区，由系统或用户以变量的形式定义。游标的作用就是用于临时存储从数据库中提取的数据块。在某些情况下，需要把数据从存放在磁盘的表中调到计算机内存中进行处理，最后将处理结果显示出来或最终写回数据库。这样数据处理的速度才会提高，否则频繁地磁盘数据交换会降低效率。

游标有两种类型：显式游标和隐式游标。在前述程序中用到的 SELECT…INTO…查询语句，一次只能从数据库中提取一行数据，对于这种形式的查询和 DML 操作，系统都会使用一个隐式游标。但是如果要提取多行数据，就要由程序员定义一个显式游标，并通过与游标有关的语句进行处理。显式游标对应一个返回结果为多行多列的 SELECT 语句。

游标一旦打开，数据就从数据库中传送到游标变量中，然后应用程序再从游标变量中分解出需要的数据，并进行处理。

7.1 隐式游标

如前所述，DML 操作和单行 SELECT 语句会使用隐式游标，如下所示。

- 插入操作：INSERT。
- 更新操作：UPDATE。
- 删除操作：DELETE。
- 单行查询操作：SELECT…INTO…。

【任务 1】 使用隐式游标的属性，判断对学生成绩的修改是否成功。

【任务引入】

当系统使用一个隐式游标时,可以通过隐式游标的属性来了解操作的状态和结果,进而控制程序的流程。

【任务实施】

步骤1:输入和运行以下程序。

```
SQL > SET SERVEROUTPUT ON
SQL > BEGIN
UPDATE 课程注册 SET 成绩 = 48 WHERE 课程号 = '0001' AND 学号 = '090101001067';
IF SQL % FOUND THEN
DBMS_OUTPUT.PUT_LINE('成功修改学生成绩!');
COMMIT;
ELSE
DBMS_OUTPUT.PUT_LINE('修改学生成绩失败!');
END IF;
END;
/
执行结果:修改学生成绩失败!
PL/SQL 过程已成功完成。
```

步骤2:将上述程序中的条件表达式学号='090101001067'改为学号='090101001002',重新执行以上程序。

运行结果为:成功修改学生成绩!

PL/SQL 过程已成功完成。

说明:本例中,通过 SQL%FOUND 属性判断修改是否成功,并给出相应信息。

【相关知识】

隐式游标可以使用名字 SQL 来访问,但要注意,通过“SQL 游标名”总是只能访问前一个 DML 操作或单行 SELECT 操作的游标属性。所以通常在刚刚执行完一次操作之后,立即使用 SQL 游标名来访问属性。游标的属性有 4 种,如表 7-1 所示。

表 7-1 游标属性

隐式游标的属性	返回值的类型	意义
SQL%ROWCOUNT	整型	代表 DML 语句成功执行的数据行数
SQL%FOUND	布尔型	值为 TRUE 代表插入、删除、更新或单行查询操作成功
SQL%NOTFOUND	布尔型	与 SQL%FOUND 属性返回值相反
SQL%ISOPEN	布尔型	DML 执行过程中为真,结束后为假

➢ %FOUND 和%NOTFOUND

在执行任何数据操纵语句前,%FOUND 和%NOTFOUND 的值都是 NULL。在执行数据操纵语句后,%FOUND 的属性值如下所示。

- TRUE:成功执行一条 INSERT 语句时;
- TRUE:执行 DELETE 和 UPDATE 操作时,至少有一行被 DELETE 或 UPDATE;
- TRUE:执行 SELECT…INTO…至少返回一行时。

当%FOUND 为 TRUE 时,%NOTFOUND 为 FALSE。

➢ %ROWCOUNT

在执行任何数据操纵语句之前，%ROWCOUNT 的值都是 NULL。对于 SELECT… INTO… 语句，如果执行成功，则% ROWCOUNT 的值为 1；如果没有成功，则 %ROWCOUNT 的值为 0，同时产生一个异常的 NO_DATA_FOUND。

➢ %ISOPEN

%ISOPEN 是一个布尔值，如果游标打开，则为 TRUE；如果游标关闭，则为 FALSE。对于隐式游标而言，%ISOPEN 总是 FALSE，这是因为隐式游标在 DML 语句执行时打开，在结束时就立即关闭。

7.2 显式游标

显式游标是由用户自己定义和操作的游标，通常所说的游标都是显式游标。游标的使用需要先进行定义，并按照一定的操作步骤进行操作。显式游标是可以被用户操控的一种灵活的方式，它的使用更为广泛。

【任务 2-1】 用游标提取教师任课表中教师编号为'030000000004'的老师教授课程的课程号和专业学级。

【任务引入】

隐式游标在查询过程中仅用于单行查询操作，在该任务中，教师编号为'030000000004'的老师可能教授多门课程，要利用变量提取操作结果，就必须定义显式游标。

【任务实施】

输入以下程序并执行。

```
SQL> SET SERVEROUTPUT ON
SQL> DECLARE
v_teacno VARCHAR2(20);
v_cno VARCHAR2(10);
v_grade VARCHAR2(10);
CURSOR teac_cursor IS SELECT 教师编号,课程号,专业学级 FROM 教师任课 WHERE 教师编号 =
'030000000004';
BEGIN
OPEN teac_cursor;
FETCH teac_cursor INTO  v_teacno,v_cno,v_grade;
DBMS_OUTPUT.PUT_LINE( v_teacno||','||v_cno||','|| v_grade);
CLOSE teac_cursor;
END;
/
```

执行结果为：

```
030000000004,0003,2009
PL/SQL 过程已成功完成。
```

说明：该程序通过定义游标 teac_cursor，提取并显示教师编号为'030000000004'的老师教授课程的课程号和专业学级。

【相关知识】

显式游标是由 PL/SQL 程序员定义和命名的游标，用于多行查询语句。当查询返回结果超过一行时，就需要一个显式游标，否则用户不能使用 SELECT…INTO…语句。隐式游标由 PL/SQL 块自动管理，当查询开始时隐式游标打开，查询结束时隐式游标自动关闭，而显式游标在 PL/SQL 块的声明部分声明，在执行部分或异常处理部分打开，取完数据后将其关闭。显式游标的使用可以分成以下 4 个步骤。

(1) 声明游标。在 DECLEAR 部分按以下格式声明游标：

```
CURSOR cursor_name[(parameter1 DATATYPE[,parameter2 DATATYPE...])]
IS select_statement;
```

定义参数的语法为：

```
Parameter_name[IN] data_type[{:= |DEFAULT} value]
```

其中：

➢ cursor_name 是定义的游标名称。

➢ parameter 参数是可选部分，游标只能接受传递的值，而不能返回值。参数只定义数据类型，没有大小。所定义的参数可以出现在 SELECT 语句的 WHERE 子句中。如果定义了参数，则必须在打开游标时传递相应的实际参数。

➢ select_statement 语句是对表或视图的查询语句，甚至也可以是联合查询。可以带 WHERE 条件、ORDER BY 或 GROUP BY 等子句，但不能使用 INTO 子句。在 SELECT 语句中可以使用在定义游标之前定义的变量。

(2) 打开游标。在可执行部分，按以下格式打开游标：

```
OPEN cursor_name[([parameter =>] value[,[parameter =>] value]…)];
```

打开游标就是执行游标所对应的 SELECT 语句，将其查询结果放入工作区，并且指针指向工作区的首部，标识游标结果集合。在向游标传递参数时，可以使用与函数参数相同的传值方法，即位置表示法和名称表示法。PL/SQL 程序不能用 OPEN 语句重复打开一个游标。

(3) 提取数据。在可执行部分，按以下格式将游标工作区中的数据取到变量中。提取操作必须在打开游标之后进行。

```
FETCH  cursor_name  {variable_list | record_variable};
```

其中，变量名是用来从游标中接收数据的变量，需要事先定义。变量的个数和类型应与 SELECT 语句中的字段变量的个数和类型一致。游标打开后有一个指针指向数据区，FETCH 语句一次返回指针所指的一行数据，要返回多行需重复执行，可以使用循环语句来实现。控制循环可以通过判断游标的属性来进行。

(4) 关闭游标。显式游标打开后，必须显式地关闭。游标一旦关闭，游标占用的资源就被释放，游标变成无效，必须重新打开才能使用。

```
CLOSE  cursor_name;
```

定义游标时也可以定义相关的参数，这样在打开游标时通过传递不同的参数，就可以查询到不同的内容。输入以下程序并执行。

```
SQL> SET SERVEROUTPUT ON
SQL> DECLARE
v_teacno VARCHAR2(20);
v_cno VARCHAR2(10);
v_grade VARCHAR2(10);
CURSOR teac_cursor(JSBH VARCHAR2) IS SELECT 教师编号,课程号,专业学级 FROM 教师任课 WHERE 教
师编号 = JSBH;
BEGIN
OPEN teac_cursor('030000000004');
FETCH teac_cursor INTO   v_teacno,v_cno,v_grade;
DBMS_OUTPUT.PUT_LINE( v_teacno||','||v_cno||','|| v_grade);
CLOSE teac_cursor;
END;
/
```

执行结果：

```
030000000004,0003,2009
PL/SQL 过程已成功完成。
```

【任务 2-2】 用游标提取教师任课表中教师编号为'030000000004'的老师教授课程的课程号和专业学级。

【任务引入】

在上一个任务中，我们定义了 3 个变量，用于接收教师编号、课程号和专业学级 3 个字段中的数据。为了使用起来更加方便，也可以定义一个记录变量，用于接收查询结果。

【任务实施】

输入并执行以下程序。

```
SQL> SET SERVEROUTPUT ON
SQL> DECLARE
CURSOR teac_cursor IS   SELECT 教师编号,课程号,专业学级 FROM 教师任课 WHERE 教师编号 =
'030000000004';
teac_record   teac_cursor%ROWTYPE;
BEGIN
OPEN teac_cursor;
FETCH teac_cursor INTO teac_record;
DBMS_OUTPUT.PUT_LINE(teac_record.教师编号||','|| teac_record.课程号||','|| teac_record.专
业学级);
CLOSE teac_cursor;
END;
/
```

执行结果为：

```
030000000004,0003,2009
PL/SQL 过程已成功完成。
```

说明：在该任务中使用了记录变量来接收数据，记录变量由游标变量定义，需要出现在游标定义之后。可通过以下形式获得记录变量的内容：记录变量名.字段名。

【相关知识】

在提取操作结果时，我们使用了另外一种方式：

```
FETCH  cursor_name  record_variable ;
```

一次将一行数据取到记录变量中，需要使用%ROWTYPE事先定义记录变量，这种形式使用起来比较方便，不必分别定义和使用多个变量。一个记录变量（也就是属性类型变量%ROWTYPE）可以存放游标返回的一行数据。记录变量定义的语法为：

```
v_record_variable cursor_name % ROWTYPE;或者 v_record_variable table_name % ROWTYPE;
```

【任务 2-3】 显示教师任课表中教师编号为'030000000004'的老师所授课程的课程号和专业学级。

【任务引入】

游标打开后有一个指针指向数据区，FETCH语句一次返回指针所指的一行数据，那么如何获得操作结果中的所有数据呢？

【任务实施】

输入以下程序并执行。

```
SQL > SET SERVEROUTPUT ON
SQL > DECLARE
v_teacno VARCHAR2(20);
v_cno VARCHAR2(10);
v_grade VARCHAR2(10);
v_count number(3,0);
CURSOR teac_cursor IS  SELECT 教师编号,课程号,专业学级 FROM 教师任课
WHERE 教师编号 = '030000000004'  ORDER BY 课程号 DESC;
BEGIN
SELECT COUNT( * ) INTO V_COUNT FROM 教师任课
WHERE 教师编号 = '030000000004'  ;
OPEN teac_cursor;
FOR I in 1..v_count LOOP
FETCH teac_cursor INTO v_teacno,v_cno,v_grade;
DBMS_OUTPUT.PUT_LINE(v_teacno||','||v_cno||','||v_grade);
END LOOP;
CLOSE teac_cursor;
END;
/
```

执行结果为：

```
030000000004,0007,2009
030000000004,0003,2009
PL/SQL 过程已成功完成。
```

说明：该程序在游标定义中使用了ORDER BY子句进行排序，并使用循环语句来提取

多行数据。变量V_COUNT用于接收教师编号='030000000004'的老师授课的数量，"FOR I in 1.. v_count"作为循环判断的初值和终值开始循环提取数据。

【任务2-4】 使用特殊的FOR循环形式显示全部学生的学号和姓名。

【任务引入】

游标是数据处理的重要方法，游标的使用需要经过定义、打开、提取数据、关闭4步操作，步骤比较烦琐。下面学习一种特殊的循环游标简化游标的操作。

【任务实施】

输入以下程序并执行。

```
SQL> SET SERVEROUTPUT ON
SQL> DECLARE
  CURSOR STU_cursor IS  SELECT * FROM 学生;
BEGIN
  FOR STU_record IN STU_cursor LOOP
  DBMS_OUTPUT.PUT_LINE(STU_record.学号|| STU_record.姓名);
  END LOOP;
END;
/
```

执行结果为：

```
090101001001 王文涛
090101001021 张泽
090101001002 朱晓军
090101001003 袁伟
090101001004 高敏
090102002001 付越成
090201001001 王欣
090202002001 郭韩
090301001001 郭世雄
090302001001 张梅洁
090401001001 刘云
PL/SQL 过程已成功完成。
```

说明：在这里我们使用了游标的一个特殊的FOR循环格式来处理游标中全部的数据行。可以看到该循环形式非常简单，隐含了游标的打开、提取和关闭过程，并且隐含定义了一个同游标一致的记录变量，用于接收游标的数据。STU_record为隐含定义的记录变量，循环的执行次数与游标取得的数据的行数相一致。这种特殊的形式简化了程序设计。

【相关知识】

循环游标可以简化显式游标的处理代码。在使用循环游标时，Oracle会隐含地打开游标、提取游标数据并关闭游标。语法如下：

```
FOR record_name IN (cursor_name[(parameter[,parameter]...)])  | (select_statement)
    LOOP
      statements
END LOOP;
```

其中：cursor_name 是已经定义的游标名；record_name 是 PL/SQL 声明的记录变量。此变量的属性声明为%ROWTYPE 类型，作用域在 FOR 循环之内。

【任务 2-5】 另一种形式的游标循环。

【任务实施】

输入以下程序并执行。

```
SQL > SET SERVEROUTPUT ON
SQL > BEGIN
 FOR STU  IN (SELECT * FROM 学生)  LOOP
  DBMS_OUTPUT.PUT_LINE(STU.学号|| STU.姓名);
 END LOOP;
END;
```

执行结果为：

```
090101001001 王文涛
090101001021 张泽
090101001002 朱晓军
090101001003 袁伟
090101001004 高敏
090102002001 付越成
090201001001 王欣
090202002001 郭韩
090301001001 郭世雄
090302001001 张梅洁
090401001001 刘云
PL/SQL 过程已成功完成。
```

说明：该种形式更为简单，省略了游标的定义，游标的 SELECT 查询语句在循环中直接出现。

7.3 显式游标属性

【任务 3】 使用显式游标的属性练习。

【任务引入】

虽然可以使用前面的循环形式获得游标数据，但是在游标定义以后我们也可以使用显式游标的属性来控制程序的执行。之前所讲的隐式游标属性显式游标也有，不同之处在于游标属性的前缀是游标名而不是 SQL。

- %ROWCOUNT：返回值的类型为整型，代表 FETCH 语句返回的数据行数。
- %FOUND：返回值的类型为布尔型，值为 TRUE 代表最近一次 FETCH 语句返回一行数据，否则为 FALSE。
- %NOTFOUND：返回值的类型为布尔型，与%FOUND 属性返回值相反。
- %ISOPEN：返回值的类型为布尔型，游标已经打开时值为 TRUE，否则为 FALSE。

【任务实施】

输入以下程序并执行。

```
SQL > SET SERVEROUTPUT ON
SQL > DECLARE
v_teacno VARCHAR2(20);
v_cno VARCHAR2(10);
v_grade VARCHAR2(10);
CURSOR teac_cursor IS   SELECT 教师编号,课程号,专业学级 FROM 教师任课 ORDER BY 教师编号
DESC;
BEGIN
OPEN teac_cursor;
IF teac_cursor % ISOPEN THEN
LOOP
   FETCH teac_cursor INTO v_teacno ,v_cno ,v_grade ;
   EXIT WHEN teac_cursor % NOTFOUND;
DBMS_OUTPUT.PUT_LINE(to_char(teac_cursor % ROWCOUNT)||'-'||v_teacno||','||v_cno||','||v_
grade);
  END LOOP;
ELSE
   DBMS_OUTPUT.PUT_LINE('用户信息：游标没有打开!');
END IF;
CLOSE teac_cursor;
END;
/
```

执行结果为：

```
1-040000000005,0004,2009
2-040000000005,0008,2009
3-030000000004,0003,2009
4-030000000004,0007,2009
5-010000000002,0006,2009
6-010000000001,0001,2009
7-010000000001,0005,2009
PL/SQL 过程已成功完成。
```

说明：本例使用 teac_cursor%ISOPEN 判断游标是否打开；使用 teac_cursor%ROWCOUNT 获得到目前为止 FETCH 语句返回的数据行数并输出；使用循环来获取数据，在循环体中使用 FETCH 语句；使用 teac_cursor%NOTFOUND 判断 FETCH 语句是否成功执行，当 FETCH 语句失败时说明数据已经取完，退出循环。

```
OPEN cursor_name;
LOOP
FETCH cursor_name INTO variable[,variable,...];
EXIT WHEN cursor_name % NOTFOUND;
 -- 使用数据
END LOOP;
CLOSE   cursor_name;
```

做一做：去掉 OPEN teac_cursor;语句,重新执行以上程序,看看执行的结果。

7.4 异常处理

程序在运行的过程中常常会发生错误,这时系统会显示错误信息,并异常终止程序的运行。一个完善的程序应该能预见可能发生并需要处理的错误,并编写处理代码,而不应该异常终止。异常是 Oracle 系统程序执行过程中的一种特殊状态,是由于程序发生错误或用户有目的地故意引发的,每一种异常都有一个唯一的错误代码。对于这些错误,可以在程序中捕捉,然后由程序的错误处理部分的代码进行处理,这样就可以按照程序员的意愿进行处理并显示自己定义的提示信息了。

7.4.1 错误处理

系统预定义异常处理是针对 PL/SQL 程序编译、执行过程中发生的系统预定义异常问题进行处理的程序。无论是违反 Oracle 规则,还是超出系统规定的限度,都会引发系统异常。系统预定义异常处理一般由系统自动触发,也可以利用后面介绍的自定义异常的触发方法来显式触发系统预定义异常。

【任务 4-1】 查询课程表中课程号为 0009 号课程的名字。

【任务引入】

在查询过程中,如果没有找到相应的数据,就会引发异常,如果程序中没有该错误的处理部分,将显示如下的系统错误信息。

第 1 行出现错误:

RA－01403:未找到数据

RA－06512:在 line 4

如果存在程序的错误处理部分,那么发生错误时就会转到该部分执行。处理部分首先判断发生异常的种类,然后选择执行相应的处理代码,应该为每一种需要处理的异常编写错误处理代码。如果执行了异常处理,系统的错误信息就不会显示,错误的状态也会被恢复。

【任务实施】

输入以下程序并执行。

```
SQL> SET SERVEROUTPUT ON
SQL> DECLARE
v_cname VARCHAR2(10);
BEGIN
SELECT  课程名称  INTO  v_cname FROM  课程  WHERE  课程号 = '0009';
DBMS_OUTPUT.PUT_LINE('该课程名字为: '|| v_cname);
EXCEPTION
  WHEN NO_DATA_FOUND THEN
    DBMS_OUTPUT.PUT_LINE('编号错误,没有找到相应课程!');
  WHEN OTHERS THEN
    DBMS_OUTPUT.PUT_LINE('发生其他错误!');
END;
/
```

执行结果为：

```
编号错误,没有找到相应课程!
PL/SQL 过程已成功完成。
```

说明：在以上查询中，因为课程号 = '0009'的课程不存在，所以将发生类型为"NO_DATA_FOUND"的异常。"NO_DATA_FOUND"是系统预定义的错误类型，EXCEPTION部分下的WHEN语句将捕捉到该异常，并执行相应代码部分。在本例中，输出用户自定义的错误信息"编号错误，没有找到相应课程！"。如果发生其他类型的错误，将执行OTHERS条件下的代码部分，显示"发生其他错误！"。

【相关知识】

错误处理部分位于程序的可执行部分之后，是由WHEN语句引导的多个分支构成的。PL/SQL程序块的异常处理部分包含了程序处理错误的代码，当异常被抛出时，程序控制离开执行部分转入异常部分，一旦程序进入异常部分就不能再回到同一块的执行部分。下面是异常处理部分的一般语法。

```
EXCEPTION
   WHEN   exception_name1[OR exception_name2] THEN
      statements 1;
   WHEN   exception_name3[OR exception_name 4] THEN
      statements 2;
   WHEN OTHERS
      statements n;
END;
```

其中：exception_name错误是在标准包中由系统预定义的标准错误，或是由用户在程序的说明部分自定义的错误，参见下一节系统预定义的错误类型。statements语句序列就是不同分支的错误处理部分。凡是出现在WHEN后面的错误都是可以捕捉到的错误，其他未被捕捉到的错误，将在WHEN OTHERS部分进行统一处理，OTHENS必须是EXCEPTION部分的最后一个错误处理分支。如要在该分支中进一步判断错误种类，可以通过使用预定义函数SQLCODE( )和SQLERRM( )来获得系统错误号和错误信息。如果在程序的子块中发生了错误，但子块没有错误处理部分，则错误会传递到主程序中。

【任务4-2】 由程序代码显示系统错误。

【任务引入】

除了用户自定义的异常处理外，在程序中也可以利用系统函数进一步获得错误的代码和种类信息。

【任务实施】

输入以下程序并执行。

```
SQL> SET SERVEROUTPUT ON
SQL> DECLARE
v_tEMP NUMBER(5): = 1;
BEGIN
v_tEMP: = v_tEMP/0;
```

```
EXCEPTION
  WHEN OTHERS THEN
   DBMS_OUTPUT.PUT_LINE('发生系统错误!');
   DBMS_OUTPUT.PUT_LINE('错误代码: '|| SQLCODE( ));
   DBMS_OUTPUT.PUT_LINE('错误信息: '||SQLERRM( ));
END;
/
```

执行结果为：发生系统错误！
错误代码：－1476
错误信息：ORA-01476：除数为 0
PL/SQL 过程已成功完成。

说明：程序运行中发生"除零错误"，由 WHEN OTHERS 捕捉到，执行用户自己的输出语句显示错误信息，然后正常结束。在错误处理部分使用了预定义函数 SQLCODE( )和 SQLERRM( )来进一步获得错误的代码和种类信息。

7.4.2 预定义错误

Oracle 的系统错误很多，但只有一部分常见错误在标准包中予以定义。定义的错误可以在 EXCEPTION 部分通过标准的错误名来进行判断，并进行异常处理。常见的系统预定义异常如表 7-2 所示。

表 7-2 系统预定异常

错误名称	错误代码	错误含义
CURSOR_ALREADY_OPEN	ORA_06511	试图打开已经打开的游标
INVALID_CURSOR	ORA_01001	试图使用没有打开的游标
DUP_VAL_ON_INDEX	ORA_00001	保存重复值到唯一索引约束的列中
ZERO_DIVIDE	ORA_01476	发生除数为零的除法错误
INVALID_NUMBER	ORA_01722	试图对无效字符进行数值转换
ROWTYPE_MISMATCH	ORA_06504	主变量和游标的类型不兼容
VALUE_ERROR	ORA_06502	转换、截断或算术运算发生错误
TOO_MANY_ROWS	ORA_01422	SELECT…INTO…语句返回多于一行的数据
NO_DATA_FOUND	ORA_01403	SELECT…INTO…语句没有数据返回
TIMEOUT_ON_RESOURCE	ORA_00051	等待资源时发生超时错误
TRANSACTION_BACKED_OUT	ORA_00060	由于死锁，提交失败
STORAGE_ERROR	ORA_06500	发生内存错误
PROGRAM_ERROR	ORA_06501	发生 PL/SQL 内部错误
NOT_LOGGED_ON	ORA_01012	试图操作未连接的数据库
LOGIN_DENIED	ORA_01017	在连接时提供了无效用户名或口令

【任务 4-3】 定义新的系统错误类型。

【任务引入】

除了系统中预定义的异常外，我们也可以自己在程序中定义异常。

【任务实施】

输入以下程序并执行。

```
SQL> SET SERVEROUTPUT ON
SQL> DECLARE
NULL_INSERT_ERROR EXCEPTION;
PRAGMA EXCEPTION_INIT(NULL_INSERT_ERROR, -1400);
BEGIN
INSERT INTO 课程(课程号) VALUES(NULL);
EXCEPTION
WHEN NULL_INSERT_ERROR THEN
    DBMS_OUTPUT.PUT_LINE('无法插入 NULL值!');
  WHEN OTHERS  THEN
    DBMS_OUTPUT.PUT_LINE('发生其他系统错误!');
END;
```

执行结果为：无法插入 NULL 值!

PL/SQL 过程已成功完成。

说明：NULL_INSERT_ERROR 是自定义异常，同系统错误 1400 相关联。

【相关知识】

如果一个系统错误没有在标准包中定义，则需要在说明部分定义，语法如下：

```
exception_name EXCEPTION;
```

定义后使用 PRAGMA EXCEPTION_INIT 来将一个定义的错误同一个特别的 Oracle 错误代码相关联，就可以同系统预定义的错误一样使用了。语法如下：

```
PRAGMA EXCEPTION_INIT(exception_name, - Oracle_error_number);
```

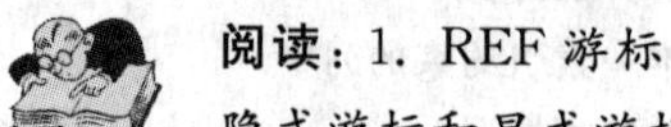

阅读：1. REF 游标

隐式游标和显式游标都是静态定义的。它们在编译的时候查询结果集就已经被确定。如果想在运行的时候动态确定查询结果集，就要使用 ref 游标和游标变量。创建 ref 游标需要两个步骤：①声明 ref cursor 类型；②声明 ref cursor 类型变量。语法如下："type ref_cursor_name is ref cursor[return record_type];"。其中，return 用于指定游标提取结果集的返回类型。有 return 表示是强类型 ref 游标，没有 return 表示是弱类型的游标。弱类型游标可以提取任何类型的结果集。定义游标变量之后，就可以在 PL/SQL 执行部分打开游标变量"open cursor_name for select_statement;"。

2. 使用游标更新或删除当前行数据

通过使用显式游标，不仅可以一行一行地处理 select 语句结果，而且也可以更新或删除当前游标的数据。要通过游标更新或删除数据，在定义游标时一定要带有 for update 子句，语法如下：

```
CURSOR cursor_name(parameter_name datatype) IS select_statement FOR UPDAE[OF column_
reference][NOWAIT];
```

为了更新或删除当前游标行数据，必须在 UPDATE 或 DELETE 语句中引用 WHERE

CURRENT OF 子句，语法如下：

```
UPDATE table_name SET column = .. WHERE CURRENT OF cursor_name;
DELETE FROM table_name WHERE CURRENT OF cursor_name;
```

例如，下面的 PL/SQL 块。

```
SQL > DECLARE
newsal NUMBER;
CURSOR cur_sal  IS  select sal from emp where sal < 1000 FOR UPDATE OF sal;
BEGIN
OPEN cur_sal;
LOOP
FETCH cur_sal INTO newsal;
EXIT WHEN cur_sal %NOTFOUND;
UPDATE emp SET sal = sal + 200 WHERE CURRENT OF cur_sal;
END LOOP;
CLOSE cur_sal;
COMMIT;
END;
/
```

执行结果：PL/SQL 过程已成功完成。

小结

游标是处理数据的一种方法，可以看作是一个表中的记录指针作用于 SELECT 语句生成的记录集，能够实现在记录集中逐行向前或者向后查询数据。不仅如此，使用游标可以在记录集中的任意位置显示、修改和删除当前记录的数据。

思考与练习

【选择题】

1. 关于显式游标的错误说法是( )。
   A. 使用显式游标必须先定义
   B. 游标是一个内存区域
   C. 游标对应一个 SELECT 语句
   D. FETCH 语句用来从数据库中读出一行数据到游标
2. 有 4 条与游标有关的语句，它们在程序中出现的正确顺序是( )。
   1) OPEN abc
   2) CURSOR abc IS SELECT ename FROM EMP
   3) FETCH abc INTO vname
   4) CLOSE abc
   A. 1、2、3、4　　　　B. 2、1、3、4

C. 2、3、1、4　　　　D. 1、3、2、4

3. 用来判断 FETCH 语句是否成功，并且在 FETCH 语句失败时返回逻辑真的属性是(　　)。

A. %ROWCOUNT　B. %NOTFOUND　C. %FOUND　D. %ISOPEN

4. 在程序中执行语句 SELECT ename FROM EMP WHERE job='CLERK' 可能引发的异常类型是(　　)。

A. NO_DATA_FOUND　　　　B. TOO_MANY_ROWS

C. INVALID_CURSOR　　　　D. OTHERS

5. 有关游标的论述，正确的是(　　)。

A. 隐式游标属性%FOUND 代表操作成功

B. 显式游标的名称为 SQL

C. 隐式游标也能返回多行查询结果

D. 可以为 UPDATE 语句定义一个显式游标

第8章 存储过程、函数和包

【学习目标】

(1) 掌握过程的用法。

(2) 掌握函数的用法。

(3) 理解过程与函数的相同点和不同点。

(4) 理解程序包的概念并能熟练应用。

【工作任务】

(1) 使用无参存储过程实现统计学生总人数程序。

(2) 使用带输入参数的过程向表中插入记录。

(3) 使用带输出参数的过程查询某门课程的平均分。

(4) 使用函数查询学生是否取得学分。

(5) 使用程序包封装存储过程和函数。

存储过程、函数和包是以编译的形式存储在数据库中的数据库对象，并成为数据库的一部分，可作为数据库的对象通过名字被调用和访问。存储过程通常是实现一定功能的模块；函数通常用于计算，并返回计算结果；程序包分为包和包体，用于捆绑存放相关的存储过程和函数，起到对模块归类打包的作用。

8.1 创建和删除存储过程

【任务1】 "教务管理信息系统"存储过程应用。

【任务引入】

以前我们写的PL/SQL语句程序都是瞬时的，都没有命名。其缺点是：在每次执行的时候都要被编译，并且不能被存储在数据库中，其他PL/SQL块也无法调用它们。现在我们把命名的PL/SQL块叫做子程序，它们存储在数据库中，可以为它们指定参数，可以在数据库客户端和应用程序中调用。子程序有两种类型：过程和函数。其中，过程用于执行某项操作；函数用于执行某项操作并返回值。

【任务1-1】 创建一个统计学生总人数的存储过程。

【任务实施】

步骤1：登录SPTCADM账户。

步骤2：在SQL * Plus输入区中，输入以下存储过程。

```
SQL > CREATE OR REPLACE PROCEDURE STU_COUNT
AS
V_TOTAL NUMBER(10);
BEGIN
SELECT COUNT( * ) INTO V_TOTAL FROM 学生;
DBMS_OUTPUT.PUT_LINE('学生总人数为：'||V_TOTAL);
END;
```

【相关知识】

子程序结构与 PL/SQL 匿名块的相同点在于都由声明、执行、异常三大部分构成，不同之处在于，PL/SQL 匿名块的声明可选，而子程序的声明则是必需的。子程序的优点如下。

- 模块化：通过子程序可以将程序分解为可管理的、明确的逻辑模块。
- 可重用性：子程序在创建并执行后，就可以在任何应用程序中使用。
- 可维护性：子程序可以简化维护操作。
- 安全性：用户可以设置权限，保护子程序中的数据，只能让用户通过提供的过程和函数访问数据。这不仅可以让数据更加安全，同时可保证正确性。

(1) 创建存储过程，需要有 CREATE PROCEDURE 或 CREATE ANY PROCEDURE 的系统权限。该权限可由系统管理员授予。创建一个存储过程的基本语句如下：

```
CREATE[OR REPLACE]  PROCEDURE procedure_name[(parameter_list)]
       {AS|IS}
       [declarations]
       BEGIN
       executable_statements
       [EXCEPTION
        exception_handlers]
END[procedure_name];
```

其中：procedure_name 是过程的名称；可选关键字 OR REPLACE 表示如果存储过程已经存在，则用新的存储过程覆盖，通常用于存储过程的重建；parameter_list 是参数列表；关键字 AS 也可以写成 IS，后跟过程的说明部分 declarations，可以在此定义过程的局部变量；executable_statements 是可执行语句；exception_handlers 是异常处理程序。

编写存储过程可以使用任何文本编辑器或直接在 SQL * Plus 环境下进行，编写好的存储过程必须要在 SQL * Plus 环境下进行编译，生成编译代码，原代码和编译代码在编译过程中都会被存入数据库。编译成功的存储过程就可以在 Oracle 环境下进行调用了。

(2) 如果要重新编译一个存储过程，则只能是过程的创建者或者拥有 ALTER ANY PROCEDURE 系统权限的人。语法如下：

```
ALTER PROCEDURE procedure_name COMPILE;
```

(3) 一个存储过程在不需要时可以删除。删除存储过程的人是过程的创建者或者拥有 DROP ANY PROCEDURE 系统权限的人。删除存储过程的语法如下：

```
DROP PROCEDURE  procedure_name;
```

步骤 3：按“/”键进行编译。

如果存在错误,就会显示"警告:创建的过程带有编译错误"。

如果存在错误,对脚本进行修改,直到没有错误产生。

如果编译结果正确,将显示"过程已创建"。

步骤 4:调用存储过程,在输入区中输入以下语句并执行。

```
SQL > EXECUTE STU_COUNT;
```

执行结果为学生总人数为:11。

PL/SQL 过程已成功完成。

说明:在该任务中,V_TOTAL 变量是存储过程定义的局部变量,用于接收查询到的学生总人数。在 SQL * Plus 中输入存储过程,按"/"键是进行编译,不是执行存储过程。

如果在存储过程中引用了其他用户的对象,比如表,则必须有其他用户授予的对象访问权限。一个存储过程一旦编译成功,就可以由其他用户或程序来引用。但存储过程或函数的所有者必须授予其他用户执行该过程的权限。存储过程如果没有参数,在调用时,直接写过程名即可。

【相关知识】

执行(或调用)存储过程的人是过程的创建者或是拥有 EXECUTE ANY PROCEDURE 系统权限的人或是被拥有者授予 EXECUTE 权限的人。执行的方法如下。

```
方法 1:EXECUTE[schema.].procedure_name[(parameters_list)];
方法 2:
BEGIN
[schema.].procedure_name[(parameters_list)];
END;
```

【任务 1-2】 在 PL/SQL 程序中调用存储过程。

【任务实施】

步骤 1:登录 SPTCADM 账户。

步骤 2:授权 SCOTT 账户使用该存储过程,即在 SQL * Plus 输入区中,输入以下的命令。

```
SQL > GRANT EXECUTE ON STU_COUNT TO SCOTT;
```

执行结果:授权成功。

步骤 3:登录 SCOTT 账户,在 SQL * Plus 输入区中输入以下程序。

```
SQL > SET SERVEROUTPUT ON
SQL > BEGIN
SPTCADM.STU_COUNT;
END;
```

步骤 4:执行以上程序,结果为学生总人数为:11。

PL/SQL 过程已成功完成。

说明:在该任务中,在程序中调用存储过程,使用了第二种语法。存储过程是由

SPTCADM 账户创建的,SCOTT 账户获得 SPTCADM 账户的授权后,才能调用该存储过程。

【任务 1-3】 编写显示学生信息的存储过程 STU_LIST,并引用 STU_COUNT 存储过程。

【任务实施】

步骤 1:在 SQL * Plus 输入区中输入并编译以下存储过程。

```
SQL > CREATE OR REPLACE PROCEDURE STU_LIST
AS
  CURSOR STU_cursor IS   SELECT * FROM 学生;
BEGIN
     FOR STU_record IN STU_cursor LOOP
     DBMS_OUTPUT. PUT_LINE(STU_record. 学号|| STU_record. 姓名|| STU_record. 性别||STU_
record. 出生日期||STU_record. 班级代码);
     END LOOP;
STU_COUNT;
END;
```

执行结果:过程已创建。

步骤 2:调用存储过程,在输入区中输入以下语句并执行。

```
SQL > EXECUTE STU_LIST;
```

显示结果为:

```
090101001001 王文涛男 04-6 月-85090101001
090101001002 朱晓军男 10-9 月-86090101001
090101001003 孙辉男 08-7 月-86090101001
         ⋮
学生总人数为: 11
PL/SQL 过程已成功完成。
```

说明:以上的 STU _LIST 存储过程中定义并使用了游标,用来循环显示所有学生的信息。然后调用已经成功编译的存储过程 STU_COUNT,用来附加显示学生总人数。通过 EXECUTE 命令来执行 STU _LIST 存储过程。

注意:如果执行过程时屏幕上只是提示"PL/SQL 过程已成功完成",却看不到执行的结果,可以执行命令:"SET SERVEROUT ON;"。

8.2 带有参数的存储过程

带参数的存储过程可以扩展存储过程的功能。使用输入参数,可以将外部信息传入到存储过程;使用输出参数,可以将存储过程内的信息传到外部。创建带参数的存储过程,参数可以是一个,也可以是多个;多个参数时,参数之间用逗号隔开;所有数据类型均可以作为存储过程的参数,一般情况下,参数的数据类型要与它相关的字段的数据类型一致。

【任务2】 带有输入输出参数的存储过程应用。

【任务引入】

通过参数可以向存储过程传递数据，或从存储过程获得返回结果。正确地使用参数可以大大增加存储过程的灵活性和通用性。

【任务2-1】 创建一个查询存储过程 chengji，要求该存储过程带一个输入参数，用于接收教师编号。执行该存储过程时，将根据输入的教师编号查询选修该名教师教授课程的学生的学习情况。

【任务实施】

步骤1：在 SQL * Plus 输入区中输入以下存储过程并执行：

```
SQL > CREATE OR REPLACE PROCEDURE chengji(VJSBH IN varchar2  DEFAULT '030000000004')
AS
XH  varchar2(30);
XM  varchar2(30);
KCH varchar2(30);
KCMC   varchar2(30);
CJ    NUMBER(3,0);
BJMC  varchar2(30);
BEGIN
SELECT XH,XM,KCH,KCMC, CJ, BJMC INTO XH,XM,KCH,KCMC, CJ, BJMC FROM v_chengji  WHERE  JSBH =
VJSBH;
DBMS_OUTPUT.PUT_LINE(XH||XM||KCH||KCMC|| CJ||BJMC);
EXCEPTION
WHEN NO_DATA_FOUND  THEN
DBMS_OUTPUT.PUT_LINE('发生错误,查询失败!');
END;
```

执行结果为：过程已创建。

【相关知识】

在 Oracle 中存储过程的参数模式有3种：IN，OUT 和 IN OUT，即输入、输出和输入输出。在该任务中，定义了一个输入参数变量，用于传递参数给存储过程。参数的定义形式和作用如下：

```
parameter_name[IN|OUT|IN OUT] DATATYPE[{: = |DEFAULT} expression];
```

其中：IN 模式是输入模式，可以传递输入参数；IN 模式是默认模式，如果未指定参数的模式，则该参数是 IN 模式的。可以在参数列表中为 IN 参数赋予一个 DEFAULT 默认值或 expression 表达式。在调用存储过程时，主程序的实际参数可以是常量、有值变量或表达式等。DEFAULT 关键字为可选项，用来设定参数的默认值。如果在调用存储过程时不指明参数，则参数变量取默认值。在存储过程中，输入参数变量只能接收主程序传递的值，但不能对其进行赋值。

步骤2：调用存储过程，不指明参数。在输入区中输入以下语句并执行。

```
SQL > EXECUTE chengji;
```

显示结果为第1行出现错误：

```
ORA - 01422: 实际返回的行数超出请求的行数
ORA - 06512: 在 "SPTCADM.CHENGJI", line 9
ORA - 06512: 在 line 1
```

想一想：为什么会出现这样的错误提示呢？如何去改进这个存储过程呢？

步骤3：改进存储过程，在输入区中输入以下语句并执行。

```
SQL > CREATE OR REPLACE PROCEDURE chengji(VJSBH IN varchar2   DEFAULT '030000000004')
AS
  CURSOR chengji_cursor IS
  SELECT XH,XM,KCH,KCMC, CJ, BJMC  FROM v_chengji WHERE JSBH = VJSBH;
BEGIN
FOR  chengji_record IN chengji_cursor LOOP
DBMS_OUTPUT. PUT_LINE(chengji_record. XH|| chengji_record. XM|| chengji_record. KCH||
chengji_record. KCMC|| chengji_record. CJ||chengji_record. BJMC);
END LOOP;
END;
```

步骤4：调用存储过程，不指明参数。在输入区中输入以下语句并执行。

```
SQL > EXECUTE chengji;
```

显示结果为：

```
090101001001 王文涛 0003 JAVA 程序设计 78 软件技术班
090101001021 张泽 0003 JAVA 程序设计 60 软件技术班
090101001002 朱晓军 0003 JAVA 程序设计 76 软件技术班
090101001003 袁伟 0003 JAVA 程序设计 87 软件技术班
090101001004 高敏 0003 JAVA 程序设计 87 软件技术班
PL/SQL 过程已成功完成。
```

步骤5：调用存储过程，指明参数。在输入区中输入以下语句并执行。

```
SQL > EXECUTE chengji ('040000000005');
```

显示结果为：

```
090101001001 王文涛 0004 网络营销 62 软件技术班
090101001021 张泽 0004 网络营销 62 软件技术班
090101001002 朱晓军 0004 网络营销 62 软件技术班
090101001003 袁伟 0004 网络营销 88 软件技术班
090101001004 高敏 0004 网络营销 60 软件技术班
```

也可以这样去写：

```
SQL > CREATE OR REPLACE PROCEDURE chengji(VJSBH IN varchar2   DEFAULT '030000000004')
AS
XH  varchar2(30);
XM  varchar2(30);
KCH varchar2(30);
```

```
KCMC    varchar2(30);
CJ      NUMBER(3,0);
BJMC    varchar2(30);
CURSOR SCHENGJI IS SELECT XH,XM,KCH,KCMC, CJ, BJMC  FROM v_chengji  WHERE  JSBH = VJSBH;
BEGIN
OPEN SCHENGJI;
FETCH SCHENGJI INTO  XH,XM,KCH,KCMC, CJ, BJMC;
WHILE  SCHENGJI%FOUND LOOP
DBMS_OUTPUT.PUT_LINE(XH||XM||KCH||KCMC|| CJ||BJMC);
FETCH SCHENGJI INTO  XH,XM,KCH,KCMC, CJ, BJMC;
END LOOP;
EXCEPTION
WHEN NO_DATA_FOUND  THEN
DBMS_OUTPUT.PUT_LINE('发生错误,查询失败!');
END;
```

【相关知识】

参数的值由调用者传递,传递参数的个数、类型和顺序应该和定义一致。如果顺序不一致,可以采用以下调用方法。如上例,执行语句可以改为:

```
EXECUTE  procedure_name
(parameter_name1 => expression1, parameter_name2 => expression2);
```

这样做,传递参数的顺序可以发生变化,这种赋值方法的意义较清楚。

做一做:对上面的存储过程进行改进。一般情况下,一名老师可以教授多门课程,那么在使用上面的存储过程进行查询时,选择该教师所有课程的学生信息都会显示出来,为了让查询信息更加清楚,如何能让老师按照课程号查询显示相关学生的学习情况呢?

提示:

```
SQL> CREATE OR REPLACE PROCEDURE kcchengji(VJSBH IN varchar2  DEFAULT '030000000004',VKCH
varchar2  DEFAULT '003')  AS
  CURSOR chengji_cursor IS
  SELECT XH,XM,KCH,KCMC, CJ, BJMC  FROM v_chengji WHERE JSBH = VJSBH AND KCH = VKCH;
BEGIN
FOR  chengji_record IN chengji_cursor LOOP
DBMS_OUTPUT.PUT_LINE(chengji_record.XH|| chengji_record.XM|| chengji_record.KCH||
chengji_record.KCMC|| chengji_record.CJ||chengji_record.BJMC);
END LOOP;
END;
```

说明:其中,VJSBH代表查询的教师编号,VKCH代表查询的课程号。如果省略参数类型IN、OUT或IN OUT,则默认模式为IN。

步骤1:输入和调试上面的存储过程。

步骤2:执行该存储过程。

```
SQL > EXECUTE kcchengji('040000000005','0004');
执行结果: 090101001001 王文涛 0004 网络营销 62 软件技术班
090101001002 朱晓军 0004 网络营销 62 软件技术班
090101001003 袁伟 0004 网络营销 88 软件技术班
090101001004 高敏 0004 网络营销 60 软件技术班
090101001021 张泽 0004 网络营销 62 软件技术班
PL/SQL 过程已成功完成。
```

【任务 2-2】 使用 OUT 类型的参数返回存储过程的结果。创建一个查询存储过程 st_kcpjf,要求该存储过程带一个输出参数,用于返回"SQL Server 2005"课程的平均分数。

【任务实施】

步骤 1:在 SQL * Plus 输入区中输入并编译以下存储过程。

```
SQL > CREATE OR REPLACE  PROCEDURE   st_kcpjf   (pjf   OUT  NUMBER)
AS
BEGIN
SELECT AVG(成绩) INTO pjf FROM 课程注册 WHERE 课程号 = (SELECT 课程号 FROM 课程  WHERE  课程名称 = 'SQL Server 2005');
END;
```

执行结果为:过程已创建。

【相关知识】

在该任务中,定义一个输出参数变量,用于从存储过程获取数据,即变量从存储过程中返回值给主程序。参数的定义形式和作用如下:

```
parameter_name OUT DATATYPE;
```

在调用存储过程时,主程序的实际参数只能是一个变量,而不能是常量或表达式。在存储过程中,参数变量只能被赋值而不能将其用于赋值,在存储过程中必须对输出变量至少赋值一次。

步骤 2:输入以下程序并执行。

```
SQL > DECLARE
V_PJF  NUMBER;
BEGIN
st_kcpjf (V_PJF);
DBMS_OUTPUT.PUT_LINE('SQL Server 2005: 的平均分为'|| V_PJF);
END;
```

执行结果:SQL Server 2005:的平均分为 68

PL/SQL 过程已成功完成。

说明:在存储过程中定义了 OUT 类型的参数 pjf,在主程序调用该存储过程时,传递了参数 V_PJF。在存储过程中的 SELECT…INTO…语句中对 pjf 进行赋值,赋值结果由 V_PJF 变量返回给主程序并显示。

做一做：创建一个存储过程 st_dkcjfx，当任意输入一个存在的课程名称时，该存储过程将统计出该门课程的平均成绩。

步骤 1：创建存储过程。

```
SQL> CREATE OR REPLACE PROCEDURE  st_dkcjfx(kechengming  varchar,avgchengji  OUT number )
AS
BEGIN
SELECT  AVG(成绩) INTO avgchengji FROM  课程注册 WHERE  课程号 IN (SELECT 课程号 FROM 课程
WHERE 课程名称 = kechengming );
END;
```

执行结果：过程已创建。

步骤 2：执行带有输入和输出参数的存储过程。

```
SQL> DECLARE
V_PJF  NUMBER;
BEGIN
st_dkcjfx('SQL Server 2005',V_PJF);
DBMS_OUTPUT.PUT_LINE('SQL Server 2005 的平均分为'|| V_PJF);
END;
```

注意：在创建过程、函数及程序包时出现提示"警告：创建的过程带有编译错误"，可以用 SHOW ERRORS 命令来查看错误原因。

【任务 2-3】 使用 IN OUT 类型的参数。

【任务实施】

步骤 1：在 SQL * Plus 输入区中输入并编译以下存储过程。

```
SQL> CREATE OR REPLACE PROCEDURE STU_exist
(STUID IN OUT VARCHAR2)
IS
l_count NUMBER;
BEGIN
SELECT COUNT( * ) INTO l_count FROM 学生 WHERE 学号 = STUID;
IF(l_count > 0) THEN
STUID: = '存在';
ELSE
STUID: = '不存在';
END IF;
END STU_exist;
```

执行结果：过程已创建。

步骤 2：输入以下程序并执行。

```
SQL> DECLARE
STUID varchar2(20):= '090101001004';
BEGIN
STU_exist(STUID);
DBMS_OUTPUT.PUT_LINE('学号 090101001004'||STUID||'!');
END;
```

执行结果：学号 090101001004 存在！

【相关知识】

定义一个输入、输出参数变量，兼有以上两者的功能。参数的定义形式和作用如下：

```
parameter_name IN OUT DATATYPE[{:= |DEFAULT} expression];
```

在调用该存储过程时，主程序的实际参数只能是一个变量，而不能是常量或表达式。DEFAULT 关键字为可选项，用来设定参数的默认值。在存储过程中，变量接收主程序传递的值，同时可以参加赋值运算，也可以对其进行赋值。在存储过程中必须对变量至少赋值一次。

8.3 创建和删除存储函数

函数和过程相似，也是数据库中存储的已命名的 PL/SQL 程序块。与过程不同的是，函数除了完成一定的功能外，还允许返回一个值。

【任务 3】 “教务管理信息系统”函数应用。

【任务引入】

在 SELECT 语句查询过程中，我们使用了一些系统函数，这些函数不仅可以作为结果输出，也可以作为条件表达式的判断。除了系统函数外，也可以根据自己的需要创建函数，不仅可以实现相关操作还可以返回值。

【任务 3-1】 创建一个函数，通过输入的学生成绩判断是否取得学分，当成绩大于等于 60 时，返回取得学分；否则，返回未取得学分。

【任务实施】

步骤 1：在 SQL * Plus 输入区中输入以下存储函数并编译。

```
SQL> CREATE OR REPLACE FUNCTION xuefen(inputcj  NUMBER)
RETURN  VARCHAR2
AS
xf    VARCHAR2(20);
BEGIN
      IF inputcj  >= 60  THEN
      xf:= '取得学分';
      ELSE
      xf:= '未取得学分';
      END IF;
RETURN (xf) ;
END;
```

执行结果：函数已创建。

【相关知识】

(1) 创建函数，需要有 CREATE PROCEDURE 或 CREATE ANY PROCEDURE 的系统权限。该权限可由系统管理员授予。创建存储函数的语法和创建存储过程的类似，即

```
CREATE [ OR REPLACE ] FUNCTION function _ name [( parameter _ name [ IN ] DATATYPE … )]
RETURN DATATYPE
{AS|IS}
 [declarations]
BEGIN
  executable_statements
  RETURN (expression)
 [EXCEPTION
     exception_handlers]
END[function_name];
```

其中：

- 参数是可选的，但只能是 IN 类型而不能是 OUT 或 IN OUT 模式的(IN 关键字可以省略)。
- 在定义部分的 RETURN 数据类型，用来表示函数的数据类型，也就是返回值的类型，此部分不可省略。
- 在可执行部分的 RETURN(expression)，用来生成函数的返回值，其表达式的类型应该和定义部分说明的函数返回值的数据类型一致。在函数的执行部分可以有多个 RETURN 语句，但只有一个 RETURN 语句会被执行，一旦执行了 RETURN 语句，则函数结束并返回调用环境。

(2) 一个存储函数在不需要时可以删除，但删除的人应是函数的创建者或者是拥有 DROP ANY PROCEDURE 系统权限的人。其语法如下：

```
DROP FUNCTION function_name;
```

(3) 重新编译一个存储函数时，编译的人应是函数的创建者或者拥有 ALTER ANY PROCEDURE 系统权限的人。重新编译一个存储函数的语法如下：

```
ALTER PROCEDURE function_name COMPILE;
```

步骤 2：调用该存储函数，输入并执行以下程序。

```
SQL > SELECT 课程注册. * ,xuefen(成绩) AS 学分情况 FROM 课程注册;
```

执行结果：

```
学号          课程 教师编号      专业   专业  成绩 学分情况
------------ ---- ------------ ----- ----- --- -------
090101001002 0003 030000000004 0101  2009  76  取得学分
090101001002 0001 010000000001 0101  2009  48  未取得学分
090101001003 0001 010000000001 0101  2009  63  取得学分…
已选择 20 行。
```

【相关知识】

函数的调用与过程不同，函数不能通过 EXECUTE 语句单独执行，只能通过 SQL 语句或 PL/SQL 语句块来调用。在该任务中就利用 SQL 语句的输出字段，以课程注册表中的成绩字段作为参数，根据每个学生的成绩判断是否获得学分。语法如下：

```
SELECT function_name from table_name;
```

另外一种调用方法是与过程调用很相似，在匿名过程中通过函数名（或参数）调用一个函数。因为过程没有显式的 RETURN 语句，所以过程调用可以是一条单独的语句，写在单独的行中。而函数则必须有一个返回值，所以函数调用要借助于可执行语句来完成，例如赋值语句、选择语句和输出语句。下面的例子通过匿名过程调用 xuefen 函数，将成绩值作为参数，此函数将学分取得情况传给调用块，然后显示是否取得学分。

```
SQL > BEGIN
DBMS_OUTPUT.PUT_LINE('090101001004 号同学的 0004 号课程：'|| xuefen(58));
END;
```

执行结果：090101001004 号同学的 0004 号课程：未取得学分

PL/SQL 过程已成功完成。

【相关知识】

过程与函数的比较。

- 共同点：两者的实质都是已命名的 PL/SQL 程序块，即子程序，它们是子程序的两种类型，存储在数据库中，可以从任何数据库客户端和前台应用程序中调用它们。
- 不同之处如下。
  - 参数模式：过程的参数模式可以是 IN、OUT 或 IN OUT，函数的参数模式只能是 IN 模式；
  - 语法规范：过程的语法规范中不包含 RETURN 子句，函数的语法规范中必须包含 RETURN 子句；
  - 可执行部分：过程的可执行语句部分可以有 RETURN 语句，但其后不能加任何表达式，函数的可执行语句部分至少应该包含一条 RETURN expression 语句；
  - 执行方式：过程可以用 EXECUTE 语句来执行，函数不能用 EXECUTE 语句来执行。

8.4 程序包

程序包是数据库中的一个实体，包含一系列的公共常量、变量、数据类型、游标等数据对象，是将相关的程序对象存储在一起的 PL/SQL 结构。使用“包”体现了模块化编程的优点，使得软件开发工具更加灵活自如。包有以下优点：

- “包”可以方便地将存储过程和函数组织到一起，每个“包”又是相互独立的。在不同的包中，过程、函数都可以重名，这解决了在同一个用户环境中命名冲突的问题。
- “包”增强了对存储过程和函数的安全管理，对整个包的访问权只需一次授予。

➢ 在同一个会话中，公用变量的值将被保留，直到会话结束。

➢ 区分了公有过程和私有过程，包体的私有过程增加了过程和函数的保密性。

➢ 包在被首次调用时，就作为一个整体被全部调入内存，减少了多次访问过程或函数的I/O次数。

【任务4】 创建管理学生信息的包，它具有从学生表中获得学生信息，增加、删除、修改学生信息的功能。

【任务引入】

列出学生信息，增加、删除、修改学生信息可以利用之前所创建的存储过程实现。这4个存储过程可以通过包组织在一起，程序就会有清晰的结构。包的方法减少了依赖性的局限。

【任务实施】

步骤1：登录SPTCADM账号，输入以下程序并执行。

```
SQL > CREATE OR REPLACE PACKAGE student_package /* 创建包头部分 */
IS
PROCEDURE STU_LIST;
PROCEDURE p_StudentInfo_Add (stuID IN char, stuName IN varchar, stuSex  char, stuBirthday
date, stuClassID  char);
PROCEDURE  p_StudentInfo_Del(stuID IN char);
PROCEDURE  p_StudentInfo_Update
(stuID IN char, stuName IN varchar, stuSex  char, stuBirthday  date, stuClassID  char);
END student_package;
```

执行结果：程序包已创建。

```
SQL > CREATE OR REPLACE PACKAGE BODY student_package
IS
PROCEDURE STU_LIST /* 列出学生信息 */
AS
  CURSOR STU_cursor IS   SELECT * FROM 学生;
BEGIN
   FOR STU_record IN STU_cursor LOOP
    DBMS_OUTPUT.PUT_LINE(STU_record.学号|| STU_record.姓名|| STU_record.性别||STU_
record.出生日期||STU_record.班级代码);
    END LOOP;
STU_COUNT;
END;
PROCEDURE p_StudentInfo_Add /* 添加学生 */
(stuID IN char, stuName IN varchar, stuSex  char, stuBirthday  date, stuClassID  char)
AS
R NUMBER;
BEGIN
SELECT COUNT(*) INTO R FROM 学生 WHERE 学号 = stuID;
IF R > 0 THEN
```

```
DBMS_OUTPUT.PUT_LINE('学生'||stuID||'已经存在!');
 ELSE
INSERT INTO 学生
  VALUES(stuID ,stuName,stuSex,stuBirthday,stuClassID);
  COMMIT;
DBMS_OUTPUT.PUT_LINE('学生'||stuID||'插入成功!');
END IF;
EXCEPTION
 WHEN OTHERS THEN
DBMS_OUTPUT.PUT_LINE('学生'||stuID||'插入失败!');
END;
PROCEDURE  p_StudentInfo_Del(stuID IN char) /*删除学生*/
AS
BEGIN
DELETE FROM 学生 WHERE 学号 = stuID;
COMMIT;
DBMS_OUTPUT.PUT_LINE('学生'||stuID||'删除成功!');
EXCEPTION
 WHEN OTHERS THEN
DBMS_OUTPUT.PUT_LINE('学生'||stuID||'删除失败!');
END;
PROCEDURE  p_StudentInfo_Update  /*修改学生信息*/
(stuID IN char,stuName IN varchar,stuSex  char,stuBirthday  date,stuClassID  char)
AS
BEGIN
UPDATE 学生   SET 学号 = stuID,姓名 = stuName,性别 = stuSex,出生日期 = stuBirthday,班级代码
 = stuClassID  WHERE 学号 = stuID;
END;
END student_package;
```

执行结果：程序包体已创建。

【相关知识】

"包"由包头(PACKAGE)和包体(PACKAGE BODY)两部分组成，这两个部分是相互分离的。包头是包的说明部分，是对外的操作接口，对应用是可见的；包体是包的代码和实现部分，对应用来说是不可见的黑盒。"包"中可以包含的程序结构如表 8-1 所示。

表 8-1 包中包含的程序结构

程序结构	说明
过程(PROCEDURE)	带参数的命名的程序模块
函数(FUNCTION)	带参数，具有返回值的命名的程序模块
变量(VARIABLE)	存储变化的量的存储单元
常量(CONSTANT)	存储不变的量的存储单元
游标(CURSOR)	用户定义的数据操作缓存区，在可执行部分使用
类型(TYPE)	用户定义的新的结构类型
异常(EXCEPTION)	在标准包中定义或由用户自定义，用于处理程序错误

包的创建应该先创建包头部分，然后创建包体部分。创建、删除和编译包的权限同创建、删除和编译存储过程的权限相同。创建包头的简要语句如下：

```
CREATE[OR REPLACE] PACKAGE package_name
{IS|AS}
public type and item declarations
subprogram specifications
END  [package_name];
```

其中：package_name 是程序包的名称，public type and item declarations 是声明变量、常量、游标、类型和异常等，subprogram specifications 指子程序(过程和函数)。在程序包规范中声明的项也可以在程序包之外使用(前提是要有相应的权限)被称为公用元素，又叫公有项。

创建包体的简要语法如下：

```
CREATE[OR REPLACE] PACKAGE BODY package_name
{IS|AS}
[subprogram   bodies]
[BEGIN
initialization_statements]
END  [package_name];
```

其中：subprogram bodies 是指子程序(过程和函数)定义的主体，initialization_statements 指初始化部分，用于声明程序包中的私有项。

说明部分可以出现在包的 3 个不同的部分：出现在包头中的称为公有元素，出现在包体中的称为私有元素，出现在包体的过程(或函数)中的称为局部变量。它们的性质有所不同，如表 8-2 所示。

表 8-2 包中元素的性质

元　素	说　明	有效范围
公有元素(PUBLIC)	在包头中说明，在包体中具体定义	在包外可见并可以访问，对整个应用的全过程有效
私有元素(PRIVATE)	在包体的说明部分说明	只能被包内部的其他部分访问
局部变量(LOCAL)	在过程或函数的说明部分说明	只能在定义变量的过程或函数中使用

在包体中出现的过程或函数，如果需要对外公用，就必须在包头中说明，包头中的说明应该和包体中的说明一致。

➢ 删除包头：

```
DROP  PACKAGE  package_name;
```

➢ 删除包体：

```
DROP PACKAGE BODY package_name;
```

➢ 重新编译包头：

```
ALTER PACKAGE package_name COMPILE PACKAGE;
```

➢ 重新编译包体：

```
ALTER PACKAGE package_name COMPILE PACKAGE BODY;
```

步骤 2：调用程序包，列出学生信息。

```
SQL> EXECUTE   student_package . STU_LIST;
090101001001 王文涛男 04-6 月 -85090101001
090101001002 朱晓军男 10-9 月 -86090101001
        ⋮
学生总人数为：11
PL/SQL 过程已成功完成。
```

步骤 3：调用程序包，添加学生信息。

```
SQL> EXECUTE   student_package.p_StudentInfo_Add ('02','吉林','男','01-3 月-87','090401001');
学生 02 插入成功!
PL/SQL 过程已成功完成。
SQL> EXECUTE   student_package.STU_LIST/ * 列出学生信息 * /;
02           吉林男 01-3 月 -87090401001
090101001001 王文涛男 04-6 月 -85090101001
090101001002 朱晓军男 10-9 月 -86090101001
        ⋮
学生总人数为：12
PL/SQL 过程已成功完成。
```

步骤 4：调用程序包，修改学生信息。

```
SQL> EXECUTE   student_package.p_StudentInfo_Update ('02','长春','男','01-3 月-87',
'090401001');
PL/SQL 过程已成功完成。
SQL> EXECUTE   student_package.STU_LIST;
02           长春男 01-3 月 -87090401001
090101001001 王文涛男 04-6 月 -85090101001
090101001002 朱晓军男 10-9 月 -86090101001
        ⋮
学生总人数为：12
PL/SQL 过程已成功完成。
```

步骤 5：调用程序包，删除学生。

```
SQL> EXECUTE   student_package.p_StudentInfo_Del ('02') ;
学生 02 删除成功!
PL/SQL 过程已成功完成。
SQL> EXECUTE   student_package . STU_LIST;
090101001001 王文涛男 04-6 月 -85090101001
090101001002 朱晓军男 10-9 月 -86090101001
        ⋮
学生总人数为：11
PL/SQL 过程已成功完成。
```

【相关知识】

在包头中说明的对象可以在包外调用，调用的方法和调用单独的过程或函数的方法基本相同，唯一的区别就是要在调用的过程或函数名前加上包的名字（中间用“.”分隔）。但要注意，不同的会话将单独对包的公用变量进行初始化，所以不同的会话对包的调用属于不同的应用。

Oracle 预定义了很多标准的系统包，这些包可以在应用中直接使用，比如在任务中我们使用的 DBMS_OUTPUT 包，就是系统包。PUT_LINE 是该包的一个函数。常用系统包如表 8-3 所示。

表 8-3 常用系统包

系统包	说明
DBMS_OUTPUT	在 SQL * Plus 环境下输出信息
DBMS_DDL	编译过程函数和包
DBMS_SESSION	改变用户的会话，初始化包等
DBMS_TRANSACTION	控制数据库事务
DBMS_MAIL	连接 Oracle * Mail
DBMS_LOCK	进行复杂的锁机制管理
DBMS_ALERT	识别数据库事件警告
DBMS_PIPE	通过管道在会话间传递信息
DBMS_JOB	管理 Oracle 的作业
DBMS_LOB	操纵大对象
DBMS_SQL	执行动态 SQL 语句

小结

过程、函数和子程序是一种命名的 PL/SQL 块，这些对象可以带有用户自定义的参数用于执行对数据库的操作。它们封装了数据类型定义、变量说明、游标、异常等，方便了用户管理操纵数据库数据。存储过程和函数是 Oracle 数据库系统中预先定义的 PL/SQL 语句，经编译后存储在服务器上，它们在提高应用程序的运行效率和保护数据库安全方面有显著的效果。包则是数据库存储过程、函数和其他对象的集合。在应用程序中大量使用包，可以减少数据库系统的调用时间，同时也更利于使用模块化的编程设计思想。

思考与练习

【选择题】

1. 如果存储过程的参数类型为 OUT，那么调用时传递的参数应该为(　　)。

   A. 常量　　B. 表达式　　C. 变量　　D. 都可以

2. 下列有关存储过程的特点说法错误的是(　　)。

   A. 存储过程不能将值传回调用的主程序

B. 存储过程是一个命名的模块

C. 编译的存储过程存放在数据库中

D. 一个存储过程可以调用另一个存储过程

3. 下列有关函数的特点说法错误的是(　　)。

A. 函数必须定义返回类型

B. 函数参数的类型只能是 IN

C. 在函数体内可以多次使用 RETURN 语句

D. 函数的调用应使用 EXECUTE 命令

4. 包中不能包含的元素为(　　)。

A. 存储过程　　B. 存储函数　　C. 游标　　D. 表

5. 下列有关包的使用说法错误的是(　　)。

A. 在不同的包内模块可以重名

B. 包的私有过程不能被外部程序调用

C. 包体中的过程和函数必须在包头部分说明

D. 必须先创建包头，然后创建包体

第9章 触发器

【学习目标】

(1) 掌握触发器的概念和作用。

(2) 掌握触发器的设计原则和组成部分。

(3) 熟练使用DML触发器和INSTEAD OF触发器。

(4) 掌握触发器的查看、禁用、激活和删除。

【工作任务】

(1) 使用DML触发器。

(2) 使用INSTEAD OF触发器。

(3) 使用DDL触发器。

(4) 使用系统触发器。

触发器也是一种程序模块,是数据库的一种自动处理机制。它也是存储于数据库中的对象,具有一个对象名称,必须在编译成功后才能执行。类似于存储过程和函数,触发器也拥有定义部分、语句执行部分和出错处理部分。

触发器独立于应用程序模块,但它的调用方式完全不同于存储过程和函数,它是由"事件"激活的。所谓"事件",就是数据库的动作或用户的操作。触发器不能由用户显式地调用或在应用程序中引用,而是当某种触发事件发生并被捕捉到时,才会被触发,然后自动执行触发器代码。触发器可以看做是事件的处理器,用来完成对事件的处理,但触发器不能接收参数。触发器拥有比数据库本身更精细和更复杂的数据控制能力,可以实现以下功能:

(1) 提高数据的安全性。可以基于时间限制用户的操作,如不允许下班后和节假日修改数据库的数据。也可以基于数据库中的数据限制用户的操作。

(2) 实现数据审计。审计可用于监视非法或可疑的数据库操作。可以通过触发器跟踪用户对数据库的操作,审计用户操作数据库的语句。把用户对数据库的更新写入自定义的审计表。

(3) 实现复杂的数据完整性规则。触发器可用来实现比简单约束更为复杂的约束,实现非标准的数据完整性检查和约束。例如,触发器可以对数据库中相关的表进行连环更新,如对主表中数据进行删除操作时,必须确保从表中相关的数据已经被删除。

(4) 自动生成数据值。如果数据的值达到了一定的要求,则进行特定的处理。

9.1 DML 触发器

【任务 1-1】 创建包含插入、删除、修改多种触发事件的触发器 DML_LOG，对课程注册表的操作进行记录。用 INSERTING，DELETING，UPDATING 谓词来区别不同的 DML 操作。

【任务引入】

学生成绩是教务系统中的重要数据，记录用户对成绩的操作是非常重要的。如果能自动记录下用户对学生成绩的插入、删除和修改操作，那么就可以有效地保护数据的安全。这一功能就可以通过触发器来实现。

在创建触发器之前，需要先创建事件记录表 OPERATION_LOG，该表用来对操作进行记录。该表的字段含义解释如下。

- 序号：操作记录的编号，数值型，它是该表的主键，由序列自动生成。
- 用户：操作者，字符型，记录当时操作者的用户名。比如登录 SCOTT 用户进行操作，在该字段中，记录用户名为 SCOTT。
- 时间：操作的日期，日期型，即当前的系统时间。
- 操作：操作的动作，即 INSERT，DELETE 或 UPDATE 三种之一。
- 表名：进行操作的表名，字符型，非空，该表设计成可以由多个触发器共享使用。
- 学号：学生的学号，字符型。
- 课程号：学生选修的课程号，字符型。
- 原分数：修改前的分数，数值型。
- 新分数：修改后的分数，数值型。

【任务实施】

步骤 1：在 SQL * Plus 中登录 SPTCADM 账户，创建如下的记录表 OPERATION_LOGS。

```
SQL> CREATE TABLE OPERATION_LOG(序号 NUMBER(10) PRIMARY KEY,
        用户 VARCHAR2(15) NOT NULL,
        时间 DATE,
        操作 VARCHAR2(10),
        表名 VARCHAR2(20)  NOT NULL,
        学号 VARCHAR2(20),
        课程号 VARCHAR2(20),
        原分数 NUMBER(3),
        新分数 NUMBER(3));
```

执行结果：表已创建。

步骤 2：创建一个主键序列 OPERATION_ID。

```
SQL> CREATE SEQUENCE OPERATION_ID  INCREMENT BY 1
        START WITH 1 MAXVALUE 9999999 NOCYCLE NOCACHE;
```

执行结果：序列已创建。

步骤 3：创建和编译以下触发器。

```
SQL > CREATE OR REPLACE TRIGGER OPERATION
      BEFORE -- 触发时间为操作前
      DELETE OR INSERT OR UPDATE OF 成绩 -- 由三种事件触发
      ON 课程注册
FOR EACH ROW -- 行级触发器
      BEGIN
      IF INSERTING THEN
      INSERT INTO OPERATION_LOG VALUES(OPERATION_ID.NEXTVAL,USER,SYSDATE,'插入','课程
注册',:NEW.学号,:NEW.课程号,NULL,:NEW.成绩);
       ELSIF DELETING THEN
      INSERT INTO OPERATION_LOG  VALUES(OPERATION_ID.NEXTVAL,USER,SYSDATE,'删除','课程
注册',:OLD.学号,:OLD.课程号,:OLD.成绩,NULL);
      ELSE
      INSERT INTO OPERATION_LOG  VALUES(OPERATION_ID.NEXTVAL,USER,SYSDATE,'修改','课程
注册',:OLD.学号,:OLD.课程号,:OLD.成绩,:NEW.成绩);
      END IF;
      END;
```

执行结果第 4 行出现错误：

ORA-01031：权限不足。

步骤 4：在 SQL * Plus 中登录 SYSTEM 用户，授予用户 SPTCADM 创建触发器的权限。

```
SQL > CONNECT  SYSTEM/MANAGER  AS SYSDBA;
已连接。
SQL > GRANT CREATE TRIGGER TO SPTCADM;
授权成功。
```

步骤 5：重新登录 SPTCADM 用户，重新执行步骤 3 的程序。

执行结果：触发器已创建。

步骤 6：在课程注册表中插入记录。

```
SQL > INSERT INTO 课程注册 (学号,教师编号,课程号,专业学级,专业代码,成绩)
  VALUES ('090102002001','030000000004', '0003', '2009', '0101',89);
```

执行结果：已创建了 1 行。

步骤 7：检查 OPERATION_LOG 表中记录的信息。

```
SQL > SELECT * FROM OPERATION_LOG;
```

执行结果为：

序号	用户	时间	操作	表名	学号	课程号	原分数	新分数
1	SPTCADM	17-7月-10	插入	课程注册	090102002001	0003		89

步骤8：在课程注册表中修改记录。

```
SQL>UPDATE 课程注册 SET 成绩=45 WHERE 课程号='0003' AND 学号='090102002001';
```

执行结果：已更新了1行。

步骤9：检查OPERATION_LOG表中记录的信息。

```
SQL>SELECT * FROM OPERATION_LOG;
```

执行结果为：

序号	用户	时间	操作	表名	学号	课程号	原分数	新分数
1	SPTCADM	17-7月-10	插入	课程注册	090102002001	0003		89
2	SPTCADM	17-7月-10	修改	课程注册	090102002001	0003	89	45

步骤10：在课程注册表中删除记录。

```
SQL>DELETE FROM  课程注册 WHERE 课程号='0003' AND 学号='090102002001';
```

执行结果：已删除1行。

步骤11：检查OPERATION_LOG表中记录的信息。

```
SQL>SELECT * FROM OPERATION_LOG;
```

执行结果为：

序号	用户	时间	操作	表名	学号	课程号	原分数	新分数
1	SPTCADM	17-7月-10	插入	课程注册	090102002001	0003	89	
2	SPTCADM	17-7月-10	修改	课程注册	090102002001	0003	89	45
3	SPTCADM	17-7月-10	删除	课程注册	090102002001	0003	45	

【相关知识】

DML触发器是定义在表上的触发器，由DML事件引发，DML触发器的触发事件有INSERT，UPDATE和DELETE 3种。

- INSERT：在表或视图中插入数据时触发。
- UPDATE：修改表或视图中的数据时触发。
- DELETE：在删除表或视图中的数据时触发。

创建DML触发器需要CREATE TRIGGER系统权限。创建DML触发器的语法如下：

```
CREATE[OR REPLACE]  TRIGGER  trigger_name
{BEFORE|AFTER } {INSERT|DELETE|UPDATE[OF column_list]}
[OR {INSERT|DELETE|UPDATE[OF column_list]}]
ON  [schema.]table_name
[REFERENCING[NEW AS new_alias][OLD AS old_alias]]
[FOR EACH ROW]
[WHEN (condition)]
PL/SQL Block;
```

其中：

- trigger_name 是触发器的名称。
- OR REPLACE：表示如果存在同名触发器，则覆盖原有同名触发器。
- BEFORE 和 AFTER 是触发时机，是指触发器是在触发事件之前或之后触发。当使用 BEFORE 关键字时，触发器在触发事件之前执行；当使用 AFTER 关键字时，触发器在触发事件之后执行。
- INSERT，DELETE 和 UPDATE 指触发事件，是导致触发器被触发的操作类型(插入、修改或删除)。当使用 UPDATE 时还可以指定要修改的列的列表，UPDATE OF 列名 1，列名 2，…，列名 n。可以在触发器中同时包含多个触发事件，之间用 OR 关键字隔开。此时在触发器语句中，如有必要，可以使用条件谓词 INSERTING，DELETING 和 UPDATING 来区分具体的操作类型。
- ON schema.table_name 是要建立触发器的表名，如为当前用户模式下的表建立触发器，模式名 schema 可以省略。
- REFERENCING 语句：可以使用此语句为新行和旧行指定别名，默认情况下，新行名为 NEW，旧行名为 OLD。在行级触发器的语句体中，可以引用 DML 语句中涉及的新值和旧值。旧值是指在 DML 语句前存在的数据，新值是指由 DML 语句插入或更新进去的数据。引用的方式是“:NEW. 字段名”和“:OLD. 字段名”(注意如果在触发器的触发条件中引用不能加冒号)，如果为新行或旧行起了别名，则用别名代替其中的 NEW 或 OLD。
- FOR EACH ROW 表示触发器为行级触发器，省略则为语句级触发器。如有此语句则对受影响的每行都执行一次触发器。在行级触发器中，用:new 和:old(称为伪记录)来访问数据变更前后的值。但要注意，INSERT 语句插入一条新记录，所以没有:old 记录，而 DELETE 语句删除掉一条已经存在的记录，所以没有:new 记录。UPDATE 语句既有:old 记录，也有:new 记录，分别代表修改前后的记录。在行级触发器中，SQL 语句影响的每一行都会触发一次触发器，所以行级触发器往往用在对表的每一行的操作进行控制的场合。
- WHEN (condition)是触发器的触发条件，表示当该条件满足时，触发器才能执行。它不是必需的。
- PL/SQL Block 是一个标准的 PL/SQL 块，或是调用过程的 CALL 语句。

编写 DML 触发器的要素有：

- 确定触发的表，即在其上定义触发器的表。
- 确定触发的事件。

➢ 确定触发时间。触发的时间有BEFORE和AFTER两种，分别表示触发动作发生在DML语句执行之前和语句执行之后。

➢ 确定触发级别，有语句级触发器和行级触发器两种。语句级触发器表示SQL语句只触发一次触发器，行级触发器表示SQL语句影响的每一行都要触发一次。

由于在同一个表上可以定义多个DML触发器，因此触发器本身和引发触发器的SQL语句在执行的顺序上有先后关系。它们的顺序是：

➢ 如果存在语句级BEFORE触发器，则先执行一次语句级BEFORE触发器。

➢ 在SQL语句的执行过程中，如果存在行级BEFORE触发器，则SQL语句在对每一行操作之前，都要先执行一次行级BEFORE触发器，然后才对行进行操作。如果存在行级AFTER触发器，则SQL语句在对每一行操作之后，都要再执行一次行级AFTER触发器。

➢ 如果存在语句级AFTER触发器，则在SQL语句执行完毕后，要最后执行一次语句级AFTER触发器。

做一做：

(1) 创建一个语句级触发器，记录对课程注册表的操作。当用户执行插入、删除、修改操作时，触发器自动向表中插入操作的用户名，操作的时间和操作的方式。观察触发器的执行结果，比较行级触发器和语句级触发器的不同。

(2) 创建一个WHEN条件的限定触发器，记录对成绩小于60分的学生成绩的修改。

【任务1-2】 创建一个语句级触发器CHECKTIME，限定对表课程注册的修改时间为周一至周五的早8点至晚6点。

【任务引入】

同行级触发器不同，语句级触发器的每个操作语句不管操作的行数是多少，只触发一次触发器，所以语句级触发器适合于对整个表的操作权限等进行控制。

【任务实施】

步骤1：输入以下程序并执行。

```
SQL> CREATE OR REPLACE TRIGGER CHECKTIME
AFTER
UPDATE OR INSERT OR DELETE ON 课程注册
BEGIN
 IF (TO_CHAR(SYSDATE,'DY') IN ('SAT','SUN'))
 OR TO_CHAR(SYSDATE,'HH24')< '08'
 OR TO_CHAR(SYSDATE,'HH24')> = '18' THEN
RAISE_APPLICATION_ERROR( - 20500,'非法时间修改表错误!');
END IF;
END;
```

执行结果：触发器已创建。

说明：在触发器定义中若省略FOR EACH ROW子句，则为语句级触发器。SYSDATE用来获取系统当前时间，并按不同的格式字符串进行转换。“DY”表示获取英文表示的星期简写，“HH24”表示获取24小时制时间的小时。

步骤 2：当前系统时间为 20 点 04 分，在课程注册表中修改数据。

```
SQL > UPDATE 课程注册 SET 成绩 = 45 WHERE 课程号 = '0003';
```

执行结果第 1 行出现错误。

ORA-20500：非法时间修改表错误！

ORA-06512：在 "SPTCADM. CHECKTIME", line 5。

ORA-04088：触发器 'SPTCADM. CHECKTIME' 执行过程中出错。

说明：当在 20 点 04 分修改表中的数据时，由于时间在 8 点至 18 点(晚 6 点)之外，所以产生“非法时间修改表错误”的用户自定义错误，修改操作终止。课程号为 0003 号的记录一共有 4 条，执行上述的修改语句会修改表中的 4 行记录，由于定义的是语句触发器，所以只触发一次。

【相关知识】

DML 触发器是使用最多的一种触发器。在使用的过程中，还有一些具体的问题，说明如下。

- 如果有多个触发器被定义成为相同时间、相同事件触发，且最后定义的触发器是有效的，则最后定义的触发器被触发，其他触发器不执行。
- 一个触发器可由多个不同的 DML 操作触发。在触发器中，可用 INSERTING，DELETING，UPDATING 谓词来区别不同的 DML 操作。这些谓词可以在 IF 分支条件语句中作为判断条件来使用。
- 触发器体内禁止使用 COMMIT，ROLLBACK，SAVEPOINT 语句，也禁止直接或间接地调用含有上述语句的存储过程。

定义一个触发器时要考虑上述多种情况，并根据具体的需要来决定触发器的种类。

注意：同存储过程类似，触发器可以用 SHOW ERRORS 检查编译错误。

9.2 替代触发器

替代触发器(Instead of trigger)只能定义在视图上。替代触发器是行触发器。与 DML 触发器不同，DML 触发器是在 DML 操作之外运行的，而替代触发器则用 INSTEAD OF 来规定，它执行一个替代操作来代替触发触发器的操作。例如，如果对某个视图建立了一个 INSTEAD OF 触发器，它由 INSERT 语句触发，则在对此表执行 INSERT 操作时触发此触发器，但并不对视图实际执行 INSERT 操作，这与 DML 触发器完全不同，DML 触发器不影响 DML 语句对表的实际操作。那么为什么要用替代触发器呢？

假如有一个视图是基于多个表的字段连接查询得到的，现在如果想直接对这个视图进行插入操作，那么对视图的插入操作如何反映到组成这个视图的各个表中呢？事实上，除了定义一个触发器来绑定对视图的插入动作外，没有别的办法，通过系统的报错而直接向视图中插入数据，这就是用替代触发器的原因。替换的意思实际上是触发器的主体部分把对视图的插入操作转换成详细的对各个表的插入。下面的 SQL ＊Plus 会话显示了插入操作过程。

【任务 2】 向视图 v_chengji 中插入学生的成绩信息。

【任务引入】

执行以下代码并执行。

```
SQL > INSERT INTO v_chengji (XH, JSBH,KCH) VALUES('080101001021', '010000000001', '0001');
```

执行结果第 1 行出现错误。

ORA-01779：无法修改与非键值保存表对应的列。

说明：直接执行对该视图的插入操作是非法的。这是因为该视图是 5 个表的联合，而插入操作要求对 5 个现行表进行修改。为了避免出现上述错误，就可以建立一个 INSTEAD OF 触发器。

【任务实施】

步骤 1：输入以下程序并执行。

```
SQL > CREATE OR REPLACE TRIGGER tr_v_chengji_inf_row
INSTEAD OF INSERT ON v_chengji
FOR EACH ROW
DECLARE
l_tEMP  NUMBER(3,0);
BEGIN
SELECT COUNT( * )  INTO l_tEMP FROM 学生 WHERE 学号 = :NEW.XH ;
IF l_tEMP = 0 THEN
INSERT INTO 学生(学号)  VALUES (:NEW.XH);
END IF;
SELECT COUNT( * )  INTO l_tEMP FROM 教师 WHERE 教师编号 = :NEW.JSBH ;
IF l_tEMP = 0 THEN
INSERT INTO 教师(教师编号)  VALUES (:NEW.JSBH);
END IF;
SELECT COUNT( * )  INTO l_tEMP FROM 课程 WHERE 课程号 = :NEW.KCH ;
IF l_tEMP = 0 THEN
INSERT INTO  课程(课程号)  VALUES (:NEW.KCH);
END IF;
END TRIGGER;
```

执行结果：触发器已创建。

【相关知识】

INSTEAD OF 触发器是在视图上而非表上定义的触发器。使用 INSTEAD OF 触发器，需注意以下几点：

- INSTEAD OF 触发器只能应用于视图，而不能应用于表。
- INSTEAD OF 触发器只能是行级的，不能是语句级的，定义 INSTEAD OF 触发器时必须加上 FOR EACH ROW 选项。
- 在 INSTEAD OF 触发器不能包含 WHEN 子句。
- INSTEAD OF 触发器的定义中不能包含 BEFORE 和 AFTER 选项。

建立 INSTEAD OF 触发器的语法为：

```
CREATE OR REPLACE TRIGGER trigger_name
INSTEAD OF
{INSERT|DELETE|UPDATE[OF column_list]}
[OR {INSERT|DELETE|UPDATE[OF column_list]}]
ON[schema.]view_name
[REFERENCING[NEW AS new_alias][OLD AS old_alias]]
FOR EACH ROW
PL/SQL Block;
```

步骤 2：执行插入语句，观察结果。

```
SQL> INSERT INTO v_chengji (XH, JSBH,KCH) VALUES('080101001021', '010000000001', '0001');
```

执行结果：已创建 1 行。

这时系统已经不再报错。

步骤 3：分别查询学生，教师，课程表中的记录。

```
SQL> SELECT * FROM 学生 WHERE 学号 = '080101001021';
学号          姓名     性别  出生日期        班级代码
--------- ------ -- ----------- ---------
080101001021
SELECT * FROM 教师 WHERE 教师编号 = '010000000001';
学号          姓名     性别  出生日期        职称   系
--------- ------ -- ----------- ------ --
010000000001 李卫超   男     02-2月 -67    副教授 01
SELECT * FROM 课程 WHERE 课程号 = '0001';
课程 课程名称                备注
--- ---------------- ---------------
0001 SQL Server 2005
```

说明：从结果可以看出，学生表中多了一条记录，教师表中因为原来就有编号是“010000000001”的教师，因此并没有新的数据被添加。课程表中原来也有“001”号课程，所以也没有新的记录添加。实际上，通过 INSTEAD OF 触发器，对视图的操作转化为了对基表的操作。

9.3 DDL 触发器

为了记载系统的各种 DDL 操作和防止一些 DDL 操作，可以建立 DDL 触发器。DDL 操作包括 CREATE，ALTER，DROP 等。当有用户执行这些 DDL 操作时，就会触发相应的 DDL 触发器。它的主要功能是为了阻止 DDL 操作或在发生 DDL 操作时提供额外的安全监控。

DDL 触发器可分为模式级的和数据库级的。模式级的只在创建 DDL 触发器的用户模式下执行 DDL 操作时才被触发，对于数据库级的，当在任何一个用户模式下执行了 DDL

操作时,相应的 DDL 触发器都会被触发。

【任务 3】 通过触发器阻止对学生表的删除。

【任务引入】

学生表中存储着学生的重要信息,为了阻止用户对表的删除,可以创建 DDL 触发器。

【任务实施】

步骤 1:输入以下程序并执行。

```
SQL> CREATE OR REPLACE TRIGGER tr_ddl
BEFORE DROP ON SCHEMA
BEGIN
IF ora_dict_obj_name = '学生' THEN
RAISE_APPLICATION_ERROR( - 20003,'学生表不允许被删除!');
END IF;
END TRIGGER;
```

执行结果:触发器已创建。

【相关知识】

其中的 ora_dict_obj_name 是系统事件属性函数,它返回 DDL 操作所对应的数据库对象名。建立 DDL 触发器的语法为:

```
CREATE[ OR REPLACE] TRIGER trigger_name
{BEFORE|AFTER} ddl_event
ON {SCHEMA|DATABASE}
[WHEN (condition)]
PL/SQL Block;
```

步骤 2:删除学生表,验证触发器。

```
SQL> DROP TABLE 学生;
第 1 行出现错误:
ORA - 00604: 递归 SQL 级别 1 出现错误
ORA - 20003: 学生表不允许被删除!
ORA - 06512: 在 line 3
```

说明:该触发器阻止在当前模式下对学生表的删除,但不阻止删除其他对象。

步骤 3:以 SYSDBA 身份登录到数据库,执行如下的删除表的操作。

```
SQL> DROP TABLE SPTCADM.学生;
```

步骤 4:系统会提示"表已删除"。这是因为上面创建的触发器是模式级的,即只有在 SPTCADM 用户模式下,触发器才起作用。如果想让 SYSDBA 也不能删除表学生,需要以 SYSDBA 身份登录到数据库后,把触发器创建成数据库级的,即在创建触发器代码中把"SCHEMA"改成"DATABASE"。

步骤 5:修改完成后,再试一下第 3 步的删除表的语句,执行结果与步骤 2 相同。

9.4 系统触发器

系统触发器是被 Oracle 系统事件自动触发的触发器。这里的 Oracle 系统事件包括启动和关闭数据库、用户登录和退出等。按触发的系统事件不同,可将系统级触发器分为实例启动或关闭触发器和用户登录或退出触发器等。

【任务 4-1】 创建数据库启动时的系统触发器。

【任务引入】

为了记载数据库的启动和关闭事件,可以分别建立数据库启动和关闭触发器。当执行 STARTUP 操作时,触发数据库启动触发器,当执行 SHUTDOWN 操作时,触发数据库关闭触发器。

【任务实施】

步骤 1：以 SYSDBA 身份登录到数据库。

步骤 2：为了记载数据库启动和关闭情况,先创建一个表 t_db_event。

```
SQL > CREATE TABLE t_db_event(time DATE,event VARCHAR2(10));
```

步骤 3：创建数据库启动触发器。

```
SQL > CREATE OR REPLACE TRIGGER tr_startup
AFTER STARTUP ON DATABASE
BEGIN
INSERT INTO t_db_event VALUES(sysdate,'STARTUP');
END;
触发器已创建
```

【相关知识】

只有特权用户才可以建立此类的触发器,而且启动触发器只能用 AFTER 关键字,关闭触发器只能用 BEFORE 关键字。建立系统触发器的语法为：

```
CREATE[OR REPLACE] TRIGER trigger_name
{BEFORE|AFTER} system_event
ON {SCHEMA|DATABASE}
[WHEN (condition)]
PL/SQL Block;
```

步骤 4：创建数据库关闭触发器。

```
SQL > CREATE OR REPLACE TRIGGER tr_shutdown
BEFORE SHUTDOWN ON DATABASE
BEGIN
INSERT INTO t_db_event VALUES(sysdate,'SHUTDOWN');
END;
触发器已创建
```

步骤 5：用如下的代码，依次关闭和打开数据库。

```
SQL > SHUTDOWN IMMEDIATE
数据库已经关闭。
已经卸载数据库。
ORACLE 例程已经关闭。
SQL > STARTUP
ORACLE 例程已经启动。
Total System Global Area   171966464 bytes
Fixed Size                    787988 bytes
Variable Size              145488364 bytes
Database Buffers            25165824 bytes
Redo Buffers                  524288 bytes
数据库装载完毕。
数据库已经打开。
```

步骤 6：用如下的 SELECT 语句查询查询 t_db_event 表的信息。

```
SQL > SELECT  TO_CHAR(time,'YYYY - MM - DD HH24:MI:SS') AS ope_time,event
FROM t_db_event;
```

执行结果：

```
OPE_TIME              EVENT
-----------------   ----------
2010-07-19 11:13:13    SHUTDOWN
2010-07-19 11:13:55    STARTUP
```

【任务 4-2】 创建用户登录和退出系统触发器。

【任务引入】

分别建立用户登录和退出触发器，可以记录用户登录和退出数据库这一类的系统事件。当用户登录到数据库时，触发用户登录触发器。当用户退出数据库时，触发用户退出触发器。

【任务实施】

步骤 1：以 SYSDBA 身份登录到数据库。

步骤 2：为了记载用户登录和退出情况，先创建一个表 t_user_log。

```
SQL > CREATE TABLE t_user_log
 (username VARCHAR(20),time_logon DATE,time_logoff DATE);
表已创建。
```

步骤 3：创建用户登录触发器。

```
SQL > CREATE OR REPLACE TRIGGER tr_user_logon
AFTER LOGON ON DATABASE
BEGIN
INSERT INTO t_user_log(username,time_logon) VALUES(user,sysdate);
END;
触发器已创建
```

步骤 4：创建用户退出触发器。

```
SQL> CREATE OR REPLACE TRIGGER tr_user_logoff
BEFORE LOGOFF ON DATABASE
BEGIN
INSERT INTO t_user_log(username,time_logoff) VALUES(user,sysdate);
END;
触发器已创建
```

步骤 5：在 SQL 提示符下输入如下的代码。

```
SQL> CONNECT SCOTT/TIGER;
已连接。
SQL> CONNECT SYS/CHANGE_ON_INSTALL  AS SYSDBA;
已连接。
```

步骤 6：执行如下的 SELECT 语句查询 t_user_log 表的内容。

```
SQL> SELECT username,
TO_CHAR(time_logon,'YYYY-MM-DD HH24:MI:SS') AS logon_time,
TO_CHAR(time_logoff,'YYYY-MM-DD HH24:MI:SS') AS logoff_time
FROM t_user_log;
```

执行结果：

```
USERNAME                  LOGON_TIME                LOGOFF_TIME
------------------------- ------------------------- -------------------------
SYSMAN                    2011-08-10 16:01:00
SYSMAN                                              2011-08-10 16:01:00
SYS                                                 2011-08-10 16:01:12
SCOTT                     2011-08-10 16:01:12
SCOTT                                               2011-08-10 16:01:43
SYS                       2011-08-10 16:01:43
SYSMAN                    2011-08-10 16:02:01
SYSMAN                                              2011-08-10 16:02:01
已选择 8 行。
```

【相关知识】

只有特权用户才可以建立此类的触发器，且用户登录触发器只能用 AFTER 关键字，用户退出触发器只能用 BEFORE 关键字。

9.5 触发器管理

【任务 5-1】 禁止和启用 tr_user_logon 触发器。

【任务引入】

默认情况下，触发器一旦建立，会立即生效，但有时候需要使其临时失效，即禁用。如进行大量的数据加载时为了提高速度，就可以临时禁用触发器。

【任务实施】

以 SYSDBA 身份登录到数据库,输入以下程序并执行。

```
SQL> ALTER TRIGGER tr_user_logon DISABLE;
触发器已更改
SQL> ALTER TRIGGER tr_user_logon ENABLE;
触发器已更改
```

【相关知识】

可以通过命令设置触发器的可用状态,使其暂时关闭或重新打开,即当触发器暂时不用时,可以将其置成无效状态,在使用时重新打开。该命令语法如下:

```
ALTER TRIGGER trigger_name {DISABLE|ENABLE};
```

其中,DISABLE 表示使触发器失效,ENABLE 表示使触发器生效。

在表上的触发器越多,对 DDL 操作的性能影响也越大,所以应适当地使用触发器。因此,有时候需要删除已经建立的触发器。触发器的创建者或具有 DROP ANY TIRGGER 系统权限的人才能删除触发器。删除触发器的语法如下:

```
DROP  TIRGGER  trigger_name;
```

注意:通过数据字典视图 USER_TRIGGERS 可以查看当前用户所包含的所有触发器信息。

```
SELECT  trigger_name,trigger_type,triggering_event,status FROM user_triggers;
TRIGGER_NAME                     TRIGGER_TYPE        TRIGGERING_EVENT
-------------------------------  ------------------  ----------------------------------------
AW_DROP_TRG                      AFTER EVENT         DROP
NO_VM_DROP                       BEFORE EVENT        DROP
NO_VM_CREATE                     BEFORE EVENT        CREATE
NO_VM_ALTER                      BEFORE EVENT        ALTER
AURORA $ SERVER$STARTUP          AFTER EVENT         STARTUP
AURORA $ SERVER$SHUTDOWN         BEFORE EVENT        SHUTDOWN
CDC_ALTER_CTABLE_BEFORE          BEFORE EVENT        ALTER
CDC_CREATE_CTABLE_AFTER          AFTER EVENT         CREATE
CDC_CREATE_CTABLE_BEFORE         BEFORE EVENT        CREATE
CDC_DROP_CTABLE_BEFORE           BEFORE EVENT        DROP
OLAPISTARTUPTRIGGER              AFTER EVENT         STARTUP
OLAPISHUTDOWNTRIGGER             BEFORE EVENT        SHUTDOWN
TR_STARTUP                       AFTER EVENT         STARTUP
TR_SHUTDOWN                      BEFORE EVENT        SHUTDOWN …
已选择 16 行。
```

小结

触发器是一种特殊的存储过程，当满足特定事件时触发器就会自动执行。触发器一般由以下几个部分组成：触发器名称、触发语句、触发器限制和触发操作。根据触发事件和触发对象的不同，常用的触发器一般有以下 4 种：DML 触发器、INSTEAD OF 触发器、DDL 触发器和系统触发器。其中 DML 触发器是应用程序中使用最多的触发器。INSTEAD OF 触发器定义在视图上，是行触发器。DDL 触发器是指在执行 DDL 操作时激发的触发器，这种触发器主要用来防止 DDL 操作引起的破坏或提供相应的安全监控。系统触发器在当发生数据库事件(如服务器的启动或关闭，用户的登录或退出)以及服务器出错时触发。

思考与练习

【选择题】

1. 下列有关触发器和存储过程的描述，正确的是(　　)。

   A. 两者都可以传递参数

   B. 两者都可以被其他程序调用

   C. 两种模块中都可以包含数据库事务语言

   D. 创建的系统权限不同

2. 下列事件属于 DDL 事件的是(　　)。

   A. INSERT　　B. LOGON　　C. DROP　　D. SERVERERROR

3. 假定在一个表上同时定义了行级和语句触发器，在一次触发当中，下列说法正确的是(　　)。

   A. 语句触发器只执行一次

   B. 语句触发器先行于行级触发器执行

   C. 行级触发器先于语句触发器执行

   D. 行级触发器对表的每一行都会执行一次

4. 有关行级触发器的伪记录，下列说法正确的是(　　)。

   A. INSERT 事件触发器中，可以使用:old 伪记录

   B. DELETE 事件触发器中，可以使用:new 伪记录

   C. UPDATE 事件触发器中，可以使用:new 伪记录

   D. UPDATE 事件触发器中，可以使用:old 伪记录

5. (　　)触发器允许触发操作中的语句访问行的值。

   A. 行级　　B. 语句级　　C. 模式　　D. 数据库级

6. 下列有关替代触发器的描述，正确的是(　　)。

   A. 替代触发器创建在表上

   B. 替代触发器创建在数据库上

   C. 通过替代触发器可以向基表插入数据

D. 通过替代触发器可以向视图插入数据

7. 要审计用户执行的CREATE,DROP和ALTER等DDL语句,应该创建(   )触发器。

A. 行级
B. 语句级
C. INSTEAD OF
D. 模式
E. 数据库级

第10章 数据库安全管理

【学习目标】

(1) 掌握 Oracle 数据库的用户和角色管理机制。

(2) 理解备份与恢复原理。

(3) 掌握如何调整数据库为归档模式。

(4) 掌握数据的导入导出方法。

【工作任务】

(1) 创建和管理用户和角色,设置用户登录 Oracle 数据库。

(2) 调整数据库为归档模式。

(3) 使用导出命令,导出 SPTCADM 模式下的表;然后用导入命令将这些表导入到另一个用户模式下。

10.1 用户管理和权限操作

由于数据库系统中集中存放有大量的数据,这些数据又为众多用户所共享,因此数据库安全是一个极为突出的问题,数据库数据的丢失以及数据库被非法用户侵入对于任何一个应用系统来说都是至关重要的。数据库的安全性是指保护数据库,以防止恶意的访问所造成的数据泄漏、更改或破坏。恶意访问包括未经授权的存取、修改、损坏数据。完全避免对数据库的恶意使用是不太可能的,DBMS 所要做的是尽可能地增加保护措施,使得那些想通过非法途径存取数据的人们付出很高的代价,从而打消他们的企图。

在 Oracle 系统中,为了实现安全性,采取了用户权限、角色和概要文件等管理策略控制用户对数据库的访问,阻止非法用户对资源的访问和破坏。

【任务1】 为"教务管理信息系统"创建用户。

【任务引入】

在开发系统时,创建了一个账号 SPTCADM,该用户作为系统的开发者,拥有系统中所有数据库对象的操作权限。除此以外,该系统还应创建两个普通用户:学生和教师。

【任务实施】

步骤 1:以 SYS 用户的身份登录到数据库。创建用户,在 SQL 提示符下输入如下代码。

```
SQL > CREATE USER teacher1  IDENTIFIED BY teacher1  DEFAULT TABLESPACE  users TEMPORARY
TABLESPACE  TEMP ;
```

执行结果：用户已创建。

【相关知识】

(1) 在 Oracle 中可以用 CREATE USER 命令来创建新用户。每个用户都有一个默认表空间和一个临时表空间，在创建时可以为它们指定，如果不指定，Oracle 就把 SYSTEM 设为默认表空间，TEMP 设为临时表空间。创建新用户的语法格式：

```
CREATE USER user_name IDENTIFIED BY password
[DEFAULT TABLESPACE tablespace_name1]
[TEMPORARY TABLESPACE  tablespace_name2]
[ACCOUNT {LOCK|UNLOCK}];
```

其中：USERNAME 和 PASSWORD 分别是用户名和用户口令，要求必须是一个标识符；DEFAULT TABLESPACE 是用户确定的默认表空间；TEMPORARY TABLESPACE 是用户确定的临时表空间。ACCOUNT LOCK 子句用于设置用户账户的初始状态为锁定，缺省为 ACCOUNT UNLOCK。

(2) 在创建了用户之后，可以使用 ALTER USER 语句对用户信息进行修改。ALTER USER 语句最常用的情况是用来修改用户口令。任何用户都可以使用 ALTER USER IDENTIFIED BY 语句来修改自己的口令，而不需要具有其他权限。但是如果要修改其他用户的口令，则必须具有 ALTER USER 系统权限。Oracle 中用 ALTER USER 命令修改用户口令，语法如下：

```
ALTER  USER  user_name  IDENTIFIED BY  new_password;
```

例如：修改用户 teacher1 的认证密码。

```
SQL > ALTER  USER  TEACHER1  IDENTIFIED BY  NEWPSW;
```

(3) 使用 DROP USER 语句可以删除已有的用户，执行该语句的用户必须具有 DROP USER 系统权限。当删除一个用户时，该用户账户以及用户模式的信息将被从数据字典中删除，同时该用户模式中所有的模式对象也将被全部删除。如果要删除的用户模式中包含数据对象，则必须在 DROP USER 子句中指定 CASCADE 关键字，否则 ORACLE 将返回错误信息。删除用户的语法为：

```
DROP USER user_name[CASCADE];
```

例如：删除用户 TEACHER1，并且同时删除他所拥有的所有表、索引等对象。

```
SQL > DROP USER TEACHER1 CASCADE;
```

步骤 2：授予系统权限 CREATE SESSION 给用户 teacher1。

```
SQL > GRANT CREATE SESSION TO teacher1;
授权成功。
SQL > CONNECT teacher1 / newpsw;
已连接。
```

【相关知识】

新用户在建立之后还不能使用，通常会需要使用 GRANT 语句为他授予 CREATE SESSION 系统权限。CREATE SESSION 系统权限允许用户在数据库上建立会话过程，这是用户账号必须具有的最低权限。

数据库用户根据所被授予的权限不同分为系统权限和对象权限，系统权限经常被包含在角色中授予，新建一个用户时，首先要赋予 CONNECT 角色，CONNECT 角色中包含了 CREATE SESSION 等 8 个系统权限，拥有 CREATE SESSION 权限是连接数据库的必要条件。

在所有权限中，最高的权限是 SYSDBA。SYSDBA 具有控制 Oracle 一切行为的特权，诸如创建、启动、关闭、恢复数据库，使数据库归档/非归档，备份表空间等，关键性的动作只能通过具有 SYSDBA 权限的用户来执行。这些任务即使是普通 DBA 角色也不行。SYSOPER 是一个与 SYSDBA 相似的权限，只不过比 SYSDBA 少了 SYSOPER PRIVILEGES WITH ADMIN OPTION，CREATE DATABASE，RECOVERDATABASE UNTIL 这几个权限而已。为用户授予系统权限的语法为：

```
GRANT {system_privilege|role}  [,{system_privilege|role} ]…
TO {user|role|PUBLIC}  [,{user|role|PUBLIC} ]…[WITH ADMIN OPTION];
```

其中：system_privilege 为要授予的系统权限，role 为被授权的角色名字，user 为用户名，PUBLIC 指把系统权限授予所有用户。如果在 GRANT 语句后加上 WITH ADMIN OPTION 子句，那么不仅可以将某种权限授予某个用户，而且这个用户还可以再将这种系统权限授予其他用户。

步骤 3：授予用户 teacher 其他数据库对象权限。

```
SQL>CONNECT SPTCADM/SPTCADM;
已连接。
SQL>GRANT  EXECUTE  ON kcchengji TO  teacher1;
授权成功。
SQL>GRANT  SELECT  ON  v_teach TO  teacher1;
授权成功。
SQL>GRANT  ALL  ON  学生 TO  teacher1;
授权成功。
```

说明：登录 SPTCADM 账号，将 kcchengji 存储过程的执行权限赋予给用户 teacher1，供教师用户查询自己所教授课程的学习情况；将视图 v_teach 的查询权限赋予给用户 teacher1，供教师用户查询自己的教学任务；将学生表的所有权限赋予给用户 teacher1。

【相关知识】

Oracle 数据库的对象主要是指表、索引、视图、序列、同义词、过程、函数、包和触发器。创建对象的用户拥有该对象的所有对象权限，不需要授予，所以，对象权限的设置实际上是对象的所有者给其他用户提供操作该对象的某种权力的一种方法。将其中的对象权限授予其他用户，就可以允许他们使用该对象。Oracle 数据库中总共有 9 种不同的对象权限。不同类型的对象有不同的对象权限。常用的对象权限包括对某个数据库对象中数据的查询、插入、修改、删除等，例如 SELECT，INSERT，UPDATE，DELETE 等。为用户授予对象权限的语法为：

```
GRANT { object_privilege[(column_list)]  [,object_privilege[(column_list)] ]…
 |ALL[PRIVILEGES]}  ON  [schema.]object
TO  {user|role|PUBLIC}[,{user|role|PUBLIC} ]…[WITH GRANT OPTION];
```

其中：object_privilege 为要授予的对象权限，column_list 为表或者视图的列名（只有授权 INSERT，REFERENCES，UPDATE 的时候才使用），ALL 标识授予对象的所有权限，并且有 WITH GRANT OPTION 权限，ON object 指对象名字，如果有 WITH GRANT OPTION 子句则可以把对象权限授予其他的用户或者角色。

步骤 4：登录 SPTCADM 账号，收回已经授予用户 teacher1 的在"学生"表上的 INSERT，UPDATE，DELETE 对象权限。

```
SQL> REVOKE INSERT,UPDATE,DELETE  ON 学生 FROM teacher1 ;
撤销成功。
SQL> REVOKE  EXECUTE ON kcchengji FROM  teacher1;
撤销成功。
SQL> REVOKE  SELECT  ON  v_teach FROM teacher1;
撤销成功。
```

说明：在收回对象权限时，可以使用关键字 ALL 或 ALL PRIVILEGES 将某个对象的所有对象权限全部收回。如收回已经授予用户 teacher1 的学生表的所有对象权限：

```
REVOKE ALL ON 学生 FROM teacher1 ;
```

步骤 5：连接 teacher1 用户验证权限。

```
SQL> SELECT * FROM SPTCADM.v_teach;
第 1 行出现错误:
ORA-00942: 表或视图不存在
```

步骤 6：使用具有 SYSDBA 权限的用户登录数据库，创建一个角色：

```
SQL> CREATE ROLE teacher_role;
角色已创建。
```

【相关知识】

在创建用户和给用户授权的过程中，会发现一个问题：如果有一组人（teacher1，teacher2，teacher3，teacher4，…，teacher*n*），他们的所需的权限是一样的，当对他们的权限进行管理的时候会很不方便。因为要对这组中的每个用户的权限都进行管理。有一个很好的解决办法就是：角色。角色是一组权限的集合，将角色赋给一个用户，这个用户就拥有了这个角色中的所有权限。那么上述问题就很好处理了，只要第一次将角色赋给这一组用户，接下来就只要针对角色进行管理就可以了。

步骤 7：登录 SPTCADM 账号，赋予角色权限。

```
SQL> GRANT EXECUTE  ON  kcchengji TO teacher_role;
授权成功。
SQL> GRANT  SELECT  ON  v_teach  TO teacher_role;
授权成功。
```

步骤8：登录 SYSDBA 权限的用户，将角色授权给用户：

```
SQL> GRANT teacher_role  TO  teacher1;
授权成功。
```

说明：teacher1 用户就拥有了 teacher_role 角色。

步骤9：再次执行步骤5中的查询语句。

```
SQL> SELECT * FROM SPTCADM.v_teach;
```

做一做：建立一个"学生"角色，并创建相应的用户"zhangling"，将用户添加到学生角色中，使用户具备查询视图 v_chengji 和 v_course 的权限。

10.2 数据库的备份和恢复

在数据库管理方面，稳定性和安全性是数据库管理人员需要考虑的一个重要方面，但数据库系统在运行过程中，可能由于事务内部故障、系统故障、系统软件和应用软件的错误、环境因素、计算机病毒等多种原因产生故障，因此，数据库的备份与恢复对于数据系统来说特别重要。备份和恢复包括两个步骤：首先是对数据库的数据做拷贝，这就是备份过程；其次是利用备份过程中产生的数据将数据库恢复到可用的状态。对任何一个软件系统来说，备份和恢复都是两个重要的方面。Oracle 提供了完善的备份和恢复功能，使用户在部分或整个数据库发生意外的情况下能够保护珍贵的数据，从而保证数据库能够较为稳定、安全地运行。

数据库备份通常可以分为物理备份和逻辑备份两种类型。逻辑备份就是根据数据的逻辑结构有选择的备份相关的数据库逻辑对象，比如模式、表、表空间等；物理备份是根据数据库物理结构备份相关的操作系统文件，包括数据文件、日志文件和控制文件。

现在先来介绍一下逻辑备份方式的方法，利用 Export 可将数据从数据库中提取出来，利用 Import 则可将提取出来的数据送回到 Oracle 数据库中去。它们都是以 DOS 命令的方式提供给用户，一般情况可简写为 exp，imp。Oracle 提供的 Export 和 Import 具有4种不同的操作方式（就是备份的数据输出（入）类型）。

(1) 表方式(T)：可以将指定的表导出备份；

(2) 全库方式(E)：将数据库中的所有对象导出；

(3) 用户方式(U)：可以将指定的用户相应的所有数据对象导出；

(4) 表空间方式：可以导出一个表空间。

【任务2-1】 "教务管理信息系统"数据导入导出。

【任务引入】

有时候需要将数据库从一个地方带到另一个地方，这就需要用到数据导入导出实用工具。此工具不需要数据库运行在归档模式下，不但备份简单，而且可以不需要外部存储设备。

【任务实施】

步骤1：导出SPTCADM模式下所有的数据库对象，在DOS提示符下输入以下代码。

```
SQL> EXP SPTCADM/SPTCADM   FILE = E:\SPTCADM.DMP OWNER = SPTCADM
执行结果如下所示。
Microsoft Windows XP[版本 5.1.2600]
(C) 版权所有 1985 - 2001 Microsoft Corp.
C:\Documents and Settings\Administrator > EXP SPTCADM/SPTCADM   FILE = E:\ SPTCADM.DMP OWNER
= SPTCADM
Export: Release 10.1.0.2.0 - Production on 星期五 7月 22 10:33:29 2011
Copyright (c) 1982, 2004, Oracle.  All rights reserved.
连接到: Oracle Database 10g Enterprise Edition Release 10.1.0.2.0 - Production
With the Partitioning, OLAP and Data Mining options
已导出 ZHS16GBK 字符集和 AL16UTF16 NCHAR 字符集
. 正在导出 pre - schema 过程对象和操作
. 正在导出用户 SPTCADM 的外部函数库名
. 导出 PUBLIC 类型同义词
. 正在导出私有类型同义词
. 正在导出用户 SPTCADM 的对象类型定义
即将导出 SPTCADM 的对象...
. 正在导出数据库链接
. 正在导出序号
. 正在导出簇定义
. 即将导出 SPTCADM 的表通过常规路径...
. . 正在导出表                        班级导出了          7 行
. . 正在导出表                        教师导出了          7 行
. . 正在导出表                    教师任课导出了          8 行
. . 正在导出表                    教学计划导出了          5 行
. . 正在导出表                        课程导出了          8 行
. . 正在导出表                    课程注册导出了         20 行
. . 正在导出表                        系部导出了          4 行
. . 正在导出表                        学生导出了         12 行
. . 正在导出表                        专业导出了          7 行
. 正在导出统计信息......
```

步骤2：以SPTCADM用户登录数据库，将教学计划表和课程注册表DROP掉，输入如下代码。

```
SQL> DROP TABLE 教学计划;
SQL> DROP TABLE 课程注册;
```

系统显示“表已删除”。那如何恢复表的数据呢？

步骤3：因为在第一步已经备份了SPTCADM模式的所有对象，所以完全可以恢复。

在DOS提示符下输入如下语句。

```
SQL > IMP SPTCADM/SPTCADM   FILE = E:\SPTCADM.DMP FULL = Y IGNORE = Y
执行结果如下所示。
Import: Release 10.1.0.2.0 - Production on 星期五 7月 22 11:22:56 2011
Copyright (c) 1982, 2004, Oracle.  All rights reserved.
连接到: Oracle Database 10g Enterprise Edition Release 10.1.0.2.0 - Production
With the Partitioning, OLAP and Data Mining options
经由常规路径由 EXPORT:V10.01.00 创建的导出文件
已经完成 ZHS16GBK 字符集和 AL16UTF16 NCHAR 字符集中的导入
. 正在将 SPTCADM 的对象导入到 SPTCADM
. . 正在导入表                          "班级"
IMP - 00019: 由于 ORACLE 错误 1 而拒绝行
IMP - 00003: 遇到 ORACLE 错误 1
ORA - 00001: 违反唯一约束条件 (SPTCADM.PK_BJDM) ……
. . 正在导入表                    "教师任课"导入了          7 行
. . 正在导入表                    "教学计划"导入了          5 行
. . 正在导入表                        "课程"导入了          8 行
. . 正在导入表                    "课程注册"导入了         20 行
. . 正在导入表                        "系部"……
```

步骤4：再以SPTCADM用户登录数据库，查看教学计划和课程注册表是否恢复，输入如下代码。

```
SQL > SELECT * FROM 教学计划;
课程  专业  专业  开课学期       学分        学时
---- ---- ---- ---------- ---------- ----------
0001  0101  2009       1          2
0002  0101  2009       2          2
0003  0101  2009       3          2
0004  0101  2009       4          2
0005  0101  2009       4          2
SQL > SELECT * FROM 课程注册;
注册号  学号          课程  教师编号       专业  专业        成绩
------ ------------ ---- ------------ ---- ---- ----------
        090101001001  0001  010000000001  0101  2009          95
        090101001001  0005  010000000001  0101  2009          60
        090101001001  0003  030000000004  0101  2009          78
        090101001001  0004  040000000005  0101  2009          62
        090101001002  0001  010000000001  0101  2009          48
        090101001002  0005  010000000001  0101  2009          60
        090101001002  0003  030000000004  0101  2009          76
```

说明：通过上面信息显示教学计划和课程注册表已经恢复。

步骤5：将SCOTT模式下的dept和EMP表导入到SPTCADM模式下。首先以表的方式将SCOTT模式下的dept和EMP表导出，在DOS提示符下，输入如下命令。

```
SQL>EXP SCOTT/TIGER FILE=E:\TABLE.DMP TABLES=(DEPT,EMP)
执行结果如下:
连接到: Oracle Database 10g Enterprise Edition Release 10.1.0.2.0 - Production
With the Partitioning, OLAP and Data Mining options
已导出 ZHS16GBK 字符集和 AL16UTF16 NCHAR 字符集
即将导出指定的表通过常规路径...
. . 正在导出表                        DEPT 导出了          4 行
. . 正在导出表                         EMP 导出了         14 行
成功终止导出,没有出现警告。
```

步骤 6：将导出的数据导入到 SPTCADM 用户模式下，在 DOS 提示符下，输入如下命令。

```
SQL>IMP SYSTEM/MANAGER  FILE=E:\TABLE.DMP  FROMUSER=SCOTT  TOUSER=SPTCADM  TABLES=
(DEPT,EMP)
```

说明：将数据从一个用户导入另一个用户，一般由数据库管理员来完成，普通用户不能完成此操作。

步骤 7：使用 SPTCADM 用户登录系统，在 SQL 提示符下，输入如下查询语句。

```
SQL>SELECT * FROM dept;
DEPTNO DNAME          LOC
------ -------------- -------------

    10 ACCOUNTING     NEW YORK
    20 RESEARCH       DALLAS
    30 SALES          CHICAGO
    40 OPERATIONS     BOSTON
```

【相关知识】

EXP 是一个 DOS 命令，用于从数据库中导出数据；其中，SPTCADM/SPTCADM：指定登录的用户名和密码；FILE：制定导出文件存放的位置和文件名，一般扩展名为 DMP；OWNER：表示以用户的方式导出数据。

利用 Export 工具可以在数据库打开状态下备份数据库。Export 把数据库中的对象导出到一个二进制的文件中。Export 也是数据库间进行迁移的一个常用工具。导出实用工具具有如下命令行参数，见表 10-1。

表 10-1 导出使用工具参数说明

参 数 名	参 数 描 述
USERID	用户名/口令，用于登录到数据库中
FULL	是否将整个数据导出如：FULL=Y，只有具有 EXP_FULL_DATABASE 权限的用户才能导出整个数据库
BUFFER	数据缓冲区的大小
OWNER	以用户方式导出时，用户列表
FILE	输出文件(EXPDAT.DMP)，默认存放在 C:\Documents and Settings\(用户名)文件夹下

续表

参数名	参数描述
TABLES	以表方式导出时表的列表,如果是不是导出登录模式下的表,需要制定模式如(SCOTT.EMP)
INCTYPE	增量导出类型
ROWS	是否导出数据行(Y)
PARFILE	参数文件名
LOG	屏幕输出的日志文件

使用导出实用程序 Export 导出的数据,可以使用导入实用程序 Import 将其导入数据库。导入实用程序有选择地从导出转储文件中导入对象和用户。同样,使用导入实用程序导入数据时,也有一系列的参数,如表10-2所示。

表 10-2 导入使用工具参数说明

参数名	参数描述
USERID	用户名/口令,用于登录到数据库中
FULL	导入整个文件,只有具有 IMP_FULL_DATABASE 权限的用户才能导入整个数据库
BUFFER	数据缓冲区的大小
FROMUSER	所有人用户名列表
FILE	输入文件(EXPDAT.DMP)
TOUSER	用户名列表
TABLES	表名列表
IGNORE	忽略创建错误(N)
INCTYPE	增量导入类型
PARFILE	参数文件名

在导入导出备份方式中,提供了很强大的一种方法,就是增量导出/导入,但是它必须作为 System 来完成增量的导入导出,而且只能是对整个数据库进行实施。增量导出又可以分为以下三种类别。

(1) 完全增量导出(Complete Export):这种方式将把整个数据库文件导出备份:

```
EXP SYSTEM/MANAGER INCTYPE = COMPLETE FILE = EXPDAT.DMP
```

为了方便检索和事后的查询,通常我们将备份文件以日期或者其他有明确含义的字符命名。

(2) 增量型增量导出(Incremental Export):这种方式将只会备份上一次备份后改变的结果:

```
EXP SYSTEM/MANAGER INCTYPE = INCREMENTAL FILE = EXPDAT.DMP
```

(3) 累积型增量导出(Cumulate Export):这种方式是导出自上次完全增量导出后数据库变化的信息:

```
EXP SYSTEM/MANAGER INCTYPE = CUMULATIVE FILE = EXPDAT.DMP
```

逻辑备份是指利用 EXPORT 等工具通过执行 SQL 语句的方式将数据库中的数据读

出，然后写入到一个二进制文件中。进行恢复时，可以用 import 工具从这个二进制文件中读取数据，并通过执行 SQL 语句的方式将它们写入到数据库中。逻辑备份通常作为物理备份的一种补充方式。逻辑备份与恢复能够对数据库中指定的对象进行备份和恢复，备份和恢复速度快，而且能够运行于其他操作平台的数据库中，因此具有更大的灵活性。

【任务 2-2】 “教务管理信息系统”数据库物理备份。

【任务引入】

物理备份是对于数据库的物理结构文件，包括数据文件、日志文件和控制文件的操作系统备份。物理备份分为脱机备份和联机备份。脱机备份是在正常关闭数据库的情况下，将数据库文件、在线日志文件和控制文件等利用操作系统的复制功能转存到其他存储设备的备份方法，也称为操作系统冷备份。联机备份是指在数据库处于运行状态时备份其数据文件的方法。当应用系统不可终止运行时，为了不影响应用系统的正常运行，应该采用联机备份方式。但是要注意，联机备份只适用于归档模式，而不适用于非归档模式。

【任务实施】

步骤 1：设置数据库为归档模式。

(1) 使用 SYS 用户登录数据库，在 SQL 提示符下，输入如下代码。

```
SQL> CONNECT SYS/CHANGE_ON_INSTALL  AS SYSDBA;
```

【相关知识】

按照数据库运行过程中对于日志的处理方式不同，Oracle 数据库可运行在两种不同的方式下，非归档方式和归档方式。当建立数据库时，如果不指定日志的操作方式，数据库默认安装运行在非归档模式，但非归档模式是一种不安全的模式，因为非归档模式不能产生连续的日志信息。因此，一般情况下需要将数据库从非归档模式调整为归档模式。

(2) 查看当前数据库的运行模式，在 SQL 提示符下，输入如下代码。

```
SQL> ARCHIVE LOG LIST;
数据库日志模式              非存档模式
自动存档             禁用
存档终点             USE_DB_RECOVERY_FILE_DEST
最早的联机日志序列        42
当前日志序列           44
```

说明：以上信息显示：系统运行在非归档模式。

(3) 下面改变数据库的运行模式为归档模式，首先关闭数据库，在 SQL 提示符下，输入如下代码。

```
SQL> SHUTDOWN IMMEDIATE;
数据库已经关闭。
已经卸载数据库。
ORACLE 例程已经关闭。
```

(4) 以 mount 方式启动实例，在 SQL 提示符下，输入如下代码。

```
SQL> STARTUP MOUNT;
Total System Global Area   171966464 bytes
Fixed Size                    787988 bytes
Variable Size              145488364 bytes
Database Buffers            25165824 bytes
Redo Buffers                  524288 bytes
数据库装载完毕。
```

(5) 修改数据库为归档模式，在 SQL 提示符下，输入如下代码。

```
SQL> ALTER DATABASE ARCHIVELOG;
数据库已更改。
```

(6) 启动数据库，在 SQL 提示符下，输入如下代码。

```
SQL> ALTER DATABASE OPEN;
```

按 Enter 键，系统提示"数据库已更改"。

说明：再次使用"ARCHIVE LOG LIST;"命令查看数据库的运行模式，会看到数据库的日志模式已修改为存档模式。

数据库日志模式　　　　　存档模式
自动存档　　　　　　　启用
存档终点　　　　　　　USE_DB_RECOVERY_FILE_DEST
最早的联机日志序列　　42
下一个存档日志序列　　44
当前日志序列　　　　　44

(7) 在 SQL 提示符下输入"EXIT"命令退出 SQL * Plus 进入到 DOS 状态，在 DOS 提示符下输入如下命令，创建归档日志的存放目录。

```
MD E:\BACKUP
MD E:\BAK
```

在 E 盘根目录下，创建了两个文件夹，分别为 backup 和 bak。

(8) 再以 SYS 用户身份登录到数据库，启动自动归档，即当发生日志切换时自动启动归档进程，其实就是修改初始化参数 log_archive_start 为 true，命令如下：

```
SQL> ALTER SYSTEM SET log_archive_start  = true SCOPE = spfile;
```

按 Enter 键，系统提示"系统已更改"。

再次关闭数据库"SHUTDOWN IMMEDIATE;"，然后启动数据库 STARTUP。该参数的值即修改。

注意：Oracle 10G 中已经废弃了此参数，也就是不用修改此参数的值，只要调整数据库为归档模式，默认就是自动归档。

步骤2：完全数据库脱机备份。

(1) 列出数据文件和控制文件。

```
SQL> SELECT name FROM v$datafile;
NAME
--------------------------------------------------------------------------
E:\ORACLE\PRODUCT\10.1.0\ORADATA\ORCL\SYSTEM01.DBF
E:\ORACLE\PRODUCT\10.1.0\ORADATA\ORCL\UNDOTBS01.DBF
E:\ORACLE\PRODUCT\10.1.0\ORADATA\ORCL\SYSAUX01.DBF
E:\ORACLE\PRODUCT\10.1.0\ORADATA\ORCL\USERS01.DBF
E:\ORACLE\PRODUCT\10.1.0\ORADATA\ORCL\ SPTCTBS01.DBF
SQL> SELECT name FROM v$controlfile;
NAME
--------------------------------------------------------------------------
E:\ORACLE\PRODUCT\10.1.0\ORADATA\ORCL\CONTROL01.CTL
E:\ORACLE\PRODUCT\10.1.0\ORADATA\ORCL\CONTROL02.CTL
E:\ORACLE\PRODUCT\10.1.0\ORADATA\ORCL\CONTROL03.CTL
```

(2) 关闭数据库。在列出要备份的文件之后，以特权用户身份关闭数据库。

```
SQL> CONN SYS/CHANGE_ON_INSTALL AS SYSDBA
已连接
SQL> SHUTDOWN IMMEDIATE
数据库已经关闭。
已经卸载数据库。
ORACLE 例程已经关闭。
```

(3) 复制所有数据库文件。在复制数据库文件时，应该将副本文件复制到单独硬盘上。在 SQL * Plus 命令行中使用 HOST 命令可以执行主机命令。

```
SQL> HOST COPY E:\ORACLE\PRODUCT\10.1.0\ORADATA\ORCL\ *.DBF E:\BCK\
SQL> HOST COPY E:\ORACLE\PRODUCT\10.1.0\ORADATA\ORCL\ *.CTL E:\BCK\
```

说明：其中的"E:\ORACLE\PRODUCT\10.1.0\ORADATA\ORCL\ *"代表源数据文件所在的位置，这时此参数应参照第1步中列出的控制文件和数据文件的路径参数，"E:\BCK\"代表复制的目标位置。

(4) 启动例程并打开数据库。在完成了脱机备份之后，为了使客户应用可以访问数据库，应该启动例程并打开数据库。

```
SQL> CONNECT SYS/CHANGE_ON_INSTALL AS SYSDBA
已连接到空闲例程。
SQL> STARTUP OPEN
Total System Global Area  171966464 bytes
Fixed Size                   787988 bytes
Variable Size             145488364 bytes
Database Buffers           25165824 bytes
Redo Buffers                 524288 bytes
数据库装载完毕。
数据库已经打开。
```

【相关知识】

步骤 3：表空间脱机备份。表空间脱机备份是指当表空间处于 OFFLINE 状态时，备份表空间中所有数据文件或单个数据文件的过程。这种备份只能在归档模式下使用。

(1) 确定表空间所包含的数据文件。当备份表空间时，必须首先确定其所包含的数据文件，然后才能确定要备份的数据文件。通过查询数据字典视图 DBA_DATA_FILES 可以取得表空间和数据文件的对应关系。

```
SQL> CONNECT SYS/CHANGE_ON_INSTALL AS SYSDBA
已连接。
SQL> SELECT FILE_NAME FROM DBA_DATA_FILES  WHERE TABLESPACE_NAME = 'USERS';
FILE_NAME
------------------------------------------------------------
E:\ORACLE\PRODUCT\10.1.0\ORADATA\ORCL\USERS01.DBF
```

(2) 设置表空间为脱机状态。在复制表空间的数据文件之前，必须将表空间设置为 OFFLINE 状态，以确保其数据文件不会发生任何改变。

```
SQL> ALTER TABLESPACE users OFFLINE;
表空间已更改。
```

(3) 复制数据文件。如果备份表空间，则复制其所有数据文件。如果要备份数据文件，则只需复制相应的数据文件。

```
SQL> HOST COPY E:\ORACLE\PRODUCT\10.1.0\ORADATA\ORCL\USERS*.DBF E:\BCK\
```

(4) 设置表空间为联机状态。

```
SQL> ALTER TABLESPACE users ONLINE;
表空间已更改。
```

步骤 4：联机备份。使用联机备份时，既可以备份表空间的所有数据文件，也可以备份表空间的单个数据文件，使用这种方法可以备份数据库的所有表空间和数据文件。使用联机备份的优点是不影响在表空间上的任何访问操作，缺点是可能会生成更多的重做和归档信息。

(1) 确定表空间所包含的数据文件。通过查询数据字典视图 DBA_DATA_FILES，可以取得表空间和数据文件的对应关系。

```
SQL> CONN SYS/CHANGE_ON_INSTALL AS SYSDBA
已连接。
SQL> SELECT FILE_NAME FROM DBA_DATA_FILES
WHERE TABLESPACE_NAME = 'USERS';
FILE_NAME
------------------------------------------------------
E:\ORACLE\PRODUCT\10.1.0\ORADATA\ORCL\USERS01.DBF
```

(2) 设置表空间为备份模式。在将表空间设置为备份模式之后,会固化其所有数据文件的头块,使得头块不会发生改变,并且在头块中记载了将来进行恢复时的日志序列号SCN等信息。

```
SQL > ALTER TABLESPACE USERS BEGIN BACKUP;
表空间已更改。
```

(3) 复制数据文件。

```
SQL > HOST COPY E:\ORACLE\PRODUCT\10.1.0\ORADATA\ORCL\USERS * .DBF E:\BCK\
```

(4) 设置表空间为正常模式,将数据文件头块转变为正常状态。

```
SQL > ALTER TABLESPACE USERS END BACKUP;
表空间已更改。
```

【任务 2-3】 数据库恢复。

【任务实施】

步骤 1: 完全数据库恢复,完全恢复是指当数据库文件出现损坏时,使用已备份的数据文件副本、控制文件、归档日志及重做日志将数据库恢复到失败前的状态。当数据文件被误删除或损坏时,数据库将无法打开。假定在关闭状态下误删除了数据文件 USERS01. DBF,那么当打开数据库时会显示如下错误信息:

```
SQL > CONN SYS/CHANGE_ON_INSTALL AS SYSDBA
已连接到空闲例程。
SQL > STARTUP
ORA - 32004: obsolete and/or deprecated parameter(s) specified
ORACLE 例程已经启动。
Total System Global Area   171966464 bytes
Fixed Size                    787988 bytes
Variable Size              145488364 bytes
Database Buffers            25165824 bytes
Redo Buffers                  524288 bytes
数据库装载完毕。
ORA - 01157: 无法标识/锁定数据文件 4 - 请参阅 DBWR 跟踪文件
ORA - 01110: 数据文件 4: 'E:\ORACLE\PRODUCT\10.1.0\ORADATA\ORCL\USERS01.DBF'
```

(1) 装载数据库。当数据文件丢失或损坏时,数据库无法打开,此时应该首先装载数据库。

```
SQL > CONN SYS/CHANGE_ON_INSTALL AS SYSDBA
SQL > STARTUP FORCE MOUNT
ORACLE 例程已经启动。
```

```
Total System Global Area  171966464 bytes
Fixed Size                   787988 bytes
Variable Size             145488364 bytes
Database Buffers           25165824 bytes
Redo Buffers                 524288 bytes
数据库装载完毕。
```

(2) 使数据文件脱机。在将数据库转变为 MOUNT 状态之后,先将损坏或丢失的数据文件转变为 OFFLINE 状态。

```
SQL> ALTER DATABASE DATAFILE 4 OFFLINE;
数据库已更改。
```

当使数据文件脱机时,既可以指定数据文件名称,也可以指定数据文件编号。通过查询动态性能视图 V$DATAFILE 可以取得数据文件编号和数据文件名称之间的关系。可以参照任务 2-2 中的步骤 2 操作。

(3) 打开数据库。

```
SQL> ALTER DATABASE OPEN;
数据库已更改。
```

(4) 复制数据文件副本。在打开数据库之后,用户可以访问其他表空间的数据,此时,DBA 可以恢复损坏的数据文件。在恢复数据文件之前,首先使用 CP 或 COPY 命令复制数据文件副本。

```
SQL> HOST COPY E:\BCK\USERS01.DBF E:\ORACLE\PRODUCT\10.1.0\ORADATA\ORCL\
```

(5) 恢复数据文件。

```
SQL> RECOVER DATAFILE 4
ORA-00279: 更改 766632 (在 07/26/2011 11:16:28 生成) 对于线程 1 是必需的
ORA-00289: 建议:
E:\ORACLE\PRODUCT\10.1.0\FLASH_RECOVERY_AREA\ORCL\ARCHIVELOG\2011_07_26\01_MF_1_
44_%U_.ARC
ORA-00280: 更改 766632 (用于线程 1) 在序列 #44 中
指定日志: {<RET>= suggested | filename | AUTO | CANCEL}
已应用的日志。
完成介质恢复。
```

(6) 使数据文件联机。在恢复了数据文件之后,将其转变为 ONLINE 状态。

```
SQL> ALTER DATABASE DATAFILE 4 ONLINE;
数据库已更改。
```

步骤 2:基于时间的恢复。基于时间的恢复是指当出现用户错误(如误删除表、误截断表等)时,使用数据文件副本、归档日志和重做日志将数据库恢复到用户错误点的状态,从而恢复用户数据。下面以 SCOTT 用户误删除 EMP 表为例，介绍基于时间的恢复的使用方法。

```
SQL > CONN SYS/CHANGE_ON_INSTALL AS SYSDBA
SQL > SELECT to_char(sysdate,'YYYY - MM - DD HH24:MI:SS')  FROM dual;
TO_CHAR(SYSDATE, 'YY')
---------------------
2011 - 07 - 28 16:03:36
SQL > DROP TABLE scott.emp;
表已删除。
```

如上所示，因为表 EMP 被误删除的时间大约在 16:03:36，所以只要执行不完全恢复将数据库恢复到该时间点的状态就可以恢复 EMP 表。具体步骤如下。

(1) 关闭数据库。在执行不完全恢复之前，如果数据库处于 OPEN 状态，则必须首先关闭数据库。

```
SQL > CONN SYS/CHANGE_ON_INSTALL AS SYSDBA
SQL > SHUTDOWN IMMEDIATE
数据库已经关闭。
已经卸载数据库。
ORACLE 例程已经关闭。
装载数据库。当执行不完全恢复时，要求数据库必须处于 MOUNT 状态。
SQL > STARTUP MOUNT
ORACLE 例程已经启动。
Total System Global Area   171966464 bytes
Fixed Size                    787988 bytes
Variable Size              145488364 bytes
Database Buffers            25165824 bytes
Redo Buffers                  524288 bytes
数据库装载完毕。
```

(2) 复制所有数据文件副本。

```
SQL > HOST copy E:\BCK\ * .DBF E:\ORACLE\PRODUCT\10.1.0\ORADATA\ORCL\
```

(3) 执行不完全恢复命令。在复制了数据文件副本之后，接下来就可以使用 RECOVER DATABASE UNTIL TIME 命令执行不完全恢复。

```
SQL > RECOVER DATABASE UNTIL TIME '2011 - 07 - 28 16:03:36'
```

(4) 恢复过程结束后使用 RESETLOGS 选项打开数据库。

```
SQL > ALTER DATABASE OPEN RESETLOGS;
```

(5) 检查恢复结果是否已经恢复用户数据。

```
SQL> CONN SYS/CHANGE_ON_INSTALL AS SYSDBA
SQL> SELECT * FROM  scott.emp;
```

(6) 执行完全数据库备份。在以 RESETLOGS 方式打开数据库之后,因为过去的备份已经不能使用,所以必须重新进行完全数据库备份。

步骤 3: 基于撤销的恢复。基于撤销的恢复是指当数据库无法完全恢复时,将数据库恢复到备份点与失败点之间某个时刻的状态。

(1) 关闭数据库。当执行基于终止的不完全恢复时,必须首先关闭数据库。

```
SQL> CONN SYS/CHANGE_ON_INSTALL AS SYSDBA
SQL> SHUTDOWN IMMEDIATE
```

(2) 装载数据库。当执行不完全恢复命令时,要求数据库必须处于 MOUNT 状态。

```
SQL> STARTUP MOUNT
```

(3) 复制所有数据文件副本。

```
SQL> HOST copy E:\BCK\ * .DBF E:\ORACLE\PRODUCT\10.1.0\ORADATA\ORCL\
```

(4) 执行不完全恢复。可以使用 RECOVER DATABASE UNTIL CANCEL 命令执行不完全恢复。

```
SQL> RECOVER DATABASE UNTIL CANCEL
```

(5) 恢复过程结束后使用 RESETLOGS 选项打开数据库。

```
SQL> ALTER DATABASE OPEN RESETLOGS;
```

(6) 进行完全数据库备份。当以 RESETLOGS 方式打开数据库之后,因为过去的备份已经不能使用,所以必须重新进行完全数据库备份。

步骤 4: 基于 SCN 的恢复。使用基于 SCN 的恢复可以把数据库恢复到错误发生前的某一个事务前的状态。

(1) 关闭数据库。当执行基于终止的不完全恢复时,必须首先关闭数据库。

```
SQL> CONN SYS/CHANGE_ON_INSTALL AS SYSDBA
SQL> SHUTDOWN IMMEDIATE
```

(2) 装载数据库。当执行不完全恢复命令时,要求数据库必须处于 MOUNT 状态。

```
SQL> STARTUP MOUNT
```

(3) 复制所有数据文件副本。

```
SQL > HOST copy E:\BCK\ * .DBF E:\ORACLE\PRODUCT\10.1.0\ORADATA\ORCL\
```

(4) 执行不完全恢复。

```
SQL > RECOVER DATABASE UNTIL CHANGE 470786058;
```

注意："470786058"为备份时记载的用于进行恢复的日志序列号 SCN。

(5) 恢复过程结束后使用 RESETLOGS 选项打开数据库。

```
SQL > ALTER DATABASE OPEN RESETLOGS;
```

(6) 进行完全数据库备份。当以 RESETLOGS 方式打开数据库之后,因为过去的备份已经不能使用,所以必须重新进行完全数据库备份。

小结

Oracle 通过使用用户管理、权限与角色来保护数据库的安全。Oracle 用户管理机制是 Oracle 系统安全性的一个重要方面。Oracle 的每个合法用户可以存取其权限规定的数据库资源。Oracle 通过控制用户对数据库的访问可阻止非法用户对资源的访问和破坏。权限是执行一种特殊类型的 SQL 语句或存取另一用户对象的权力。Oracle 将权限分为两类：系统权限和对象权限。角色是一组系统权限和对象权限的集合,把它们组合在一起赋予一个名字,就使授予权限变得简单。一个角色可授予系统权限或对象权限,任何角色都可授予给一数据库用户。

Oracle 数据库的备份与恢复方法主要有物理备份与恢复、逻辑备份与恢复两种。物理备份与恢复是指对数据库物理结构的操作系统文件的备份与恢复。物理备份与恢复又分为脱机备份与恢复和联机热备份与恢复两种。逻辑备份与恢复是对数据库数据的备份与恢复。

思考与练习

【选择题】

1. 执行了下列语句后,Kevin 可以(　　)。

```
GRANT ALL ON cd TO Kevin;
REVOKE UPDATE,DELETE ON cd FROM Kevin;
```

A. 插入和删除记录到表 cd　　　　B. 插入和查询记录到表 cd

C. 将部分权限授予其他　　　　D. 查询和更新表 cd 的记录

2. (　　)权限决定了(　　)用户可以在数据库中删除和创建对象。

A. 语句权限　　B. 用户权限　　C. 数据库权限　　D. 对象权限

3. 以下(　　)特权或角色可以建立数据库。

A. SYSDBA　　B. SYSOPER　　C. DBA

4. 以下(　　)特权或角色可以关闭数据库。

A. SYSDBA　　B. SYSOPER　　C. DBA

5. 当误删除了 SYSTEM 表空间的数据文件之后,可以使用以下(　　)命令恢复该表空间。

A. RECOVER DATABASE

B. RECOVER TABLESPACE

C. RECOVER DATAFILE

6. 在以下(　　)对象权限上可以授予列权限。

A. SELECT　　B. UPDATE

C. DELETE　　D. INSERT E REFERENCES

7. 为了避免数据文件出现损坏进而导致数据丢失,应该采用(　　)日志操作模式。

A. ARCHIVELOG　　B. NOARCHIVELOG

8. 以下(　　)权限及选项不能被授予角色。

A. UNLIMITED TABLESPACE　　B. WITH ADMIN OPTION

C. WITH GRANT OPTION　　D. CREATE SESSION

9. 以下(　　)角色具有 UNLIMITED TABLESPACE 系统权限。

A. CONNECT　　B. RESOURCE

C. DBA　　D. EXP_FULL_DATABASE

10. 当用户具有以下(　　)角色时可以访问数据字典视图 DBA_XXX。

A. CONNECT　　B. RESOURCE

C. DBA　　D. SELECT_CATALOG_ROLE

【思考题】

1. 什么是角色,创建角色有什么好处?

2. 简述数据库的物理备份有哪几种形式。

第11章 数据库应用程序开发

【学习目标】

(1) 了解数据库应用程序的结构。

(2) 掌握常用的数据库访问技术。

【工作任务】

(1) 使用 ADO.NET 对象访问 Oracle 数据库。

(2) 使用 JDBC-ODBC 桥访问 Oracle 数据库。

(3) 使用 JDBC Driver 访问 Oracle 数据库。

学习了前面几章的内容,相信大家已经可以通过 SQL 语言进行数据库的管理工作了,但是对于那些最终用户(即非计算机专业人员)而言,一般都是通过应用程序员精心设计的具有良好界面的应用程序存取数据库的,如火车站售票人员、银行柜台服务人员等。一个完整的数据库应用程序在逻辑上一般包括三大组成部分:一是为应用程序提供数据的后台数据库;二是实现与用户交互的前台界面;三是实现具体业务逻辑的组件。Oracle 作为一种大型的数据库管理系统,通常在应用程序中充当后台数据库,满足客户端连接数据库和存储数据的需要。图形用户界面的设计通常是使用可视化开发工具来完成,如 Visual Studio, Java, Visual Basic, Delphi, PowerBuilder 等。

【任务1】 Visual Studio.NET 环境中数据库程序开发。

【任务引入】

Visual Studio.NET(简称 VS.NET)是 Microsoft 公司推出的一套开发工具,主要用于开发 Web 应用程序、桌面应用程序和移动应用程序。Visual Studio.NET 提供了完整的.NET 平台集成开发环境和工具,集成了多种语言支持,如 Visual Basic, Visual C#, Visual C++和 Visual J#等,这些语言共同使用相同的集成开发环境(IDE),可以创建混合语言解决方案。作为世界流行的程序开发工具,VS.NET 建立在.NET 框架结构上,每种语言可以继承其他语言编写的类,实现资源共享。具有一流的面向对象程序语言的特性,如实现继承、重载和参数化的构造函数。同时具有 Windows 窗体和 Web 窗体两种窗体方式,可以在相似环境中快速开发 C/S 模式和 B/S 模式应用程序。并且提供了全新的数据库访问技术 ADO.NET,可以访问离线的数据源。

【任务1-1】 使用 DataGridView 控件绑定 Oracle 数据库数据源。

【任务实施】

步骤1:创建应用程序。启动 Visual Studio.NET 2005 开发环境,依次执行"文件"→"新建"→"项目"命令,打开"新建项目"对话框,如图 11-1 所示。在左侧的"项目类型"列表中选择 Visual C＃选项，在右侧的“模板”列表中选择“Windows 应用程序”，默认项目名称为“WindowsApplication1”，选择保存位置，单击“确定”按钮，创建一个用 Visual C＃开发的 Windows 应用程序。

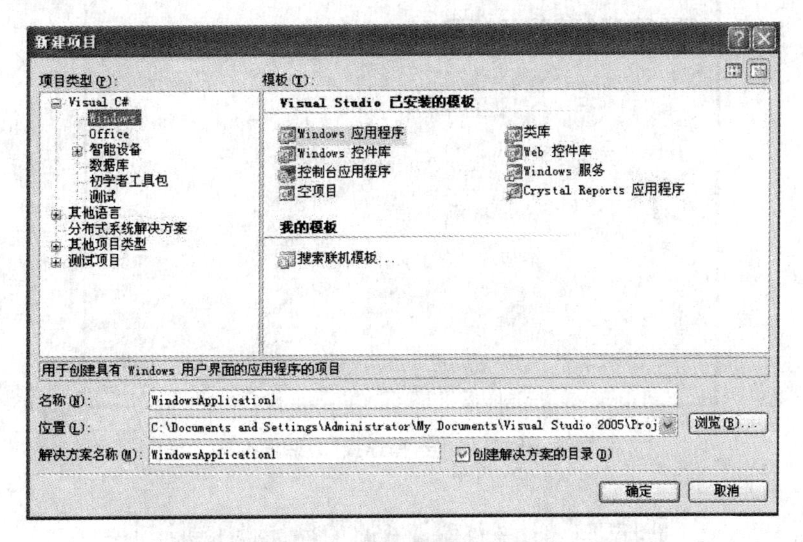

图 11-1　“新建项目”对话框

步骤 2：配置数据源。

(1) 在 Visual C＃环境中，依次执行“数据”→“显示数据源”菜单命令，打开“数据源”窗口，单击(添加新数据源)按钮，或者单击“添加新数据源…”命令，打开“数据源配置向导”对话框，如图 11-2 所示。

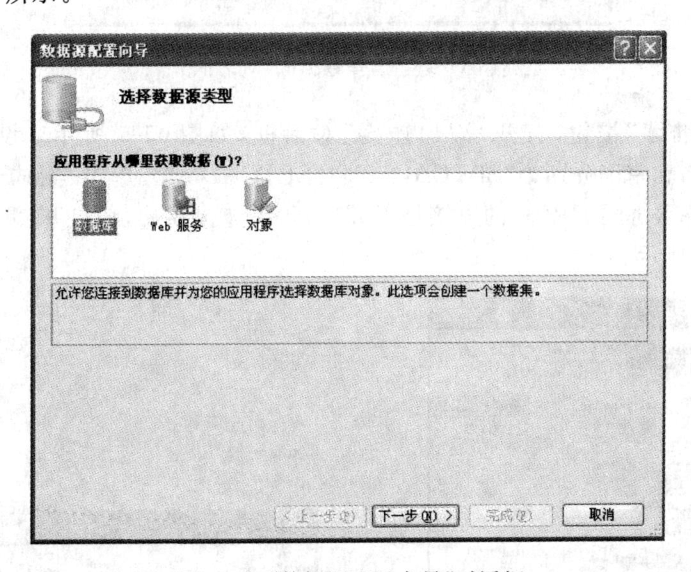

图 11-2　“数据源配置向导”对话框

(2) 选择“数据库”，单击“下一步”按钮，打开“选择您的数据连接”对话框，如图 11-3 所示。在该对话框中，单击“新建连接”按钮，打开“选择数据源”对话框，以创建新的 Oracle 连接，如图 11-4 所示。默认的数据源是 Microsoft SQL Server 数据源，将其更改为“Oracle 数据库”。

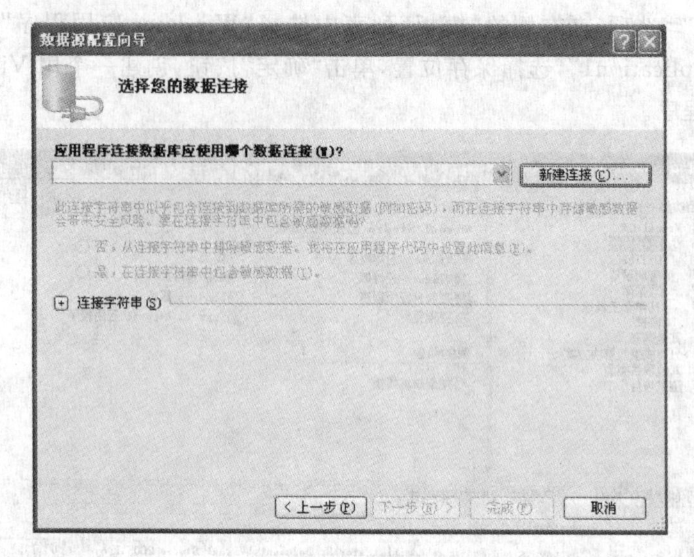

图 11-3 “选择连接”对话框

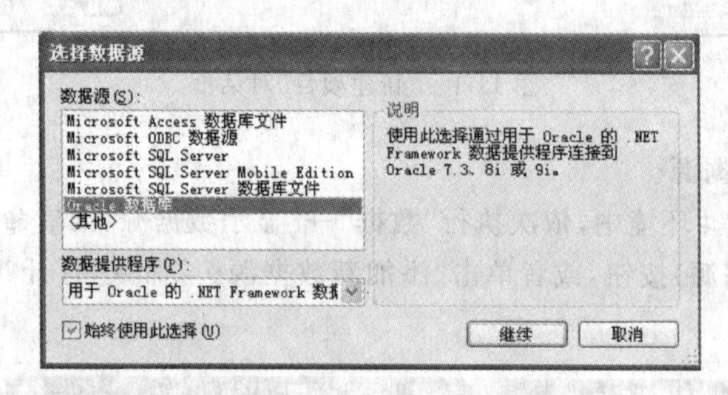

图 11-4 “选择数据源”对话框

(3) 单击“继续”按钮,打开“添加连接”对话框,如图 11-5 所示。设置服务器名为“ORCL”,用户名和密码分别为“SPTCADM”和“SPTCADM”。单击“测试连接”按钮,以测试 Oracle 数据库服务器 ORCL 的连接是否成功,如果连接成功,将打开“测试连接成功”对话框,如图 11-6 所示。

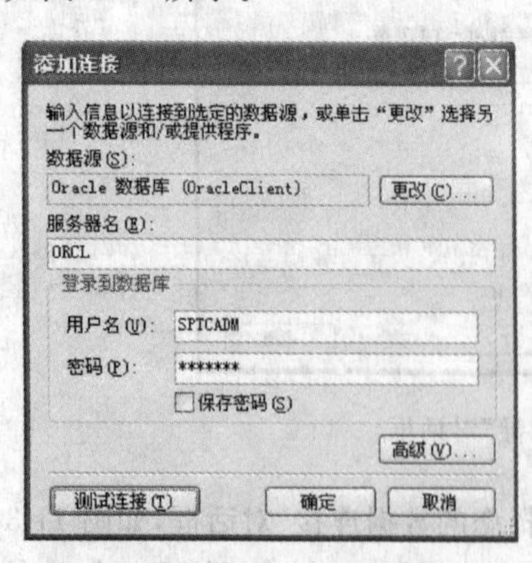

图 11-5 “添加连接”对话框

图 11-6 “测试连接成功”对话框

（4）单击“确定”按钮，返回“选择您的数据连接”对话框。出现刚才创建的数据连接，选择“是，在连接字符串中包含敏感数据”，展开连接字符串，可以看到其内容“Data Source=ORCL;User ID=SPTCADM;Password=SPTCADM;Unicode=True”其中包含有登录口令等敏感数据，如图11-7所示。

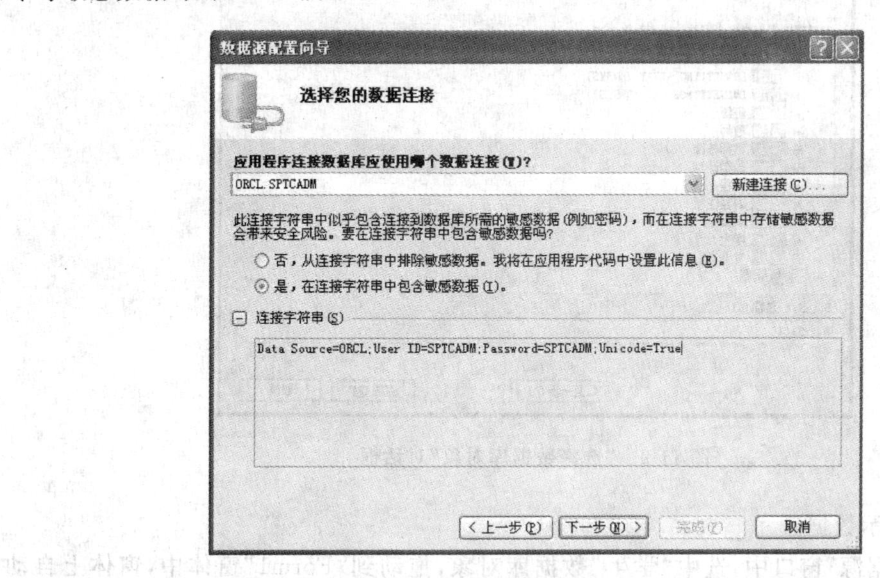

图11-7　“选择您的数据连接”对话框

（5）单击“下一步”按钮，打开“将连接字符串保存到应用程序配置文件”对话框，如图11-8所示。系统提示是否保存连接字符串“StudentConnectionString”。一般情况下，选择保存，方便以后数据库更改时编辑该字符串。

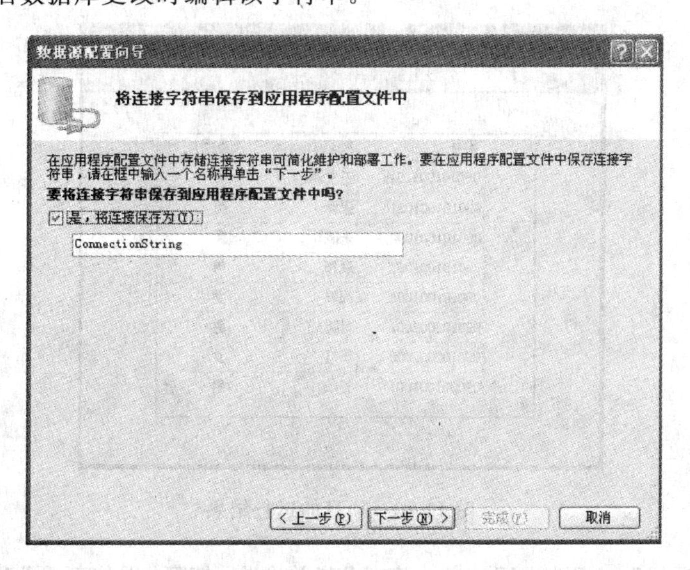

图11-8　“保存连接字符串”对话框

（6）单击“下一步”按钮，打开“选择数据库对象”窗口，如图11-9所示。可供选择的数据库对象包含表、视图、存储过程和函数等。在这里我们选择“学生”表。单击“完成”按钮，完成数据源的创建。此时，在“数据源”窗口出现了刚才选择的数据库对象。

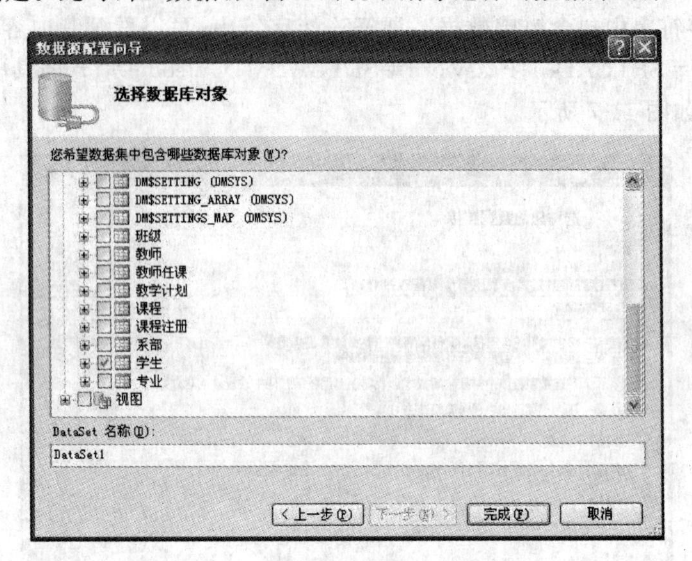

图 11-9 “选择数据库对象”对话框

步骤 3：显示数据。

(1) 在“数据源”窗口中，选中“学生”数据库对象，拖动到“Form1”窗体中，窗体上自动添加了学生 DataGridView 数据绑定控件、学生 BindingSource、学生 TableAdapter 和学生 TableAdapter 数据控件，并且自动实现了数据绑定。如果对每个控件的默认属性不满意，可以通过“属性”窗口进行修改。绑定完成后，按 F5 键即可运行程序，在窗体上显示学生的详细信息，如图 11-10 所示。

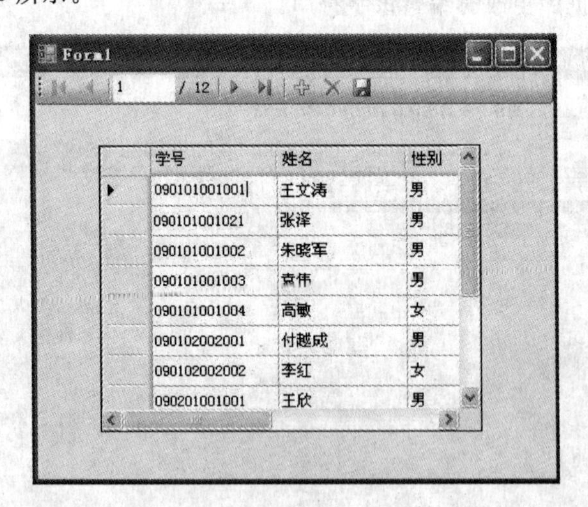

图 11-10 项目的运行结果

(2) 执行“项目”→“添加 Windows 窗体”菜单命令，打开“添加新项”对话框，添加一个名为“Form2”的窗体。然后，在“数据源”窗口中，选中“学生”对象，单击其“下拉箭头”，在弹出的下拉列表中选择“详细信息”命令。最后，在“数据源”窗口中，选中“学生”数据库对象，拖动到“Form2”窗体中，修改启动对象为“Form2”窗体(打开“解决方案资源管理器”窗口，修改 Program.cs 代码中的 Application.run 中的窗体对象即可)，按 F5 键即可运行程序，显示详细信息，如图 11-11 所示。

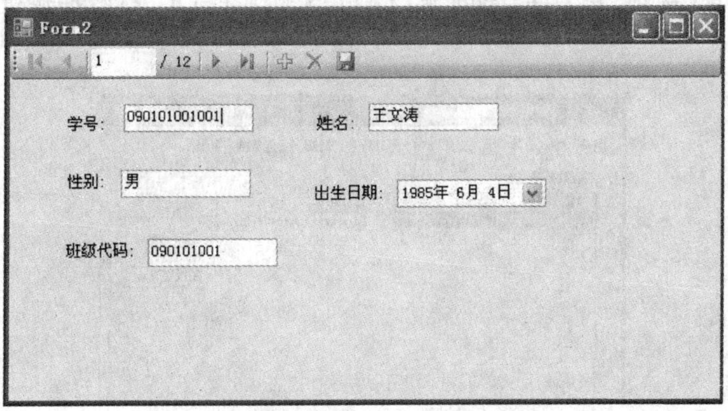

图 11-11 项目运行结果

【相关知识】

数据控件是 Visual Studio.NET 的标准控件之一。在应用程序中，可以使用数据控件和各种数据绑定控件来显示和更新数据库中的信息。使用数据控件时，不用编写代码就能够创建简单的数据库应用程序。

在.NET 中使用数据绑定控件的方式连接 Oracle 数据库时，.NET 应用程序和 Oracle 数据库之间的连接完全由 ADO.NET 自动完成，并且同时完成了自动填充数据集的工作，所以采用绑定方式在构建.NET 应用程序时快速而且方便，但是应用程序在灵活性方面就存在了很大的不足。如果将数据控件与 Visual Studio.NET 代码结合起来，则可以为数据处理提供高级的编程控件，这样就可以设计出功能完备的数据库应用程序。那么什么是 ADO.NET，ADO.NET 是如何工作的呢?

ADO.NET 是为 Microsoft.NET Framework 编程人员提供数据访问服务的一种对象模型。ADO.NET 主要由 DataSet 和.NET 框架数据提供程序两个核心组件组成，DataSet 专门为独立于任何数据源的数据访问而设计的组件，用于多种不同的数据源和 XML 数据，它像一个内存数据库，可以包含一个表或多个表，表与表之间可以建立关系。.NET Framework 数据提供程序是专门为数据处理以及快速地只进、只读访问数据而设计的组件，它由 Connection，Command，DataReader 和 DataAdapter 对象组成。该组件的主要功能是将数据源中的数据取出，放入 DataSet 对象中，或将修改后的数据存回数据源。其中 Connection 对象用于连接数据源；Command 对象用于向数据源发出各种 SQL 命令，如返回数据、修改数据、运行存储过程以及发送或检索参数信息等；DataReader 对象从数据源中提供高性能的数据流；DataAdapter 提供连接 DataSet 对象和数据源的桥梁，它使用 Command 对象在数据源中执行 SQL 命令，以便将数据加载到 DataSet 对象中，使 DataSet 中数据的更改与数据源保持一致。

【任务 1-2】 使用 ODBC 方式访问 Oracle 数据库。

【任务实施】

步骤 1：建立 ODBC 数据源。使用 ODBC 方式连接 Oracle 数据库之前，首先必须创建基于 Oracle 的 ODBC 数据源。

(1) 选择 Windows XP 系统中的“开始”菜单中的“控制面板”选项，打开“控制面板”窗口中的“管理工具”选项，再双击“数据源(ODBC)”，打开“ODBC 数据源管理器”窗口，如图 11-12 所示。

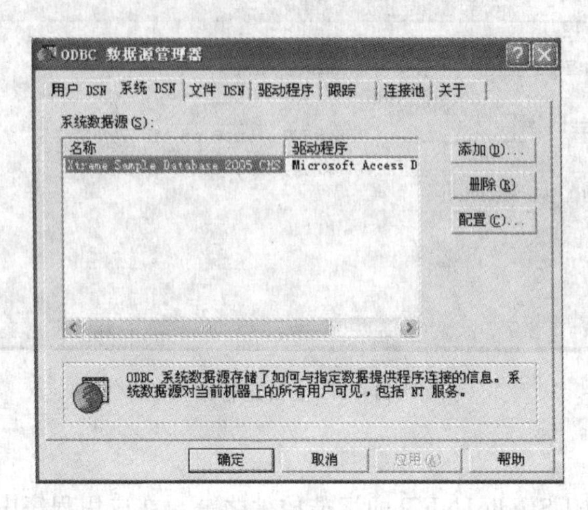

图 11-12 “ODBC 数据源管理器”对话框

(2) 在数据源管理器窗口有多个选项卡，此处我们选择系统 DSN，点“添加”按钮。弹出“创建新数据源”窗口，如图 11-13 所示。选择驱动程序类型为“Oracle in OracleDb10g_home1”，再单击“完成”按钮，将弹出“Data Source Driver Configuration”对话框，如图 11-14 所示。指定 Data Source Name(数据源)名称为“my”，选择 TNS Service Name(监听服务器名称)为“ORCL”。单击“Test Connection”按钮，可以测试 ODBC 与 Oracle10g 数据库 ORCL 的连接情况。在打开的“Oracle ODBC Driver Connect”对话框内，输入 username 用户名“SPTCADM”和 password 口令“SPTCADM”，如图 11-15 所示。单击“OK”按钮，如果设置正确，将弹出连接成功的确认对话框，如图 11-16 所示。至此，ODBC 数据源配置成功。

图 11-13 “创建新数据源”对话框

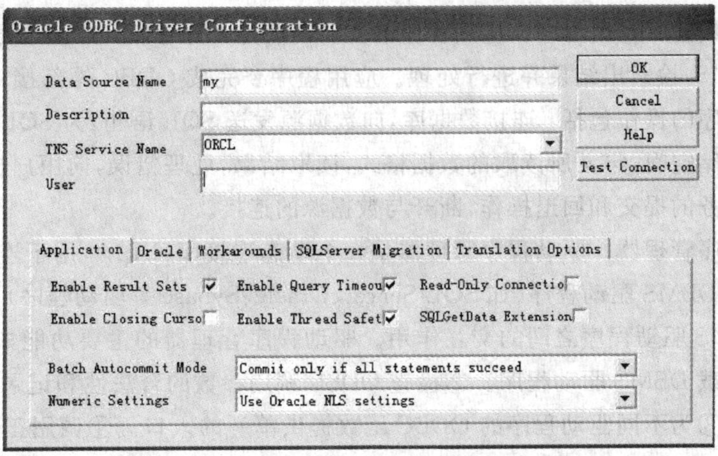

图 11-14 “Data Source Driver Configuration”对话框

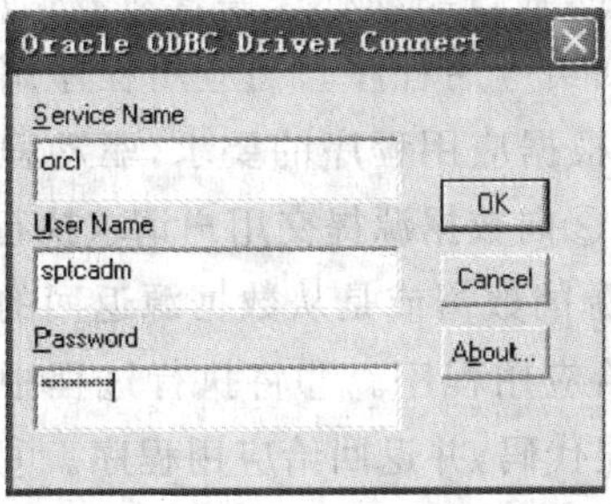

图 11-15 “ODBC Driver Connect”对话框　　　　图 11-16 “连接成功”对话框

【相关知识】

早期的程序员在程序中要连接数据库是非常困难的，每种 DBMS 产生的数据库文件的格式都不一样，程序员要对他们访问的 DBMS 的底层 API(Application Programming Interface，应用程序编程接口)有相当程度的了解。这就产生了一个问题，当使用的 DBMS 改变后，或者用户习惯使用的 DBMS 与开发程序使用 DBMS 的不符合时，应用软件便无法正常访问 DBMS。因此，能处理各种数据文件的 API 便产生了，这就是大家现在听到的 ODBC。

ODBC 即开放式数据库互连(Open Database Connectivity)，是微软公司推出的一种实现应用程序和关系数据库之间通讯的方法标准，是一个接口标准。大多数 DBMS 提供了面向 ODBC 的驱动程序，遵从了这个标准的 DBMS 被称为 ODBC 兼容的 DBMS。ODBC 兼容的数据库包括 Access，MS SQL Server，Oracle，Informix 等。ODBC 为数据库应用程序访问异构型数据库提供了统一的数据存取接口 API，应用程序不必重新编译、链接就可以与不同的 DBMS 相连。

ODBC 是一个分层体系结构，它由 4 个部分构成：包括 ODBC 数据库应用程序(Application)、驱动程序管理器(Driver Manager)、DBMS 驱动程序(DBMS Driver)和数据源(Data Source Name)。

- ODBC 数据库应用程序。应用程序的主要功能是：调用 ODBC 函数，递交 SQL 语句给 DBMS，检索出结果并进行处理。应用程序要完成 ODBC 外部接口的所有工作。应用程序的操作包括：连接数据库，向数据源发送 SQL 语句，为 SQL 语句执行结果分配存储空间，定义所读取的数据格式，读取结果，处理错误，向用户提交处理结果，请求事务的提交和回退操作，断开与数据源的连接。
- 驱动程序管理器。驱动程序管理器是一个动态连接库(DLL)，用于连接各种数据库系统的 DBMS 驱动程序(如 SQL Server、Oracle、Sybase 等驱动程序)，管理应用程序和 DBMS 驱动程序之间的交互作用。驱动程序管理器的主要功能如下：①为应用程序加载 DBMS 驱动程序。②检查 ODBC 调用参数的合法性和记录 ODBC 函数的调用。③为不同驱动程序的 ODBC 函数提供单一的入口。④调用正确的 DBMS 驱动程序。⑤提供驱动程序信息。
- DBMS 驱动程序。应用程序不能直接存取数据库，其各种操作请求要通过 ODBC 的驱动程序管理器提交给 DBMS 驱动程序，通过驱动程序实现对数据源的各种操作，数据库的操作结果也通过驱动程序返回给应用程序。当应用程序调用函数进行连接时，驱动程序管理器加载驱动程序。根据应用程序的要求，驱动程序完成以下任务：①建立应用程序与数据源的连接。②向数据源提交用户请求执行的 SQL 语句。③根据应用程序的要求，将发送给数据源的数据或是从数据源返回的数据进行数据格式和类型转换。④把处理结果返回给应用程序。⑤将执行过程中数据库系统返回的错误转换成 ODBC 定义的标准错误代码，并返回给应用程序。⑥根据需要定义和使用光标。
- 数据源。数据源(Data Source Name，简称 DSN)是驱动程序与数据库系统连接的桥梁，数据源不是数据库系统，而是用于表达一个 ODBC 驱动程序和 DBMS 特殊连接的命名。数据源分为以下 3 类：①用户数据源：即用户创建的数据源。此时只有创建者才能使用，并且只能在所定义的机器上运行。任何用户都不能使用其他用户创建的用户数据源。②系统数据源：所有用户和在 Windows NT 下以服务方式运行的应用程序均可使用系统数据源。③文件数据源：文件数据源是 ODBC 3.0 以上版本增加的一种数据源，可用于企业用户，ODBC 驱动程序也安装在用户的计算机上。

步骤 2：创建应用程序。启动 Visual Studio. NET 2005 开发环境，依次执行“文件”→“新建”→“项目”命令，打开“新建项目”对话框。在左侧的“项目类型”列表中选择“Visual C#”选项，在右侧的“模板”列表中选择“控制台应用程序”，默认项目名称“ConsoleApplication1”，选择保存位置，单击“确定”按钮，创建一个用 Visual C# 开发的控制台应用程序。

步骤 3：打开“解决方案资源管理器”窗口，双击“Program. cs”文件。编辑链接 Oracle 数据库的应用程序，输入以下代码。

```
using System;
using System.Collections.Generic;
using System.Text;
using System.Data.Odbc;                          //引入 ODBC 访问 Oracle 数据库引用的名称空间
namespace ConsoleApplication1
{
    class program
    {
        static void Main(string[ ] args)
        {
            OdbcConnection conn = null;      //数据连接对象
            OdbcCommand comm = null;         //数据命令对象
            OdbcDataReader dr = null;        //数据读取器对象
            String teacno, teacname;
            try
            {
                //建立和 Oracle 数据库的连接
                conn = new OdbcConnection("DSN = My;UID = SPTCADM;PWD = SPTCADM");
                //向 Oracle 数据库发送 SQL 语句
                comm = new OdbcCommand("SELECT * FROM SPTCADM.教师", conn);
                //打开 Oracle 数据库连接
                conn.Open();
                //获取提交 SQL 语句返回的结果
                dr = comm.ExecuteReader();
                System.Console.WriteLine("教师编号\t 姓名");
                System.Console.WriteLine("------------------ ");
                while (dr.Read())
                {//逐条处理数据记录
                    teacno = dr.GetString(0).Trim();
                    teacname = dr.GetString(1).Trim();
                    System.Console.WriteLine(teacno + "\t" + teacname);
                }
                Console.ReadLine();
                //关闭数据库连接
                conn.Close();
            }
            catch (Exception err)
            {
                System.Console.WriteLine(err.ToString());
            }
        }
    }
}
```

程序编译成功后，运行程序，运行结果如下所示。

程序运行结果：

```
教师编号        姓名
-------------------
030000000004    刘丽
040000000005    李晓红
040000000006    何有为
060000000007    程治国
010000000001    李卫超
010000000002    李英杰
020000000003    王军霞
```

【相关知识】

ADO.NET 2.0 版本中提供了 SQL Server.NET,OLEDB.NET,ODBC.NET 和 Oracle.NET 4 组数据提供程序,分别访问不同类型的数据库。其中 SQL Server.NET 专门用于 SQL Server 7.0 以上或更高版本的 SQL Server 数据库,OracleClient 专门用于连接 Oracle 数据库,ODBC 适合支持 ODBC 接口的数据库,OLEDB 是适合支持 OLEDB 接口的数据库。使用 ADO.NET 对象编写数据库应用程序一般需要经过以下几个步骤。

第 1 步:创建 SqlConnection 对象(数据连接对象),连接数据库。

(1) 构造连接类对象的格式为:

```
OleDbConnection conn = new OleDbConnection(ConnectionString);
OracleConnection conn = new OracleConnection(ConnectionString);
OdbcConnection conn = new OdbcConnection(ConnectionString);
```

其中,ConnectionString 用于设置打开数据连接的连接字符串,使用 OLE DB 方式访问 Oracle 数据库的 ConnectionString 连接字符串形式为:

```
Provider = OraOLEDB.Oracle;Data Source = ORCL;User ID = SPTCADM;Password = SPTCADM
```

使用 OracleClient 方式访问 Oracle 数据库的 ConnectionString 连接字符串形式为:

```
Data Source = ORCL; User ID = SPTCADM;Password =  SPTCADM。
```

使用 ODBC 方式访问 Oracle 数据库的 ConnectionString 连接字符串形式为:

```
DSN = My; UID = SPTCADM;PWD = SPTCADM。
```

(2) 构造连接类对象以后,需要显式地调用 Open()方法打开连接,调用格式为"conn.Open();",对数据库访问完毕后,需要显式调用 Close()方法及时关闭数据库连接,调用格式为"conn.Close();"。但是如果应用程序使用数据适配器类的 Fill()方法或 Update()方法操作数据库时,则不需要显式调用 Open()方法打开连接,ADO.NET 会自动打开连接,操作完成后会自动关闭连接。

第 2 步:创建 SqlCommand 对象(命令对象),使用 SQL 命令对数据库进行操作。

(1) 构造 SqlCommand 命令类对象的格式为:

```
OleDbCommand comm = new OleDbCommand(CommandText, SqlConnection);
OracleCommand comm = new OracleCommand(CommandText, SqlConnection);
OdbcCommand comm = new OdbcCommand(CommandText, SqlConnection);
```

其中 CommandText 是命令文本,该参数为 string 类型,它是用来获取或设置要对数据源执行的 SQL 语句或者是存储过程的名字。SqlConnection 是连接对象,用来设置要使用的数据库对象。

(2) SqlCommand 命令类的常用方法。

SqlCommand 命令类对象常用三种方法，ExecuteReader 方法用于当使用 Select 语句时，使用 ExecuteReader 方法可以返回数据的结果集，如下所示。

```
OleDbDataReader dr = comm.ExecuteReader();
OracleDataReader dr = comm.ExecuteReader();
OdbcDataReader dr = comm.ExecuteReader();
```

ExecuteNonQuery 方法用于不返回结果的 SQL 语句，如 INSERT 语句、UPDATE 语句、DELETE 语句，如"int rows = comm.ExecuteNonQuery();"。ExecuteScalar 方法用于只返回一个值的 SQL 语句，当执行 SQL 语句时，该方法返回查询结果集中第一行的第一列的数据。

第 3 步：从数据源中读取数据。数据读取器类用于从数据源中读取只读的数据流。所有数据读取器类对象的基类均为 DbDataReader 类。

(1) 填充数据读取器对象的格式如下所示：

```
OleDbDataReader dr = comm.ExecuteReader();
OracleDataReader dr = comm.ExecuteReader();
OdbcDataReader dr = comm.ExecuteReader();
```

(2) 数据读取器类的常用方法。数据读取器类的 Read()方法使数据指针向前移动一条记录，返回类型为 bool，如果返回值为 false，则表示数据读取器中没有数据行。Read()方法通常用于循环读取数据表的数据记录，如下所示。Close()方法用于关闭数据读取器对象，以释放其占有的资源。

```
while(dr.Read())
{
    //依次处理每一条数据记录
}
```

DataSet 可以看做是内存中的数据库，也可以说 DataSet 是数据表的集合，它可以包含任意多个数据表(DataTable)，而且每一个 DataSet 中的数据表(DataTable)对应一个数据源中的数据表(Table)或是数据视图(View)。数据表实质是由行(DataRow)和列(DataColumn)组成的集合，为了保护内存中数据记录的正确性，避免并发访问时的读写冲突，DataSet 对象中的 DataTable 负责维护每一条记录，分别保存记录的初始状态和当前状态。

第 4 步：创建 SqlDataAdapter 对象(数据适配器对象)，得到数据结果集，将其放入 DataSet 对象中。

(1) 构造数据适配器对象。构造数据适配器对象的格式如下：

```
OleDbDataAdapter da = new OleDbDataAdapter(CommandText, SqlConnection);
OracleDataAdapter da = new OracleDataAdapter (CommandText, SqlConnection);
OdbcDataAdapter da = new OdbcDataAdapter (CommandText, SqlConnection);
```

(2) 数据适配器类的常用方法。数据适配器类的 Fill()方法用于填充数据集，并返回填充的行数，其使用格式为：

```
da.Fill(数据集对象,表名);
```

Update()方法用于更新数据表,并返回受影响的行数,其使用格式为: da.Update(数据集,表名);

第 5 步：如果需要,可以反复执行 SQL 命令生成数据结果集,放入 DataSet 中。

第 6 步：关闭数据库连接。

第 7 步：在 DataSet 对象中进行需要的操作。

第 8 步：如果需要,将 DataSet 的变化更新到数据库中。

做一做：启动 Visual Studio. NET 2005 开发环境,创建控制台应用程序。分别以 OLEDB 和 OracleClient 两种方式访问 Oracle 数据库(当使用不同的方式访问数据库时,需要引入不同的命名空间“System. Data. OLEDBClient;”和“System. Data. OracleClient;”,而且在以 OracleClient 方式访问数据库时,需要在项目中引入 System. Data. OracleClient. dll 引用)。

【任务 1-3】 创建. NET 应用程序使用 OracleClient 方式访问 Oracle 的存储过程 st_dkcjfx。

【任务回顾】

在第 8 章中创建了一个存储过程 st_dkcjfx,当任意输入一个存在的课程名称时,该存储过程将统计出该门课程的平均成绩。该存储过程有两个参数：一个为输入参数 kechengming,一个输出参数 avgchengji。

提示：

```
CREATE OR REPLACE PROCEDURE st_dkcjfx(kechengming varchar,avgchengji OUT number )
AS
BEGIN
SELECT  AVG(成绩) INTO avgchengji FROM  课程注册 WHERE  课程号 IN (SELECT 课程号 FROM 课程
WHERE 课程名称 = kechengming );
END;
```

下面通过. NET 应用程序程序调用该存储过程。

【任务实施】

步骤 1：创建应用程序。启动 Visual Studio. NET 2005 开发环境,依次执行“文件”→“新建”→“项目”命令,打开“新建项目”对话框。在左侧的“项目类型”列表中选择“Visual C＃”选项,在右侧的“模板”列表中选择“控制台应用程序”,默认项目名称“ConsoleApplication2”,选择保存位置,单击“确定”按钮,创建一个用 Visual C＃开发的控制台应用程序。

步骤 2：添加动态链接库“System. Data. OracleClien. dll”的本地应用。选择“项目”菜单文件中“添加应用”命令,打开“添加应用对话框”,选择“System. Data. OracleClien. dll”,然后单击“确定”按钮。

步骤 3：打开“解决方案资源管理器”窗口,双击“Program. cs”文件。编辑链接 Oracle 数据库的应用程序,输入以下代码。

```
using System;
using System.Collections.Generic;
using System.Text;
using System.Data.OracleClient;          //引入 OracleClient 访问 Oracle 方式所用的名称空间
using System.Data;
namespace ConsoleApplication2
{
    class Program
    {
        static void Main(string[] args)
        {
            OracleConnection conn = null;              //数据连接对象
            OracleCommand comm = null;                 //数据命令对象
            try
            {
                //建立和 Oracle 数据库的连接
conn = new OracleConnection("Data Source = orcl;User ID = SPTCADM;Password = SPTCADM");
                comm = new OracleCommand();
                comm.Connection = conn;                //指定命令的连接对象
    comm.CommandType = CommandType.StoredProcedure; //指定命令类型为执行存储过程
      comm.CommandText = "SPTCADM.st_dkcjfx";       //指定命令文本为存储过程的名称
           //定义存储过程的参数
 OracleParameter param1 = new OracleParameter("kechengming", OracleType.Char, 30);
OracleParameter param2 = new OracleParameter("avgchengji",OracleType.Number,10);
  param1.Direction = ParameterDirection.Input;      //设置存储过程参数的输入/输出类型
                param2.Direction = ParameterDirection.Output;
               param1.Value = " SQL Server 2005 ";    //指定存储过程输入输出参数的值
                param2.Value = null;
            comm.Parameters.Add(param1);      //将存储过程参数填充到数据命令的占位符
                comm.Parameters.Add(param2);
                conn.Open();  //打开 Oracle 数据库连接
                int rows = comm.ExecuteNonQuery();  //获取调用存储过程返回的结果
                System.Console.WriteLine("课程名称\t 平均成绩");
                System.Console.WriteLine("----------------------");
                if (rows > 0)
                {
                    System.Console.WriteLine(param1.Value + "\t" + param2.Value);
                }
                Console.ReadLine();
                conn.Close();                          //关闭数据库连接
            }
            catch (Exception err)
            {
                System.Console.WriteLine(err.ToString());
            }
        }
    }
}
```

程序编译成功后，运行程序，运行结果如下所示。

```
课程名称        平均成绩
----------------------
SQL Server 2005      68
```

【相关知识】

命令类的 Parameters 属性用于获取或者用来设置命令文本中的参数，做法是先为命令对象的命令文本设置占位符，然后通过 Parameters 属性为占位符填充值，下面说明了两种不同的方法来填充占位符的值。

第一种方法：

```
comm.Parameters.Add(Parameters_name,datatype,length).Value = 值;
```

第二种方法：

第 1 步：

```
OleDbParameter param = new OleDbParameter(Parameters_name,datatype,length);
```

或

```
OracleParameter param = new OracleParameter (Parameters_name,datatype,length);
```

或

```
OdbcParameter param = new OdbcParameter (Parameters_name,datatype,length)。
```

第 2 步：comm.Parameters.Add(param)；

【任务 2】 Java 平台 Oracle 数据库应用程序开发。

【任务引入】

Java 是由 SUN Microsystems 公司于 1995 年 5 月推出的 Java 程序设计语言（以下简称 Java 语言）和 Java 平台的总称。随着网络的出现，Java 语言得到了快速的发展，成为网络上较为流行的开发工具之一。Java 的开发环境有不同的版本，如 SUN 公司的 Java Developers Kit，简称 JDK。后来微软公司推出了支持 Java 规范的 Microsoft Visual J++ Java 开发环境，简称 VJ++。

Java 是一种简单的、面向对象的、分布式的、解释的、健壮的、安全的、结构的、中立的，可移植的、性能很优异的、多线程的、动态的语言。①平台无关性。平台无关性是指 Java 能运行于不同的平台。Java 引进虚拟机原理，并运行于虚拟机上，实现了不同平台的 Java 接口。使用 Java 编写的程序能在世界范围内共享。Java 的数据类型与机器无关，Java 虚拟机（Java Virtual Machine）是建立在硬件和操作系统之上的，实现了 Java 二进制代码的解释执行功能，提供不同平台的接口。②安全性。Java 的编程类似 C++，学习过 C++ 的读者能够很快掌握 Java 的精髓。Java 舍弃了 C++ 的指针对存储器地址的直接操作，程序运行时，由操作系统分配内存，这样可以避免病毒通过指针侵入系统。Java 对程序提供了安全管理器，防止程序的非法访问。③面向对象。Java 吸取了 C++ 面向对象的概念，将数据封装于类中，利用类的优点，使程序更加简洁和便于维护。类的封装性、继承性等有关对象的特性，使程序代码只需一次编译，然后就可以通过上述特性反复利用这些代码。程序员只需把主要精力用在类和接口的设计及应用上。Java 提供了许多一般对象的类，通过继承即可使用父类的方法。在 Java 中，类的继承关系是单一的、非多重的，一个子类只有一个父类，子类的父类又只有一个父类。Java 提供的 Object 类及其子类的继承关系如同一棵倒立的树形,根类为 Object 类,Object 类功能强大,经常会使用到它及其派生的子类。④分布式。Java 建立在扩展 TCP/IP 网络平台上。库函数提供了用 HTTP 和 FTP 协议传送和接收信息的方法。这使得程序员使用网络上的文件和使用本机文件一样容易。⑤健壮性。Java 致力于检查程序在编译和运行时的错误。类型检查可帮助发现许多在开发早期出现的错误。Java 自己操纵内存减少了内存出错的可能性。Java 还实现了真数组,避免了覆盖数据的可能。这些功能特征大大减少了开发 Java 应用程序的周期。Java 还可以实现 Null 指针检测、数组边界检测、异常出口、Byte code 校验。

【任务 2-1】 使用 ODBC_JDBC 桥方式查询 Oracle 数据库,并显示 SPTCADM 模式下的"学生"表中的信息。在配置好 ODBC 数据源后,Java 应用程序就可以访问 Oracle 数据库的内容了,既可以查询 Oracle 数据库的内容,也可以更新 Oracle 数据库的内容。

【任务实施】

步骤 1:注册 JDBC 驱动程序。Java 应用程序要访问 Oracle 数据库,我们可以首先配置 ODBC 数据源(操作过程如任务 1-2 步骤 1 所示),在此处不再赘述。完成 ODBC 数据源配置后,应用程序就可以使用 JDBC 提供的编程接口,通过指定的数据源名称访问指定类型的数据库。

【相关知识】

JDBC,全称为 Java DataBase Connectivity standard,它是一个面向对象的应用程序接口(API),通过它可访问各类关系数据库。JDBC 也是 Java 核心类库的一部分。JDBC 的最大特点是它独立于具体的关系数据库。与 ODBC (Open Database Connectivity)类似,JDBC API 中定义了一些 Java 类分别用来表示与数据库的连接(connections), SQL 语句(SQL statements),结果集(result sets)以及其他的数据库对象,使得 Java 程序能方便地与数据库交互并处理所得的结果。使用 JDBC,所有 Java 程序(包括 Java applications,applets 和 servlet)都能通过 SQL 语句或存储在数据库中的过程(stored procedures)来存取数据库。

要通过 JDBC 来存取某一特定的数据库,必须有相应的 JDBC driver,它往往是由生产数据库的厂家提供,是连接 JDBC API 与具体数据库之间的桥梁。JDBC 可以访问包括 Oracle 在内的各种不同数据库,但 Oracle 数据库包含许多独特的性质,只能通过使用标准 JDBC 的 Oracle 扩展来使用。Oracle 扩展可尽可能地发挥 JDBC 的能力。JDBC 驱动程序有以下 4 种。

(1) JDBC-ODBC 桥和 ODBC 驱动程序——在这种方式下,这是一个本地解决方案,因为 ODBC 驱动程序和桥代码必须出现在用户的每台机器中。从根本上说这是一个临时解决方案。

(2) 本机代码和 Java 驱动程序——它用另一个本地解决方案(该平台上的 Java 可调用的本机代码)取代 ODBC 和 JDBC-ODBC 桥。

(3) JDBC 网络的纯 Java 驱动程序——由 Java 驱动程序翻译的 JDBC 形成传送给服务器的独立协议。然后,服务器可连接任何数量的数据库。这种方法使用户可能从客户机 Applet 中调用服务器,并将结果返回到用户的 Applet 中。在这种情况下,中间件软件提供商可提供服务器。

(4) 本机协议 Java 驱动程序——Java 驱动程序直接转换为该数据库的协议并进行调用。这种方法也可以通过网络使用,而且可以在 Web 浏览器的 Applet 中显示结果。在这种情况下,每个数据库厂商将提供驱动程序。

步骤 2: 建立名为 java01.java 的应用程序文件。输入以下代码。

```
import java.sql.*;
public class java01
{
        public static void main(String[] args)
        {
          String strQuery = "SELECT 学号,姓名,性别,班级代码 FROM SPTCADM.学生";
          Connection conn;
          Statement stat;
          ResultSet rs;
          String xh,xm,xb,bjdm;
          try
          {
            //注册驱动程序
            Class.forName("sun.jdbc.odbc.JdbcOdbcDriver");
            //获得和 Oracle 数据库的连接
    conn = DriverManager.getConnection("jdbc:odbc:My","SPTCADM","SPTCADM");
            stat = conn.createStatement();
            //向 Oracle 数据库发送 SQL 请求
            rs = stat.executeQuery(strQuery);
            //操作结果集对象
            while(rs.next())
            {
              xh = rs.getString(1);
              xm = rs.getString(2);
              xb = rs.getString(3);
              bjdm =  rs.getString(4);
              System.out.println(xh + "," + xm + "," + xb + "," + bjdm );
            }
            //关闭相关对象
            rs.close();
            stat.close();
            conn.close();
          }
          catch(Exception err)
          {
            err.printStackTrace();
          }
        }
}
```

运行 java01.java,结果如下所示。

```
090101001001,王文涛,男,090101001
09010100102,张泽,男,090101001
090101001002,朱晓军,男,090101001
090101001003,袁伟,男,090101001
090101001004,高敏,女,090101001
```

```
090102002001,付越成,男,090102002
090201001001,王欣,男,090201001
090202002001,郭韩,男,090202002
090301001001,郭世雄,男,090301001
090302001001,张梅洁,女,090302001
090401001001,刘云,女,090401001
```

【相关知识】

Java 应用程序访问 Oracle 数据库过程分为以下几步。

第 1 步：导入 JDBC 包。要能使用 JDBC,必须将所需的 JDBC 包导入 Java 程序。

```
Import  java.sql.*;
```

第 2 步：注册 JDBC 驱动程序,根据数据库驱动程序的方式不同,在这里我们介绍两种注册方法。

第 1 种方法：如果采用 JDBC-ODBC 桥接方式,我们可以采用下面的语句完成 JDBC 驱动程序的注册。如下所示,就如本例中所使用的方法一样。

```
Class.forName("sun.jdbc.odbc.JdbcOdbcDriver");
```

第 2 种方法：除了采用之前介绍的 JDBC-ODBC 桥接方式连接 Oracle 数据库外,还可以直接连接数据源,这种方法不需要配置 ODBC 数据源,只需使用下面的语句进行 JDBC 驱动程序注册即可。

```
Class.forName("oracle.jdbc.driver.OracleDriver");
```

或

```
DriverManager.registerDriver(new oracle.jdbc.driver.OracleDriver());
```

第 3 步：打开数据流。向驱动管理器注册完驱动程序后,即可调用 DriverManager.getConnection 方法与数据库建立连接。该方法通过接受含有某个 URL 的字符串,DriverManager 类将尝试找到可与那个 URL 所代表的数据库进行连接的驱动程序。同样根据数据库驱动程序的方式不同,获得数据库连接的语句也不同。

第 1 种方法：如果采用 JDBC-ODBC 桥接方式我们可以采用下面的语句获得应用程序和数据库的连接。如下所示,就如本例中所使用的方法一样。

```
DriverManager.getConnection("jdbc:odbc:My","SPTCADM","SPTCADM");
```

其中,jdbc(表示 JDBC 驱动方式)、odbc(表示使用 ODBC-JDBC 桥接)、My(表示之前在配置 ODBC 数据源时设置的名称)三部分提供了数据库标识信息的字符串 string URL。SPTCADM 和 SPTCADM 分别是 Oracle 数据库所对应的用户名 string user 和密码 string password。也可以写成下面的形式：

```
static connection getConnection(string URL, string user, string password);
```

第 2 种方法：如果采用 JDBC 直接连接方式。获得数据库连接的语句应该写为：

```
conn = DriverManager.getConnection("jdbc:oracle:thin:@localhost:1521:ORCL"," SPTCADM ",
" SPTCADM ");
```

其中，localhost 表示服务器名称，也可以使用 IP 地址代替，如“192.168.2.1”，ORCL 表示 Oracle 全局数据库名称，1521 表示相应的连接端口。

JDBC URL 提供了一种标识数据库的方法，可以使相应的驱动程序识别该数据库并与之建立连接。实际上，驱动程序编程员决定用什么 JDBC URL 来标识特定的驱动程序。用户不必关心如何形成 JDBC URL，他们只需使用与所用驱动程序一起提供的 URL 即可。JDBC 的作用是提供某些约定，驱动程序编程员在构造 JDBC URL 时应该遵循这些约定。

第 4 步：执行 SQL 语句。Statement 对象用于将 SQL 语句发送给数据库。Statement 对象有 3 种，Statement 用于执行不带参数的简单 SQL 语句；PreparedStatement（从 Statement 继承而来）用于执行带或不带 IN 参数的预编译 SQL 语句；CallableStatement（从 PreparedStatement 继承而来）用于执行对数据库已存储过程的调用。

(1) 创建 Statement 对象：建立了到特定数据库的连接之后，就可用该连接发送 SQL 语句。Statement 对象是建立在 Connection 类的方法之上的，如下列代码段所示。

```
Statement stmt = con.createStatement();
PreparedStatement insertStatement = con.prepareStatement(string sql);
CallableStatement cStatement = con.prepareCall(string sql);
```

为了执行 Statement 对象，被发送到数据库的 SQL 语句将被作为参数提供给 Statement。

(2) 使用 Statement 对象执行语句：Statement 接口提供了三种执行 SQL 语句的方法：executeQuery，executeUpdate 和 execute。使用哪一种方法由 SQL 语句所产生的内容决定。

- 方法 executeQuery 用于产生单个结果集的语句，例如：

```
ResultSet rs = stmt.executeQuery("SELECT a, b, c FROM Table1");
```

- 方法 executeUpdate 用于执行 INSERT，UPDATE 或 DELETE 语句以及 SQL DDL（数据定义语言）语句，例如 CREATE TABLE 和 DROP TABLE。INSERT，UPDATE 或 DELETE 语句的效果是修改表中零行或多行中的一列或多列。executeUpdate 的返回值是一个整数，指示受影响的行数（即更新计数）。对于 CREATE TABLE 或 DROP TABLE 等不操作行的语句，cxecuteUpdate 的返回值总为零。如“int line＝stmt.executeUpdate("insert into Table1 values('', '')");”。
- 如果预先不知道要执行的 SQL 语句类型，则可使用方法 execute，用于执行返回多个结果集、多个更新计数或二者组合的语句。

(3) 关闭 Statement 对象：Statement 对象由 Java 垃圾收集程序自动关闭。作为一种好的编程风格，应在不需要 Statement 对象时显式地关闭它们。这将立即释放 DBMS 资源，有助于避免潜在的内存问题。语句为“stat.close();”。

第 5 步：获得查询结果集。ResultSet 包含符合 SQL 语句中条件的所有行，并且通过一套 get 方法（这些 get 方法可以访问当前行中的不同列）提供了对这些行中数据的访问。ResultSet.next 方法用于移动到 ResultSet 中的下一行，使下一行成为当前行。结果集一般是一个表，其中有查询所返回的列标题及相应的值。

ResultSet 维护指向其当前数据行的光标。每调用一次 next 方法，光标向下移动一行。

最初它位于第一行之前，因此第一次调用 next 时应把光标置于第一行上，使它成为当前行。随着每次调用 next 将导致光标向下移动一行，可按照从上至下的次序获取 ResultSet 行。在 ResultSet 对象或其父辈 Statement 对象关闭之前，光标一直保持有效。使用方法如下：

```
ResultSet rs = stat.executeQuery("select 语句");
while(rs.netxt())
{
datatype  variable_name = rs.get××(字段的编号或字段的名称);
}
```

第 6 步：关闭数据流。关闭数据流连接可采用 Connection 对象的 close 方法。即时关闭数据流可以减少内存占用，关闭数据流的语句为"conn.close();"。

第 7 步：处理 SQL 异常。当数据库或 JDBC 驱动程序发生错误时，将抛出一个 java.sql.SQLException。java.sql.SQLException 类是 java.sql.Exception 类的子类。因此，所有的 JDBC 语句最好放在一个 try/catch 语句块中，否则代码就要抛出 java.sql.SQLException。如果出现这种情况，则 JVM 还要试图寻找合适的处理器来处理这个异常。如果没有找到合适的处理器，则使用默认的异常处理器来处理该异常。使用 catch 子句后，每当出现异常时，JVM 会将控制转移到运行这个 catch 子句的代码。在此代码中，可以显示错误编码和错误消息，这有助于判断错误原因。

java.sql.SQLException 类定义了 4 个方法，可以帮助查找并判断出错原因。

(1) getErrorCode()：对于数据库和 JDBC 驱动程序中发生的错误，此方法返回 oracle 的错误编码(一个 5 位的数字)。

(2) getMessage()：对于数据库中发生的错误，此方法返回错误消息以及 5 位的错误编码；对于 JDBC 驱动程序错误，此方法只返回错误消息。

(3) getSQLState()：对于数据库中发生的错误，此方法返回 5 位错误编码和 SQL 的状态；对于 JDBC 驱动程序错误，此方法不返回任何有意义的内容。

(4) printStackTrace()：此方法显示发生异常时的堆栈内容，如下所示。

```
try{
    catch(SQLException err)
       {
       e.printStackTrace();
       System.out.println(e.getMessage());
       System.out.println(e.getErrorCode());
       System.out.println(e.getSQLState());
       }
    }
```

JDBC 是一个软件层，允许程序开发人员在 Java 中编写客户端/服务器程序，它提供了简单的接口，用于执行原始的 SQL 语句。Oracle 支持简单的 JDBC 访问和开发，提供了很多图形化的应用程序来支持和开发 Java 程序，如 Container for J2EE 和 Jdeveloper，它涵盖了性能调整、开发 J2EE 组件和 Java 存储过程等技术。

【任务 2-2】 JDBC 驱动直接访问 Oracle 数据库。使用 JDBC 方式查询 SPTCADM 模

式下的“学生”表中性别为“男”的学生信息。

【任务实施】

建立名为java02.java的应用程序文件。输入以下代码。

```
import java.sql.*;
public class java02
{
        public static void main(String[] args)
        {
String strQuery = "SELECT 学号,姓名,性别,班级代码 FROM SPTCADM.学生 WHERE 性别 = '男'";
          Connection conn;
          Statement stat;
          ResultSet rs;
          String xh,xm,xb,bjdm;
          try
          {
            //注册驱动程序
            Class.forName("oracle.jdbc.driver.OracleDriver");
            //获得和Oracle数据库的连接
    conn = DriverManager.getConnection("jdbc:oracle:thin:@localhost:1521:ORCL",
" SPTCADM "," SPTCADM ");
            stat = conn.createStatement();
            //向Oracle数据库发送SQL请求
            rs = stat.executeQuery(strQuery);
            //操作结果集对象
            while(rs.next())
            {
              xh = rs.getString(1);
              xm = rs.getString(2);
              xb = rs.getString(3);
              bjdm = rs.getString(4);
              System.out.println(xh +","+ xm +","+ xb +","+ bjdm );
            }
            //关闭相关对象
            rs.close();
            stat.close();
            conn.close();
          }
          catch(Exception err)
          {
            err.printStackTrace();
          }
        }
}
```

运行java02.java,结果如下所示。

```
090101001001,王文涛,男,090101001
090101001021,张泽,男,090101001
090101001002,朱晓军,男,090101001
```

```
090101001003,袁伟,男,090101001
090102002001,付越成,男,090102002
090201001001,王欣,男,090201001
090202002001,郭韩,男,090202002
090301001001,郭世雄,男,090301001
```

【任务 2-3】 编写一个 JDBC 工程,调用第 8 章中创建的过程。

【任务回顾】

在第 8 章中创建一个存储过程 st_dkcjfx,当任意输入一个存在的课程名称时,该存储过程将统计出该门课程的平均成绩。该存储过程有两个参数:一个为输入参数 kechengming,一个输出参数 avgchengji。下面通过 Java 程序调用该存储过程。

【任务实施】

建立名为 java03. java 的应用程序文件。输入以下代码。

```
import java.sql.*;
public class java03
{
    public static void main(String args[ ])
    {
        Connection conn;
        CallableStatement cstat;
        int rows;
        String kechengming = "SQL Server 2005";
        float  avgchengji;
        try
        {
          //Class.forName("oracle.jdbc.driver.OracleDriver");
    //conn = DriverManager.getConnection("jdbc:oracle:thin:@orcl:1521:orcl","SPTCADM",
"SPTCADM");
          //注册驱动程序
          Class.forName("sun.jdbc.odbc.JdbcOdbcDriver");
          //获得和 Oracle 数据库的连接
conn = DriverManager.getConnection("jdbc:odbc:My", "SPTCADM","SPTCADM ");
          //调用存储过程并设置占位符
          cstat = conn.prepareCall("{CALL SPTCADM. st_dkcjfx (?,?)}");
          //设置输入参数
          cstat.setString(1, kechengming);
          //设置输出参数
          cstat.registerOutParameter(2, java.sql.Types.FLOAT);
          rows = cstat.executeUpdate();
          if (rows > 0)
          {
            //获得输出参数
            avgchengji = cstat.getFloat(2);
            System.out.println("SQL Server 2005: 的平均分为" + avgchengji);
          }
          conn.close();
```

```
            }
            catch (Exception err)
            {
                err.printStackTrace();
            }
        }
    }
```

程序编译成功后，运行程序，运行结果如下所示。

```
SQL Server 2005：的平均分为 68
```

【相关知识】

在JDBC中，CallableStatement对象为所有的DBMS提供了一种以标准形式调用存储过程的方法。调用存储过程的语法为{call parameter_name[(?,?,…)]}。注意，方括号表示其间的内容是可选项，方括号本身并非语法的组成部分。具体来说，有两种调用形式：一种带结果参数，另一种不带结果参数。

返回结果参数的存储过程的语法为{? = call parameter_name[(?,?,…)]}。不带参数的存储过程的语法为{call 过程名}，下面我们以上面的代码为例进行讲解。

(1) 创建CallableStatement对象。CallableStatement对象是用Connection对象prepareCall()方法创建的。例如：

```
CallableStatement cstat;
cstat = conn.prepareCall("{CALL SPTCADM.st_dkcjfx (?,?)}");
```

创建CallableStatement的实例，其中含有对存储过程SPTCADM.st_dkcjfx调用。该过程有两个变量，但不含结果参数。其中，"?"占位符为IN，OUT还是INOUT参数取决于存储过程SPTCADM.st_dkcjfx的定义。

(2) IN和OUT参数。将IN参数传给CallableStatement对象是通过setXXX方法来完成的。所传入参数的类型决定了所用的setXXX方法(例如，用setString来传入String值)。如果存储过程返回OUT参数，则在执行CallableStatement对象以前先注册每个OUT参数的JDBC类型，使用registerOutParameter方法来注册。语句执行完后，CallableStatement的getXXX方法将取回参数值。registerOutParameter使用的是JDBC类型(因此它与数据库返回的JDBC类型匹配)，而getXXX将之转换为Java类型。

下面的例子先注册OUT参数，执行由cstat所调用的存储过程，然后检索在OUT参数中返回的值。方法setString给第一个IN参数传入值，方法getFloat从第二个OUT参数中取出值。

```
cstat = conn.prepareCall("{CALL SPTCADM.st_dkcjfx (?,?)}");
cstat.setString(1, kechengming);
cstat.registerOutParameter(2, java.sql.Types.FLOAT);
avgchengji = cstat.getFloat(2);
```

(3) INOUT参数。既支持输入又接受输出的参数(INOUT参数)不仅要调用registerOutParameter方法，还要调用合适的setXXX方法。setXXX方法将参数设置为输入参数，registerOutParameter 方法将它的 JDBC 类型注册为输出参数。应该引起注意的是，IN 值的 JDBC 类型和提供给 registerOutParameter 方法的 JDBC 类型必须相同。

检索输出值时，应使用对应的 getXXX 方法。例如，Java 类型为 int 的参数应该使用方法 setInt 来赋输入值；应该给 registerOutParameter 提供类型为 INTEGER 的 JDBC 类型。

下例演示了一个存储过程 compute，其唯一参数是 INOUT。方法 setInt 把此参数设为 40，驱动程序将它作为 JDBC INTERGER 类型送到数据库中。然后，registerOutParameter 将该参数注册为 JDBC INTEGER。执行完该存储过程后，将返回一个新的 JDBC TINYINT 值。方法 getInt 将把这个新值作为 Java Int 类型检索。

```
CallableStatement   cstat = con.prepareCall("{call   compute(?)}");
cstat.setInt(1, 40);
cstat.registerOutParameter(1, java.sql.Types.INTEGER);
cstat.executeUpdate();
int x   =   cstat.getInt(1);
```

小结

本章主要介绍了几种常用的数据库连接方法，ADO.NET 是程序与数据库的接口类型之一，通过这种途径，程序员不需要考虑具体数据库的实现细节，开发人员就可以把程序设计和数据库接口完全分离。ADO.NET 向用户提供了数据集、数据适配器、数据连接、Windows 窗体等组件。要用 ADO.NET 实现数据库的访问，需要首先与数据库建立连接，建立好连接后通过定义数据集实现数据的传输，然后就可以利用预先设计好的界面中的控件对数据进行查询、更新、删除。

阅读：数据库应用程序结构。

数据库应用软件在现实生活中随处可见，如高校的教务管理系统、图书管理系统、人事管理系统、火车售票管理系统等。现在流行的客户机/服务器结构(C/S)、浏览器/服务器结构(B/S)应用大都属于数据库应用编程领域，它们把信息系统中大量的数据用特定的数据库管理系统组织起来，并提供存储、维护和检索数据的功能，使数据库应用程序可以方便、及时、准确地从数据库中获得所需的信息。

具体来说，数据库应用程序的结构可依据其客户端的不同和数据处理及存取方式的不同分为：主机-多终端结构、文件型结构、C/S(客户机/服务器)结构、B/S(浏览器/服务器)结构以及 3(*N*)层结构等。在这里主要介绍 C/S 结构和 B/S 结构。

1. C/S(Client/Server)结构

C/S (Client/Server)结构，即客户机/服务器结构，这种软件体系结构充分利用两端硬件环境的优势将任务合理分配到 Client 端和 Server 端，降低了系统的通信开销，提高系统的运行效率。早期的软件系统大多是 C/S 结构。

客户机/服务器(C/S)结构的出现是为了解决费用和性能的矛盾，最简单的 C/S 结构的数据库应用由两部分组成，即客户应用程序和数据库服务器程序。两者可分别称为前台程序与后台程序。运行数据库服务器程序的机器，称为应用服务器，一旦服务器程序被启动，就随时等待响应客户程序发来的请求；客户程序运行在用户的计算机上，相对于服务器，可称为客户机。当需要对数据库中的数据进行任何操作时，客户程序就自动地寻找服务器程序，并向其发出请求，服务器程序根据预定的规则做出应答，返回结果。

由于C/S结构通信方式简单，软件开发起来容易，现在还有许多的中小型信息系统是基于这种两层的客户机/服务器结构的，但这种结构的软件存在以下问题。①伸缩性差。客户机与服务器联系很紧密，无法在修改客户机或服务器时不修改另一个，这使软件不易伸缩、维护量大，软件互操作起来也很难。②性能较差。在一些情况下，需要将较多的数据从服务器端传送到客户机进行处理。这样，一方面会出现网络拥塞，另一方面会消耗客户端机的主要系统资源，从而使整个系统的性能下降。③重用性差。数据库访问、业务规则等都固化在客户端或服务器端应用程序中。如果客户另外提出的其他应用需求中也包含了相同的业务规则，程序开发者将不得不重新编写相同的代码。④移植性差。当某些处理任务是在服务器端由触发器或存储过程来实现时，其适应性和可移植性较差。因为这样的程序可能只能运行在特定的数据库平台下，当数据库平台变化时，这些应用程序可能需要重新编写。

2. 浏览器/服务器结构

B/S(Browser/Server)结构，即浏览器/服务器结构，是随着 Internet 技术的兴起，对C/S结构的一种变化或者改进的结构。在B/S结构下，用户界面完全通过 WWW 浏览器实现，一部分业务逻辑在前端实现，但是主要业务逻辑在服务器端实现。B/S结构利用不断成熟和普及的浏览器技术实现原来需要复杂专用软件才能实现的强大功能，并节省了开发成本，是一种全新的软件构造技术。

基于B/S结构的软件，系统安装、修改和维护全在服务器端解决。用户在使用系统时，仅仅需要一个浏览器就可运行程序的全部功能，真正实现"零客户端"。B/S结构还提供了异种机、异种网和异种应用服务的开发性基础，这种结构已成为当今应用软件的首选体系结构。

B/S结构与C/S结构相比，C/S结构是建立在局域网的基础上，而B/S结构是建立在Internet/Intranet基础上的，虽然B/S结构在电子商务和电子政务等方面得到了广泛的应用，但并不是说C/S结构没有存在的必要。相反，在某些领域中C/S结构还将长期存在，C/S结构和B/S结构的区别主要表现在支撑环境、安全控制、程序架构、可重用性、可维护性和用户界面等方面。

传统的C/S结构并非一无是处，而B/S结构也并非十全十美，在以后相当长的时期里C/S结构和B/S结构将会并存。另外，在同一个系统中根据应用的不同要求，可以同时使用C/S结构和B/S结构以发挥这两种结构的优点。

思考与练习

【思考题】

1. 开发.NET数据库应用程序一般需要经过几个步骤？
2. 什么是C/S结构和B/S结构应用程序，它们相比各自有哪些优点和缺点。

附 录 A

一、“教务管理信息系统”案例数据库结构说明

1. 数据库结构如附表 A-1～附表 A-9 所示

附表 A-1 系部

字段名	数据类型	约束
系部代码	CHAR(2)	主键,不能为空
系部名称	VARCHAR(30)	不能为空,唯一
系主任	VARCHAR(8)	可以为空

附表 A-2 专业

字段名	数据类型	约束
专业代码	CHAR(4)	主键,不能为空
专业名称	VARCHAR(20)	不能为空,唯一
系部代码	CHAR(2)	外键,不能为空

附表 A-3 班级

字段名	数据类型	约束
班级代码	CHAR(9)	主键,不能为空
班级名称	VARCHAR(20)	可以为空
专业代码	CHAR(4)	外键,不能为空

附表 A-4 课程

字段名	数据类型	约束
课程号	CHAR(4)	主键,不能为空
课程名称	VARCHAR(20)	不可以为空
备注	VARCHAR(50)	可以为空

附表 A-5 学生

字段名	数据类型	约束
学号	CHAR(12)	主键,不能为空
姓名	VARCHAR(8)	可以为空
性别	CHAR(2)	可以为空
出生日期	DATE	可以为空
班级代码	CHAR(9)	外键,不能为空

附表 A-6 教师

字段名	数据类型	约束
教师编号	CHAR(12)	主键,不能为空
姓名	VARCHAR(8)	不可以为空
性别	CHAR(2)	可以为空
出生日期	DATE	可以为空
职称	CHAR(10)	可以为空
系部代码	CHAR(2)	外键,不能为空

附表 A-7 教师任课

字段名	数据类型	约束
教师编号	CHAR(12)	不能为空
课程号	CHAR(4)	不能为空
专业学级	CHAR(4)	不能为空
专业代码	CHAR(4)	不能为空
学年	CHAR(4)	可以为空
学期	NUMBER(6,0)	可以为空

附表 A-8 课程注册

字段名	数据类型	约束
注册号	INTEGER	
学号	CHAR(12)	不能为空
课程号	CHAR(4)	不能为空
教师编号	CHAR(12)	不能为空
专业代码	CHAR(4)	不能为空
专业学级	CHAR(4)	可以为空
成绩	NUMBER(4,1)	默认值为 60

附表 A-9 教学计划

字段名	数据类型	约束
课程号	CHAR(4)	不能为空
专业代码	CHAR(4)	不能为空
专业学级	VARCHAR(4)	不能为空
开课学期	NUMBER(6,0)	可以为空
学分	NUMBER(2,0)	默认值为 2
学时	NUMBER(3,0)	可以为空

2. 表中部分数据

```
INSERT into 系部 (系部代码,系部名称,系主任) VALUES ('01','计算机系','李卫超');
INSERT into 系部 VALUES('02','经济管理系','张永峰');
INSERT INTO 系部 (系部代码,系部名称,系主任) VALUES( '03','商务技术系','刘建国');
INSERT INTO 系部 (系部代码,系部名称,系主任) VALUES( '04','传播技术系','何有为');
```

```
INSERT INTO 专业 (专业代码,专业名称,系部代码) VALUES( '0101','软件工程','01');
INSERT INTO 专业 (专业代码,专业名称,系部代码) VALUES( '0102','网络技术','01');
INSERT INTO 专业 (专业代码,专业名称,系部代码) VALUES( '0201','经济管理','02');
INSERT INTO 专业 (专业代码,专业名称,系部代码) VALUES( '0202','会计','02');
INSERT INTO 专业 (专业代码,专业名称,系部代码)  VALUES( '0301','电子商务','03');
INSERT INTO 专业 (专业代码,专业名称,系部代码) VALUES( '0302','信息管理','03');
INSERT INTO 专业 (专业代码,专业名称,系部代码) VALUES( '0401','影视制作','04');
INSERT INTO 班级(班级代码,班级名称,专业代码)VALUES('090101001','软件技术班','0101');
INSERT INTO 班级(班级代码,班级名称,专业代码)VALUES('090102002','网络技术班','0102');
INSERT INTO 班级(班级代码,班级名称,专业代码)VALUES('090201001','市场营销班','0201');
INSERT INTO 班级(班级代码,班级名称,专业代码)VALUES('090202002','物流专业班','0202');
INSERT INTO 班级(班级代码,班级名称,专业代码)VALUES('090301001','电子商务班','0301');
INSERT INTO 班级(班级代码,班级名称,专业代码)VALUES('090302001','信息技术班','0302');
INSERT INTO 班级(班级代码,班级名称,专业代码)VALUES('090401001','影视制作班','0401');
INSERT INTO 学生(学号,姓名,性别,出生日期,班级代码)
  VALUES('090101001001','王文涛','男','04-6月-85','090101001');
INSERT INTO 学生(学号,姓名,性别,出生日期,班级代码)VALUES('090101001021','张泽','男',TO_
DATE('1985-12-05','YYYY-MM-DD'),'090101001');
INSERT INTO 学生(学号,姓名,性别,出生日期,班级代码)
  VALUES('090101001002','朱晓军','男','10-9月-86', '090101001');
INSERT INTO 学生(学号,姓名,性别,出生日期,班级代码)
  VALUES('090101001003','袁伟','男', '08-7月-86','090101001');
INSERT INTO 学生(学号,姓名,性别,出生日期,班级代码)
  VALUES('090101001004','高敏','女', '02-2月-86', '090101001');
INSERT INTO 学生(学号,姓名,性别,出生日期,班级代码)
  VALUES('090102002001','付越成','男', '04-5月-85', '090102002');
INSERT INTO 学生(学号,姓名,性别,出生日期,班级代码)
  VALUES('090102002002','李红','女', '24-9月-86', '090102002');
INSERT INTO 学生(学号,姓名,性别,出生日期,班级代码)
  VALUES('090201001001','王欣','男', '10-11月-86', '090201001');
INSERT INTO 学生(学号,姓名,性别,出生日期,班级代码)
  VALUES('090202002001','郭韩','男', '30-12月-85','090202002');
INSERT INTO 学生(学号,姓名,性别,出生日期,班级代码)
  VALUES('090301001001','郭世雄','男','06-8月-85','090301001');
INSERT INTO 学生(学号,姓名,性别,出生日期,班级代码)
  VALUES('090302001001','张梅洁','女', '03-12月-85','090302001');
INSERT INTO 学生(学号,姓名,性别,出生日期,班级代码)
  VALUES('090401001001','刘云','女', '06-5月86','090401001');
INSERT INTO 课程(课程号,课程名称,备注) VALUES('0001','SQL Server 2005','');
INSERT INTO 课程(课程号,课程名称,备注) VALUES('0002','ASP.NET程序设计','C#');
INSERT INTO 课程(课程号,课程名称,备注) VALUES('0003','JAVA程序设计', '');
INSERT INTO 课程 (课程号,课程名称,备注) VALUES('0004','网络营销','');
INSERT INTO 课程 (课程号,课程名称,备注) VALUES('0005','大学英语','');
INSERT INTO 课程 (课程号,课程名称,备注) VALUES('0006','软件工程', '');
INSERT INTO 课程 (课程号,课程名称,备注) VALUES('0007','软件测试', '');
INSERT INTO 课程 (课程号,课程名称,备注) VALUES('0008','高等数学', '');
INSERT INTO 教学计划 (课程号,专业代码,专业学级,开课学期,学分)
  VALUES( '0001','0101','2009',1,4);
INSERT INTO 教学计划 (课程号,专业代码,专业学级,开课学期,学分)
  VALUES( '0002','0101','2009',2,4);
INSERT INTO 教学计划 (课程号,专业代码,专业学级,开课学期,学分)
```

```
  VALUES( '0003','0101','2009',3,4);
INSERT INTO 教学计划 (课程号,专业代码,专业学级,开课学期,学分)
  VALUES( '0004','0101','2009',4,6);
INSERT INTO 教学计划 (课程号,专业代码,专业学级,开课学期,学分)
  VALUES( '0005','0101','2009',4,6);
INSERT INTO 教师 (教师编号,姓名,性别,出生日期,职称,系部代码)
  VALUES('030000000004','刘丽','女', '07-9 月-68','助教','03');
INSERT INTO 教师 (教师编号,姓名,性别,出生日期,职称,系部代码)
  VALUES('040000000005','李晓红','女', '21-11 月-78','助教','04');
INSERT INTO 教师 (教师编号,姓名,性别,出生日期,职称,系部代码)
  VALUES('040000000006','何有为','男', '01-1 月-64','副教授','04');
INSERT INTO 教师 (教师编号,姓名,性别,出生日期,职称,系部代码)
  VALUES('060000000007','程治国','男', '02-2 月-67','副教授','01');
INSERT INTO 教师 (教师编号,姓名,性别,出生日期,职称,系部代码)
  VALUES('010000000001','李卫超','男', '02-2 月-67','副教授','01');
INSERT INTO 教师 (教师编号,姓名,性别,出生日期,职称,系部代码)
  VALUES('010000000002','李英杰','男', '30-12 月-72','讲师','01');
INSERT INTO 教师(教师编号,姓名,性别,出生日期,职称,系部代码)
  VALUES('020000000003','王军霞','女', '08-9 月-80','讲师','02');
INSERT INTO 教师任课 (教师编号,课程号,专业学级,专业代码,学年,学期)
  VALUES ('010000000001','0001', '2009', '0101','2009', '1');
INSERT INTO 教师任课 (教师编号,课程号,专业学级,专业代码,学年,学期)
  VALUES ('030000000004','0003', '2009', '0101','2007', '3');
INSERT INTO 教师任课(教师编号,课程号,专业学级,专业代码,学年,学期)
  VALUES ('040000000005','0004', '2009', '0101','2007', '4');
INSERT INTO 教师任课 (教师编号,课程号,专业学级,专业代码,学年,学期)
  VALUES ('010000000001','0005', '2009', '0101','2009', '1');
INSERT INTO 教师任课 (教师编号,课程号,专业学级,专业代码,学年,学期)
  VALUES ('010000000002','0006', '2009', '0101','2009', '2');
INSERT INTO 教师任课 (教师编号,课程号,专业学级,专业代码,学年,学期)
  VALUES ('030000000004','0007', '2009', '0101','2009', '3');
INSERT INTO 教师任课 (教师编号,课程号,专业学级,专业代码,学年,学期)
  VALUES ('040000000005','0008', '2009', '0101','2009', '4');
INSERT INTO 课程注册(学号,教师编号,课程号,专业学级,专业代码)
SELECT  DISTINCT  学生.学号,教师任课.教师编号,教师任课.课程号,教学计划.专业学级,教学计
划.专业代码  FROM  学生,班级,教学计划, 教师任课 WHERE  学生.班级代码 = 班级.班级代码
AND  班级.专业代码 = 教学计划.专业代码 AND 教学计划.课程号 = 教师任课.课程号;
UPDATE 课程注册 SET 成绩 = 85 WHERE 课程号 = '0001' AND 学号 = '090101001001';
UPDATE 课程注册 SET 成绩 = 58 WHERE 课程号 = '0001' AND 学号 = '090101001002';
UPDATE 课程注册 SET 成绩 = 63 WHERE 课程号 = '0001' AND 学号 = '090101001003';
UPDATE 课程注册 SET 成绩 = 74 WHERE 课程号 = '0001' AND 学号 = '090101001004';
UPDATE 课程注册 SET 成绩 = 68 WHERE 课程号 = '0002' AND 学号 = '090101001001';
UPDATE 课程注册 SET 成绩 = 45 WHERE 课程号 = '0002' AND 学号 = '090101001002';
UPDATE 课程注册 SET 成绩 = 88 WHERE 课程号 = '0002' AND 学号 = '090101001003';
UPDATE 课程注册 SET 成绩 = 69 WHERE 课程号 = '0002' AND 学号 = '090101001004';
UPDATE 课程注册 SET 成绩 = 78 WHERE 课程号 = '0003' AND 学号 = '090101001001';
UPDATE 课程注册 SET 成绩 = 76 WHERE 课程号 = '0003' AND 学号 = '090101001002';
UPDATE 课程注册 SET 成绩 = 87 WHERE 课程号 = '0003' AND 学号 = '090101001003';
UPDATE 课程注册 SET 成绩 = 87 WHERE 课程号 = '0003' AND 学号 = '090101001004';
UPDATE 课程注册 SET 成绩 = 86 WHERE 课程号 = '0004' AND 学号 = '090101001003';
UPDATE 课程注册 SET 成绩 = 58 WHERE 课程号 = '0004' AND 学号 = '090101001004';
```

二、系统权限和对象权限说明

系统权限表和对象权限表如附表 A-10 和附表 A-11 所示。

附表 A-10 系统权限表

系统权限	功能
ALTER DATABASE	对数据库进行改动，例如将数据库状态从 MOUNT 改为 OPEN，或者是恢复数据库
ALTER SYSTEM	发布 ALTER SYSTEM 语句：切换到下一个重做日志组，改变 SPFILE 中的系统初始参数
AUDIT SYSTEM	发布 AUDIT 语句
CREATE DATABASE LINK	创建到远程数据库的数据库链接
CREATE ANY INDEX	在任意模式中创建索引；针对用户的模式，随同 CREATE TABLE 一起授权 CREATE INDEX
CREATE PROFILE	创建资源/密码配置文件
CREATE PROCEDURE	在自己的模式中创建函数、过程或程序包
CREATE ANY PROCEDURE	在任意的模式中创建函数、过程或程序包
CREATE SESSION	连接到数据库
CREATE SYNONYM	在自己的模式中创建私有同义词
CREATE ANY SYNONYM	在任意模式中创建私有同义词
CREATE PUBLIC SYNONYM	创建公有同义词
DROP ANY SYNONYM	在任意模式中删除私有同义词
DROP PUBLIC SYNONYM	删除公有同义词
CREATE TABLE	在自己的模式中创建表
CREATE ANY TABLE	在任意模式中创建表
CREATE TABLESPACE	在数据库中创建新的表空间
CREATE USER	创建用户账户/模式
ALTER USER	改动用户账户/模式
CREATE VIEW	在自己的模式中创建视图
SYSDBA (系统管理员权限)	执行启动/关闭数据库、改变数据库、创建数据库、恢复数据库、创建 SPFILE，以及当数据库处于 RESTRICTED SESSION 模式时连接数据库，并可以带有 WITH ADMIN OPTION 子句
SYSOPER (系统操作员权限)	如果启用了外部密码文件，则在外部密码文件中创建一个条目；同时，执行启动/关闭数据库，改变数据库，恢复数据库，创建 SPFILE，以及当数据库处于 RESTRICTED SESSION 模式时连接数据库

附表 A-11 对象权限表

对象权限	功能
ALTER	可以改变表或序列的定义
DELETE	可以从表、视图或物化视图中删除行
EXECUTE	可以执行函数或过程，使用或不使用程序包
DEBUG	允许查看在表上定义的触发器中的 PL/SQL 代码，或者查看引用表的 SQL 语句。对于对象类型，该权限允许访问在对象类型上定义的所有共有和私有变量、方法和类型
FLASHBACK	允许使用保留的撤销信息在表、视图和物化视图中进行闪回查询

续表

对象权限	功　能
INDEX	可以在表上创建索引
INSERT	可以向表、视图或物化视图中插入行
ON COMMIT REFRESH	可以根据表创建提交后刷新的物化视图
QUERY REWRITE	可以根据表创建用于查询重写的物化视图
READ	可以使用 Oracle DIRECTORY 定义读取操作系统目录的内容
REFERENCES	可以创建引用另一个表的主键或唯一键的外键约束
SELECT	可以从表、视图或物化视图中读取行，此外还可以从序列中读取当前值或下面的值
UNDER	可以根据已有的视图创建视图
UPDATE	可以更新表、视图或物化视图中的行
WRITE	可以使用 Oracle DIRECTORY 定义将信息写入到操作系统目录

三、实验报告

实验实训报告(一)

姓　名		学　号		班　级	
实验名称	任务 1：Oracle 数据库的安装和使用				
成　绩		完成日期		指导老师签字	

实训目的与要求：

1. 掌握 Oracle 服务器和客户端的安装，检查安装后的情况。在此基础上熟悉 Oracle 常用工具 SQL/PLUS 的使用和环境参数的设置。

2. 掌握图形化方式 ISQL/PLUS 的使用。

实验环境与方案：

Windows XP\Oracle 10g 企业版

实验步骤与方法：

1. 检查【所有程序】中的菜单项目，检查是否已经安装了 Oracle 10g 企业版。

(提示：你是选择了菜单项目中的什么菜单项。)

答：

2. 检查安装后的操作系统物理文件，文件夹所占的硬盘空间是多大？

(提示：根据安装步骤查看安装目录找到安装文件所在的路径。)

答：

3. Oracle SQL/PLUS 的启动。使用 SCOTT 用户登录 Oracle 数据库服务器，能否连接成功。再试着以其他几个系统用户登录一下，看能否登录成功？

答：

续表

4. 输入和使用 CONNECT 命令重新连接数据库。你输入的命令是什么？结果怎么样，连接成功了吗？你能说说这种用命令的连接方式和启动 SQL/PLUS 在登录对话框中连接方式对比，哪种方式好，原因是什么？

答：

5. 输入并执行 Help Index 命令，说说看该命令的功能是什么？

答：

6. 环境设置命令：

(1) 通过 Show All 查看 SQL/PLUS 的环境参数。查询其中 Pagesize 和 linesize 的值是什么？

答：

(2) 通过显示数据的区别，说明这两个参数的含义是什么？

答：

7. 显示当前用户。执行 SHOW USER 命令，查看你是以什么用户身份连接的。

答：

8. 登录 SCOTT 用户，使用 SPOOL 命令记录操作内容。执行以下命令行。

```
SPOOL C:\TEST
SELECT * FROM EMP;
SELECT * FROM DEPT;
SPOOL OFF
```

执行完毕后，以记事本程序打开 C:\TEST. LST 文件观察结果，说明 SPOOL 命令的用途。

答：

9. 进入 ISQL/PLUS，通过浏览器访问数据库。在 ISQL/PLUS 中完成以上所有题目，比较 ISQL/PLUS 和 SQL/PLUS 工具的使用。

实验心得体会：

实验实训报告(二)

姓　名		学　号		班　级	
实验名称	任务 2：数据库和数据表的创建				
成　绩		完成日期		指导老师签字	

实训目的与要求：

1. 掌握 Oracle 数据库的体系结构组成(数据库的物理结构和逻辑结构)。

2. 掌握 Oracle 数据库的启动、停止操作。

3. 掌握在 Oracle 中利用 SQL 中的 DDL 语句创建数据表和修改表结构的方法。

4. 掌握数据完整性的概念和数据完整性的意义以及实现数据完整性的方法，包括主键、外键、检查、唯一和默认值等约束的定义和使用。

实验环境与方案：

Windows XP\Oracle 10g 企业版

实验步骤与方法：

写出实现下列操作的 SQL 语句(所有操作均在 SCOTT 用户下进行)。

1. 创建图表所示“图书”表(附表 A-12)。要求创建表时实现相关的完整性要求。

附表 A-12 “图书”表

字 段 名	数 据 类 型	说　明
图书编号	CHAR(4)	主键，不能为空
图书名称	CHAR(4)	不能为空
出版社编号	VARCHAR(4)	唯一性，不能为空
作者	CHAR(12)	可以为空
出版数量	NUMBER(6,0)	必须大于 0，可以为空

写出正确的 SQL 语句。

答：

2. 在“图书”表中添加一个新列，出版日期，数据类型为 DATE，默认值为 2010 年 1 月 1 日。写出正确的 SQL 语句。

答：

3. 删除“图书”表。写出正确的 SQL 语句。

答：

续表

4. 请问创建“教务信息管理系统”中的数据表时，创建的顺序是任意的吗？有没有先后顺序的要求呢？为什么？

答：

5. 再想一想如果想要删除“教务信息管理系统”中的数据表，你应该先删除哪张表，删除表的顺序是什么？为什么？

答：

实验心得体会：

实验实训报告(三)

姓 名		学 号		班 级	
实验名称	任务 3：数据操纵语句				
成 绩		完成日期		指导老师签字	

实训目的与要求：

1. 掌握利用 SQL 语言在数据库中插入、删除和修改数据的方法。
2. 通过数据的增加、删除和修改掌握 Oracle 中数据完整性的意义。
3. 掌握在 SQL 语句中条件表达式的写法。

实验环境与方案：

Windows XP\Oracle 10g 企业版

实验步骤与方法：

写出实现下列操作的 SQL 语句(所有查询均在 SPTCADM 账号下进行)。

1. 执行下列 DML 语句，能否执行成功，错误提示是什么，想一想这条语句错在哪里？

```
INSERT INTO 学生  VALUES ('090101001025','张伟','A', '30-12月-85', '090101001');
```

答：

2. 执行下面的 SQL 语句，可以查看在“学生”表的约束信息。在该表上共有几个约束条件，约束的名称是什么，类型是什么？你在第一题中所插入的数据违反了哪条约束？

```
SELECT   CONSTRAINT_NAME, CONSTRAINT_TYPE, SEARCH_CONDITION FROM USER_CONSTRAINTS WHERE
TABLE_NAME = '学生';
```

答：

3. 如果想成功插入第1题中的记录，应该怎么样去修改数据？写出正确的插入语句。试着执行一下，执行成功了吗？

答：

4. 使约束条件失效，约束条件用来保护数据的完整性，但是有的时候这个约束条件可能不适用或是没有必要，那么我们就可以暂时关闭约束条件。在这里我们使学生表上的检查约束失效。先执行下面的语句：“ALTER TABLE 学生 DISABLE CONSTRAINT CK_XB ;”，执行完毕后，再执行下面的语句，看看能执行成功吗？

```
INSERT INTO 学生  VALUES ('090101001026','张伟','A', '30 - 12 月 - 85', '090101001');
```

答：

续表

5. 完成上面的题目后，记住再次使该约束条件生效。

```
ALTER TABLE 学生  ENABLE CONSTRAINT CK_XB ;
```

语句的执行结果是什么？错误的原因是什么？怎样做才能使检查约束生效呢？

答：

6. 分析下面的语句，能否成功执行，如何修改？（只分析，不执行）

(1) INSERT INTO 学生 VALUES ('090101001025','张小伟','F', '30-12月-85', '090101001');

答：

(2) INSERT INTO 学生 VALUES ('090101001028','张宁', '090101001');

答：

(3) INSERT INTO 学生(学号,姓名,性别,班级代码) VALUES ('090101001029', '郑宁', '男', '060501001');

答：

实验心得体会：

实验实训报告(四)

姓　名		学　号		班　级	
实验名称	任务 4：单表数据查询				
成　绩		完成日期		指导老师签字	

实训目的与要求：

1. 掌握 SELECT 语句的基本语法，实现无条件数据查询。
2. 使用 SELECT 语句的实现有条件的数据查询。
3. 使用 SELECT 语句的实现数据的分组查询。
4. 使用 SELECT 语句的实现数据的排序查询。

实验环境与方案：

Windows XP\Oracle 10g 企业版

实验步骤与方法：

写出实现下列查询的 SQL 语句（所有查询均在 SCOTT 账号下的 EMP 表进行）。

1. 用 SELECT 语句选取部分列——显示 EMP 表的雇员名称和工资。

答：

2. 使用算术运算表达式——显示雇员工资上浮 20%的结果。

答：

3. 选取唯一的数值——显示 EMP 表中不同的部门编号。

答：

4. 进行数据的排序查询——查询雇员姓名和工资，并按工资从小到大排序。

答：

5. 进行多列排序查询——查询雇员姓名和雇佣日期，并按雇佣日期排序，后雇佣的先显示。

答：

续表

6. 显示工资大于等于3000的雇员姓名、职务和工资。
答：

7. 利用比较运算符实现数据的比较条件——显示1982年以后雇佣的雇员姓名和雇佣时间。
答：

8. 利用LIKE运算符实现数据的模糊匹配——显示姓名第二个字符为“A”的雇员信息。
答：

9. 进行数据的统计运算——统计各部门的最高工资，排除最高工资小于3000的部门。
答：

10. 按职务统计工资总和并根据工资总和排序。
答：

实验心得体会：

实验实训报告(五)

姓　名		学　号		班　级	
实验名称	任务 5：多表数据查询				
成　绩		完成日期		指导老师签字	

实训目的与要求：

1. 使用 SELECT 语句的连接条件实现多表数据查询。
2. 使用 SELECT 语句的嵌套实现多表数据查询。

实验环境与方案：

Windows XP\Oracle 10g 企业版

实验步骤与方法：

写出实现下列查询的 SQL 语句(所有查询均在 SCOTT 账号下的 EMP 和 DEPT 表进行)。

1. 相等连接——显示雇员的名称和所在的部门的编号和名称。
答：

2. 显示工资大于 3000 的雇员的名称、工资和所在的部门名称。
答：

3. 查询比 SCOTT 工资高的雇员名字和工资。
答：

4. 查询工资高于平均工资的雇员名字和工资。
答：

5. 查询工资低于任何一个“CLERK”的工资的雇员信息。
答：

续表

6. 查询职务和 SCOTT 相同，比 SCOTT 雇佣时间早的雇员信息。

答：

7. 查询部门 10 和部门 20 的所有职务。

答：

8. 查询部门 10 和 20 中是否有相同的职务和工资。

答：

9. 查询在 10 号部门出现而在 20 号部门没有出现的职务。

答：

10. 显示各部门的平均工资、最高工资、最低工资和总工资列表，并按照总工资高低顺序排序。

答：

实验心得体会：

实验实训报告(六)

<table>
<tr><td>姓　名</td><td></td><td>学　号</td><td></td><td>班　级</td><td></td></tr>
<tr><td>实验名称</td><td colspan="5">任务6：数据库中的其他对象</td></tr>
<tr><td>成　绩</td><td></td><td>完成日期</td><td></td><td>指导老师签字</td><td></td></tr>
</table>

实训目的与要求：

1. 理解视图的基本概念，掌握视图的创建、修改和删除。
2. 掌握对视图进行查询和更新。
3. 理解索引的概念，掌握索引的创建。
4. 理解索引的优缺点，掌握索引的管理和维护。

实验环境与方案：

Windows XP\Oracle 10g 企业版

实验步骤与方法：

写出实现下列操作的SQL语句(所有操作均在SPTCADM账户下进行)。

1. 建立学生课程视图V_COURSE，该视图供学生查询自己选修课程的相关信息，包括：学号，课程名称，教师姓名，职称，系部。

答：

2. 建立教学任务视图V_TEACH，该视图用于供老师查询自己所授课程的相关信息，包括教师编号，课程名称，系部名称，专业名称，专业学级，学时。

答：

3. 以“学生”表为基础建立一个视图，其名称为“V_09001XS”。使用该视图可以查看班级代码为090101001所有学生的信息。

答：

4. 为“V_09001XS”视图中添加一条新的记录：学生的姓名为“李菲”，其他信息任意。

答：

续表

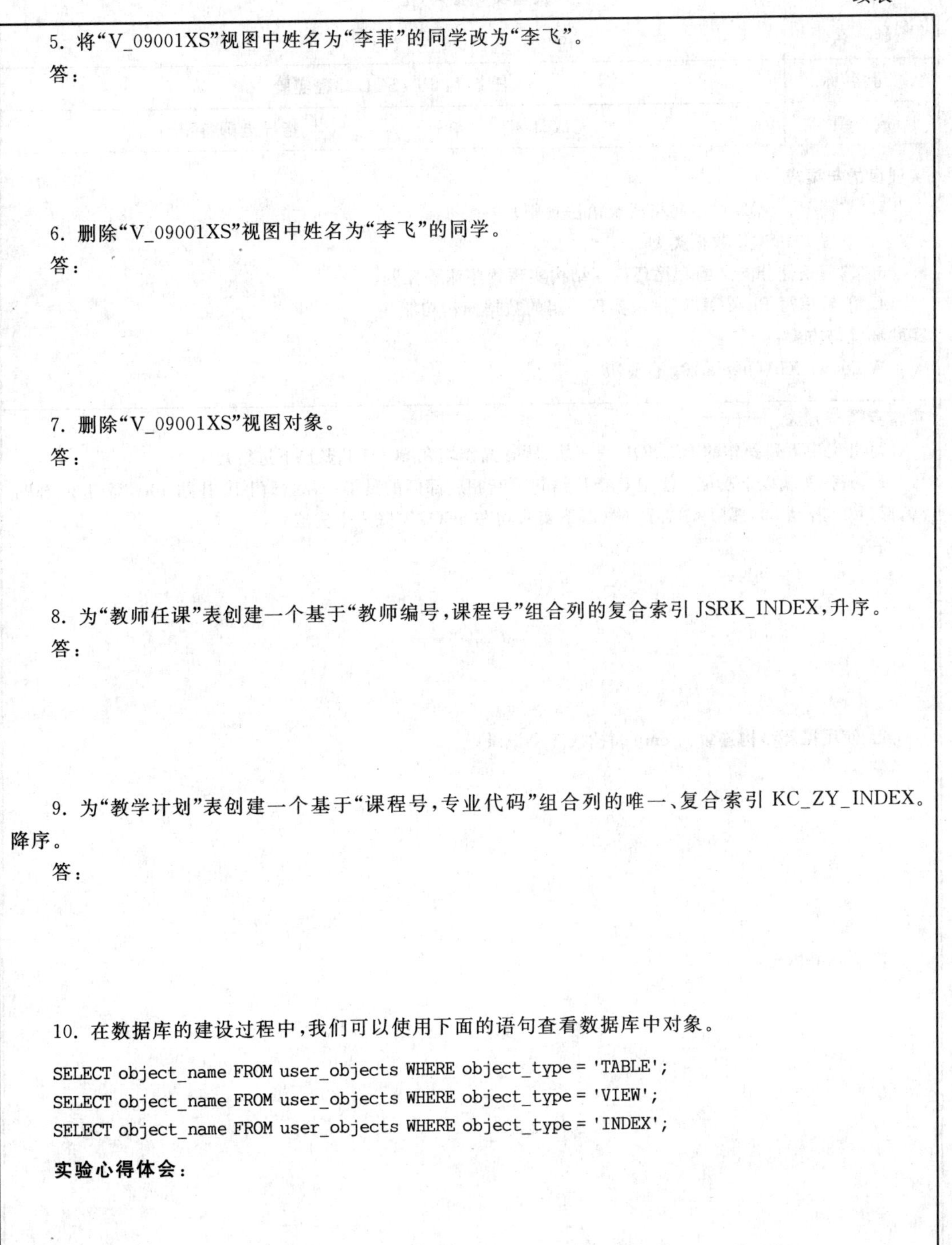

5. 将“V_09001XS”视图中姓名为“李菲”的同学改为“李飞”。

答：

6. 删除“V_09001XS”视图中姓名为“李飞”的同学。

答：

7. 删除“V_09001XS”视图对象。

答：

8. 为“教师任课”表创建一个基于“教师编号,课程号”组合列的复合索引 JSRK_INDEX,升序。

答：

9. 为“教学计划”表创建一个基于“课程号,专业代码”组合列的唯一、复合索引 KC_ZY_INDEX。降序。

答：

10. 在数据库的建设过程中,我们可以使用下面的语句查看数据库中对象。

```
SELECT object_name FROM user_objects WHERE object_type = 'TABLE';
SELECT object_name FROM user_objects WHERE object_type = 'VIEW';
SELECT object_name FROM user_objects WHERE object_type = 'INDEX';
```

实验心得体会：

实验实训报告(七)

姓　名		学　号		班　级	
实验名称	任务 7：PL/SQL 编程实验				
成　绩		完成日期		指导老师签字	

实训目的与要求：

1. 掌握 PL/SQL 块语句格式及语法规则。
2. 掌握 PL/SQL 数据类型。
3. 掌握条件分支结构和循环控制结构实现程序流程控制。
4. 能够编写 PL/SQL 程序块实现一定的数据操作功能。

实验环境与方案：

Windows XP\Oracle 10g 企业版

实验步骤与方法：

写出实现下列操作的 PL/SQL 程序块(所有操作均在 SCOTT 账户下进行)。

1. 编程实现以下功能：使用 CASE 语句更新相应部门的员工补贴，部门 10 补贴 100，部门 20 补贴 80，部门 30 补贴 80，部门 40 补贴 60(以下实验均在 SCOTT 账户下完成)。

答：

2. 使用循环结构连续向 emp 表插入 5 个记录。

答：

实验心得体会：

实验实训报告(八)

姓　名		学　号		班　级	
实验名称	任务8：存储过程、函数和包				
成　绩		完成日期		指导老师签字	

实训目的与要求：

1. 理解存储过程的概念，掌握各种存储过程的创建方法。
2. 掌握查看、修改和删除存储过程的方法。
3. 掌握执行存储过程的方法。
4. 掌握函数和包的编写规范和调用方法。

实验环境与方案：

Windows XP\Oracle 10g 企业版

实验步骤与方法：

写出实现下列操作的 PL/SQL 程序块(所有操作均在 SPTCADM 账户下进行)。

1. 在“SPTCADM”账户下，创建 p_Student_Locate 存储过程，用于在学生表根据学号查找记录。找到时，显示该名学生的基本信息，如果没找到，则显示字符串'学号未找到!'。

答：

2. 执行 p_Student_Locate 存储过程：查询学号为'090101001004'的学生信息。

答：

3. 在“SPTCADM”账户下，创建 p-studentinfo-add 存储过程，用于向学生表添加记录。在添加时需要进行新记录的学号判断，如果该学号已经存在，则显示字符串“该生已经存在”，否则，向学生表中提交新记录。

答：

4. 执行 p_StudentInfo_Add 存储过程。添加记录信息为：('0X','咸阳','男','01-3月-87','090101001')；

答：

续表

5. 在“SPTCADM”账户下，创建 p-studentinfo-update 存储过程，用于修改学生表中的记录。根据学号进行修改，可以修改学生的任意信息。

答：

6. 执行 p_StudentInfo_ Update 存储过程：将学号为“0X”的学生的姓名改为“西安”。

答：

7. 在“SPTCADM”账户下，创建 p_Student_Del 存储过程，用于在学生表根据学号查找记录。找到则删除该名学生，如果没找到，则显示字符串'学号未找到!'。

答：

8. 执行 p_Student_Del 存储过程：删除利用 p_Student_ ADD 添加的学号为'0X'的学生。

答：

实验心得体会：

实验实训报告(九)

姓　名		学　号		班　级	
实验名称	任务9：触发器实验				
成　绩		完成日期		指导老师签字	

实训目的与要求：

1. 理解触发器的概念与类型。
2. 掌握创建、修改和删除触发器的方法。
3. 掌握使用触发器维护数据完整性的方法。

实验环境与方案：

Windows XP\Oracle 10g 企业版

实验步骤与方法：

写出实现下列操作的SQL语句(所有操作均在SCOTT账号下的EMP和DEPT表进行)。

1. 创建行级触发器，对SCOTT用户的EMP表插入数据。当DEPTNO<>30时，将COMM值置为0。

(1) 建立触发器。

答：

(2) 测试触发器。插入deptno<>30和deptno=30的数据，进行查看测试。结果如何？

答：

2. 创建一个视图view_emp_dept，数据来源于emp表的字段empno、ename、job、emp.deptno，条件是emp.deptno=dept.deptno。然后对视图view_emp_dept进行插入数据操作。

(1) 创建视图。create or replace view view_emp_dept as select empno，ename，job，emp.deptno depno from emp，dept where emp.deptno=dept.deptno

(2) 对视图进行插入操作。insert into view_emp_dept values (7805，'david1'，'CLERK'，50)；

ERROR 位于第1行：

ORA-02291：违反完整约束条件 (SCOTT.FK_DEPTNO) — 未找到父项关键字

(3) 在视图中创建INSTEAD OF触发器。

答：

(4) 重新对视图进行插入操作。结果如何？

答：

续表

3. 创建 DDL 触发器，记录当前用户下创建对象的信息。步骤提示：

(1) 可以通过创建下面的表来实现记录功能。

```
CREATE TABLE ddl_creations (user_id VARCHAR2(30),object_type VARCHAR2(20),
object_name VARCHAR2(30),object_owner VARCHAR2(30),creation_date DATE);
```

一旦该表可以使用，我们就可以创建一个系统触发器来记录相关信息。在每次 CREATE 语句对当前模式进行操作之后，触发器 LogCreations 就记录在 ddl_creations 中创建的对象的有关信息中。

(2) 建立 DDL 触发器，当错误发生时，记录到表 ddl_creations 中。

答：

(3) 测试 DDL 触发器。在当前模式下创建表或其他数据库对象，检查 ddl_creations 表的数据记录，验证此触发器的效果。结果如何？

答：

实验心得体会：

实验实训报告(十)

姓　名		学　号		班　级	
实验名称	任务10：系统安全性管理				
成　绩		完成日期		指导老师签字	

实训目的与要求：

1. 掌握创建数据库用户的命令和使用方法。
2. 掌握修改数据库用户的命令和使用方法。
3. 掌握创建数据库角色的命令和使用方法。
4. 掌握修改数据库角色的命令和使用方法。

实验环境与方案：

Windows XP\Oracle 10g 企业版

实验步骤与方法：

1. 登录SYSTEM账户，创建数据库用户student1，用户密码student，默认表空间users，临时表空间temp。

答：

2. 登录SYSTEM账户，创建数据库角色student_role，并将用户student1添加到该角色中，然后登录SPTCADM账户，并赋予角色student_role的相应权限，作为学生一类用户登录时所参加的角色。并使学生具有查询视图v_chengji和v_course的权限，便于学生查询自己的成绩和相关课程的情况。

答：

3. 登录SYSTEM账户，创建数据库用户teacher1，用户密码teacher123，默认表空间users，临时表空间temp。

答：

4. 登录SYSTEM账户，创建数据库角色teacher_role，并将用户teacher1添加到该角色中，并赋予角色teacher_role的相应权限，作为教师一类用户登录时所参加的角色。并使教师具有查询视图v_chengji和v_teach的权限，便于老师查询学生的成绩和授课信息等。

答：

续表

5. 验证 teacher1 和 student1 的权限。

答：

6. 使用导出和导入实用程序将用户 SPTCADM 的所有对象导入到用户 DAVID 下。

(1) 按用户方式导出用户 SPTCADM 所拥有的表空间。

答：

(2) 将 SPTCADM 用户下导出的数据导入到 DAVID 用户下。

答：

实验心得体会：

实验实训报告(十一)

姓　名		学　号		班　级	
实验名称	任务 11：系统的测试和运行				
成　绩		完成日期		指导老师签字	

实训目的与要求：

通过系统的模拟运行，可以检验模块的正确性。在系统的运行过程中，也要通过查询的方法跟踪检查系统的状态和数据。

实验环境与方案：

Windows XP\Oracle 10g 企业版

实验步骤与方法：

1. 你在系统测试过程发现的问题和解决的方法。

答：

2. 你认为系统还有哪些可以改进的地方？如果让你进一步完善该系统，你将如何实现？

答：

实验心得体会：

参考文献

[1] 王彬,周士贵. Oracle 11g 基础与提高[M]. 北京:电子工业出版社,2008.
[2] 朱亚兴,朱小平等. Oracle 数据库应用教程[M]. 西安: 西安电子科技大学出版社,2010.
[3] 吴海波. Oracle 数据库应用与开发实例教程[M]. 北京:电子工业出版社,2007.
[4] 马晓玉,孙岩. Oracle 10g 管理、应用与开发标准教程[M]. 北京:清华大学出版社,2007.
[5] 路川,胡欣杰,何楚林. Oracle 10g DBA 宝典[M]. 北京:电子工业出版社,2007.
[6] 杨学全,刘永辉,张红强. C# 技术基础[M]. 北京:高等教育出版社,2008.
[7] Rajshekhar Sunderraman 著,王彬,刘宏志译. Oracle 10g 编程基础[M]. 北京:清华大学出版社,2008.
[8] 金雪云,周新伟,王雷. Visual C# 2005 程序设计教程[M]. 北京:清华大学出版社,2009.